程序员进阶之路

缓存、网络、内存与案例

| 邓中华◎著 |

電子工業出版社
Publishing House of Electronics Industry
北京•BEIJING

内 容 简 介

本书主要讲解计算机系统中核心的技术知识，涵盖缓存、内存屏障、无锁编程、网络基础、TCP/UDP、端口复用、网络收发包流程、物理内存、虚拟内存等内容。本书还分享了实际工作中可能出现的技术难题及解决方案供读者借鉴。

为了使读者轻松、快速地理解书中晦涩难懂的技术知识，本书作者精心绘制了大量的流程图、结构图。为了使读者更好地理解 Linux 内核源码，本书还提供了大量经过注释的 Linux 内核源码供读者下载。

通过阅读本书，读者可以轻松、快速地掌握这些技术知识，并通过源码和书中配图加强对相关知识的理解。

图书在版编目（CIP）数据

程序员进阶之路：缓存、网络、内存与案例 / 邓中华著. —北京：电子工业出版社，2024.5
ISBN 978-7-121-47643-3

Ⅰ. ①程… Ⅱ. ①邓… Ⅲ. ①计算机技术 Ⅳ. ①TP3

中国国家版本馆 CIP 数据核字（2024）第 070337 号

责任编辑：陈晓猛
印　　刷：北京瑞禾彩色印刷有限公司
装　　订：北京瑞禾彩色印刷有限公司
出版发行：电子工业出版社
　　　　　北京市海淀区万寿路 173 信箱　　　　邮编：100036
开　　本：720×1000　1/16　　印张：20.5　　字数：393.6 千字
版　　次：2024 年 5 月第 1 版
印　　次：2024 年 5 月第 1 次印刷
定　　价：138.00 元

前言

PREFACE

我一直想自己设计一个无锁的多生产者、多消费者队列。无锁编程涉及很多缓存和内存屏障的知识，不是一件容易的事情，没有技术功底是不行的。所以我查了很多资料，深入学习了很多理论知识，弄清楚每个细节，刨根问底，追本溯源，从 CAS、内存屏障、缓存一致性协议，再到缓存原理，甚至底层硬件，终于弄明白了无锁编程的底层实现。然后把学习到的知识汇总整理成了“CPU 缓存一致性：从理论到实战”——这是我在网上发布的第一篇技术文章。这篇文章发布后，获得了非常多的点赞，我也收获了很多粉丝。就这样，我发现了自己的另一面——除了可以自己写代码，还可以教别人写代码。读者的认可激发了我想要创作更多的技术文章的热情。我后来又写了网络、TCP、UDP、端口、分布式和相关工作经历等的文章。

在我工作满十周年之际，借此契机，我将这些文章整理为“十年码农内功”系列，例如其中的“十年码农内功：缓存”。后面我又写了网络收发包详细过程和内存等文章，填补了“十年码农内功”系列的最后几块拼图。再后来有几个出版社联系了我，想要将“十年码农内功”系列文章出版为图书，最后我选择了最早与我联系的电子工业出版社。将网络文章变成正式的出版物可不是一件容易的事情，在此期间我做了大量的修改工作来完善本书的内容。

本书内容涉及大量的代码和 Linux 命令，希望读者自己运行其中的代码和相关的命令，达到学以致用、有的放矢的目的。

本书特色

计算机技术发展飞快、日新月异，很多面试“八股文”可能早已过时。本书基于 Linux 6.0 及以上版本来讲解书中涉及的各个模块，有助于读者理解现代

Linux 内核，掌握实用的技术知识。

网上技术文章的质量参差不齐并且不成体系，还有存在错误的情况，就连 ChatGPT 给出的答案也会有错误，导致我们的学习成本比较高。本书详细地介绍了计算机系统中的核心知识，可以有效降低我们的学习成本。

作为工作十余年的技术老兵，我深刻体会到写五年业务逻辑和写十年业务逻辑没有太大的差异，只不过是对业务的熟练度有差异罢了。本书可以帮助那些想要摘掉“CRUD（增删改查）Boy”标签的程序员掌握技术的底层原理。

本书涉及的内容偏底层并且比较“硬核”，更适合有一定基础的学生和程序员阅读，从而进阶为更高级的软件开发工程师，打破“天花板”。

全书共有 150 多张示例图，图文并茂，有助于读者更容易理解本书的内容。同时还提供了大量的实战和测试代码，不仅有助于读者理解理论，还可以对理论进行练习和验证，达到学以致用和有的放矢的目的。

本书结构

第 1 章首先介绍存储体系结构、缓存原理、缓存一致性协议、内存屏障、CAS 原理和原子操作等理论知识，然后介绍如何运用这些理论知识实现一个高性能无锁多生产者、多消费者队列，该队列在单生产者、单消费者场景下可以达到 600 万 QPS。

第 2 章介绍网络接口层、网络层、套接字编程和虚拟网卡等内容，还介绍了一些网络工具，例如 tcpdump 和 ethtool，以及如何使用这些工具进行网络分析和调优。

第 3 章介绍 TCP 的协议体、有限状态机、建立/关闭连接的不同阶段，以及流量控制（滑动窗口）和拥塞控制（CUBIC 算法）。

第 4 章首先介绍 UDP 的协议体、特点和应用场景，以及介绍保障可靠传输的两种机制：ACK（消息确认）和 FEC（前向纠错）。

第 5 章首先通过几个问题引出地址/端口复用的结论。然后介绍地址复用和端口复用的应用场景。最后介绍了 TCP 和 UDP 本来就可以同时绑定同一个端口。

第 6 章首先介绍网络在收发数据包之前的准备工作，包括网卡驱动的加载、初始化和网卡的启动。然后依据 Linux 6.0 内核源码详细介绍数据包从网卡硬件、网络接口层、网络层、传输层（UDP）、套接字层再到应用层的整个收包流程。

第 7 章依据 Linux 6.0 内核源码详细介绍数据包从应用层、套接字层、传输层（UDP）、网络层、邻居子系统、网络接口层再到网卡硬件的整个发包流程。

第 8 章首先通过 Linux 6.8 内核源码中的物理内存节点、物理内存区域和物理内存页及实际的物理内存空间布局来介绍物理内存。然后通过 Linux 6.8 内核源码中的虚拟内存空间和虚拟内存区域，以及虚拟内存的布局和虚拟内存的申请来介绍虚拟内存。最后通过 Linux 6.8 内核源码中的正向与反向映射来介绍物理内存与虚拟内存之间的互为映射关系。本章参考了“bin 的技术小屋”的公众号，这里表示感谢。

第 9 章主要分享我在实际工作中遇到的两个难题，以及难题是如何解决的。通过这两个案例可以看到具体的解题方法，给读者在解决实际工作中遇到的问题时提供借鉴和启发。

资源获取方式

对于书中涉及但没有在书中出现的所有示例代码与 Linux 内核源码（见书中的“代码清单”），读者可以扫描封底“读者服务”处的二维码获取。

勘误

我在写作过程中尽力保证内容严谨，但我深知在浩瀚的计算机知识中，自己水平有限，无法确保本书内容百分之百正确。因此，真诚地期待读者的批评和指正。读者在阅读本书过程中发现错误和不足之处，或者有任何意见和建议，都可以通过关注公众号“科英”直接与我交流。我会在本书后续版本中及时更正，不断提高本书的质量和准确性。

致谢

感谢妻子的理解和支持，感谢她鼓励和包容我占用大量业余时间撰写本书。感谢父母的养育之恩，感谢兄长在工作和学习方面对我的帮助。最后将本书作为我刚出生孩子的首个礼物。

邓中华

目录

CONTENTS

第 1 章　缓存……1

1.1　存储体系结构……1

1.2　缓存一致性协议……4

1.2.1　MESI 协议……4

1.2.2　MOESI 协议……8

1.2.3　MESIF 协议……9

1.3　写缓存区和无效队列……9

1.3.1　写缓冲区的作用……11

1.3.2　无效队列的作用……11

1.4　内存屏障……11

1.4.1　读写屏障……12

1.4.2　单向屏障……12

1.5　x86-TSO……13

1.6　CPU黑盒测试……15

1.6.1　测试核心内是否存在 Store Buffer……15

1.6.2　测试转发（Store Forwarding）是否生效……17

1.6.3　测试 StoreStore 是否乱序执行……18

1.6.4　测试 LoadLoad 是否乱序执行……19

1.6.5　测试 LoadStore 是否乱序执行……19

1.6.6　测试 StoreLoad 是否乱序执行……20

1.7　CAS原理……20

1.8　原子操作……22

1.8.1　互斥锁……23

1.8.2 自旋锁 23

1.8.3 C++原子变量 25

1.8.4 C++内存顺序 26

1.9 无锁队列 31

1.9.1 设计思路 31

1.9.2 实现细节 32

第 2 章 网络 36

2.1 网络分层 36

2.2 网络接口层（以太网） 37

2.3 网络层（IP、ICMP） 39

2.3.1 IP 39

2.3.2 ICMP 43

2.4 套接字编程 47

2.4.1 套接字 47

2.4.2 函数 47

2.4.3 多路复用 49

2.5 虚拟网卡 54

2.5.1 Tun 设备 54

2.5.2 创建代码 55

2.6 网络抓包 56

2.6.1 tcpdump 56

2.6.2 Wireshark 59

2.7 网络工具 61

2.7.1 ethtool 工具 61

2.7.2 ifconfig 工具 65

2.7.3 ip 工具 66

2.7.4 nc 工具 66

2.8 网卡的特性（Feature） 67

2.8.1 LRO 67

2.8.2 GRO 67

2.8.3 TSO 68

2.8.4 GSO 68

2.9 网络栈的扩展（Scaling）........69
2.9.1 RSS........69
2.9.2 RPS........71
2.9.3 RFS........72
2.9.4 XPS........73
2.10 硬中断的负载均衡........74
2.10.1 硬中断的 CPU 亲和性........74
2.10.2 irqbalance 功能........75

第 3 章 TCP........76

3.1 协议体........76
3.2 有限状态机........81
3.2.1 netstat........82
3.2.2 ss........82
3.3 准备阶段........83
3.4 握手阶段........84
3.4.1 三次握手........84
3.4.2 初始化序列号........88
3.5 连接阶段........89
3.5.1 重传机制........90
3.5.2 确认机制........93
3.5.3 乱序恢复机制........94
3.5.4 保活机制........95
3.6 流量控制........97
3.6.1 滑动窗口........97
3.6.2 流量控制过程........99
3.6.3 零窗口........100
3.7 拥塞控制........101
3.7.1 拥塞控制算法........101
3.7.2 CUBIC........102
3.8 挥手阶段........109
3.8.1 四次挥手........109
3.8.2 三次挥手........112

3.8.3 同时挥手 113
3.8.4 关闭函数 114

第 4 章 UDP 117

4.1 协议体 117
4.2 特点 119
4.2.1 无连接性 119
4.2.2 不可靠性 122
4.2.3 面向报文 122
4.2.4 最大交付 124
4.2.5 最小开销 125
4.3 应用场景 125
4.4 可靠性保障 126
4.4.1 ACK 126
4.4.2 FEC 126

第 5 章 端口 128

5.1 问题 128
5.2 地址和端口复用的总结 128
5.2.1 两个选项均关闭 129
5.2.2 仅开启一个选项 129
5.2.3 仅开启地址复用选项 130
5.2.4 开启端口复用选项 131
5.3 地址复用的应用场景 132
5.4 端口复用的应用场景 133
5.4.1 单工作线程 133
5.4.2 多工作线程 137
5.5 TCP和UDP绑定同一端口 138

第 6 章 收包 139

6.1 网卡的准备过程 139
6.1.1 网卡驱动的加载 140

6.1.2 网卡驱动的初始化 141
6.1.3 启用网卡 143
6.2 收包过程总览 145
6.3 网络接口层 148
6.3.1 网卡收到数据包 149
6.3.2 内核收到硬中断 149
6.3.3 内核收到软中断 150
6.3.4 清理接收队列 152
6.3.5 GRO 158
6.3.6 RPS 159
6.3.7 数据包进入协议栈之前 161
6.4 网络层（IP） 168
6.4.1 网络协议栈入口 169
6.4.2 数据包的流向 171
6.4.3 数据包的转发 172
6.4.4 数据包进入传输层之前 173
6.5 传输层（UDP） 174
6.5.1 UDP 协议入口 175
6.5.2 数据包的特殊处理 176
6.5.3 将数据包放入接收队列 178
6.5.4 唤醒等待数据的进程/线程 179
6.6 套接字层 183
6.6.1 创建套接字 183
6.6.2 绑定套接字 188
6.6.3 读取套接字 189

第 7 章 发包 195

7.1 发包流程总览 195
7.2 套接字层 198
7.2.1 send/sendto 函数（用户态） 198
7.2.2 send/sendto 系统调用（内核态） 199
7.2.3 选择发送函数 200
7.2.4 将消息对象递交到传输层 201

7.3 传输层（UDP）.. 202
7.3.1 处理消息对象.. 203
7.3.2 处理数据包（struct sk_buff）.. 211
7.4 网络层（IP）.. 212
7.4.1 IP 层入口函数.. 213
7.4.2 IPv4 的发送函数.. 214
7.4.3 执行 BPF 程序.. 214
7.4.4 数据包的分片.. 215
7.4.5 将数据包发给邻居子系统.. 216
7.5 邻居子系统.. 217
7.5.1 确定发送路径.. 219
7.5.2 快速发送路径.. 220
7.5.3 慢速发送路径.. 222
7.6 网络接口层.. 225
7.6.1 网络接口层入口.. 226
7.6.2 内核选择发送队列.. 229
7.6.3 运行排队规则.. 233
7.6.4 将数据包递交到网卡驱动.. 235
7.6.5 网卡驱动发包.. 236
7.6.6 软中断处理过程.. 240
7.6.7 网卡发送完成.. 241

第 8 章 内存.. 244

8.1 物理内存.. 244
8.1.1 物理内存模型.. 244
8.1.2 物理内存架构.. 250
8.1.3 物理内存节点.. 253
8.1.4 物理内存区域.. 256
8.1.5 物理内存页.. 261
8.1.6 物理内存布局.. 266
8.1.7 物理内存硬件.. 269
8.2 虚拟内存.. 270
8.2.1 虚拟内存布局.. 270

8.2.2 虚拟内存空间 279
8.2.3 虚拟内存区域 288
8.2.4 虚拟内存申请 290
8.3 内存映射 301
8.3.1 正向映射 301
8.3.2 反向映射 307

第 9 章 案例 310

9.1 伪内存泄漏排查 310
9.1.1 背景 310
9.1.2 分析 310
9.1.3 定位 311
9.2 周期性事故处理 312
9.2.1 背景 312
9.2.2 猜想（大胆假设） 312
9.2.3 定位（小心求证） 313
9.2.4 总结 316

第 1 章

CHAPTER 1

缓存

1.1 存储体系结构

计算机存储体系结构采用层次化的设计，以平衡速度和成本之间的关系，如图 1-1 所示。不同层次的存储硬件在速度、成本和容量方面有所区别。速度较快的存储硬件成本较高、容量较小，而速度较慢的成本较低、容量较大。

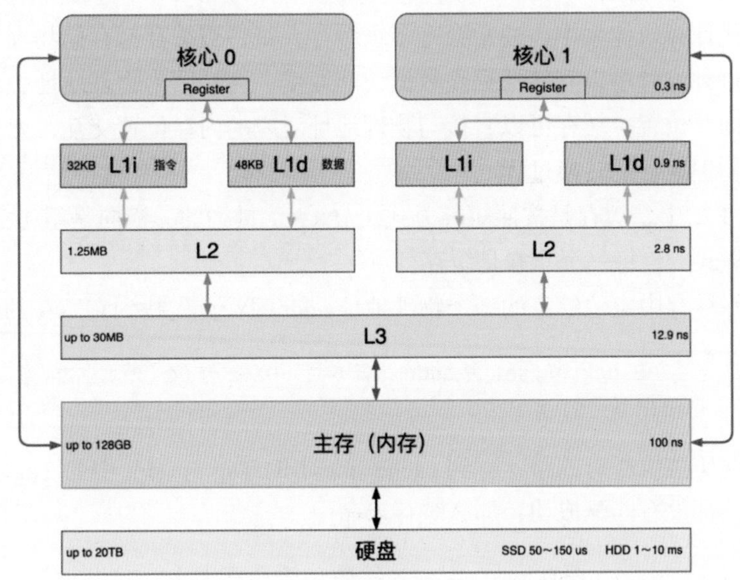

图 1-1

层次化的存储结构包括寄存器、L1 缓存、L2 缓存、L3 缓存、主存（内存）和硬盘等。寄存器位于顶层，速度最快但容量最小，通常用于存储临时数据和指令。各级缓存速度依次降低，但成本逐渐降低、容量逐渐增大，用于存储频繁访问的数据和指令。主存（内存）速度相对较慢，但容量较大，用于存储程序和数据。硬盘速度最慢，但成本最低、容量最大，主要用于持久存储大量数据。

计算机系统中引入多级缓存的目的是充分利用程序的局部性原理，通过提高缓存命中率来优化存储性能。这种设计旨在使存储系统在速度方面接近于寄存器，而在成本方面接近于内存甚至硬盘。通过这种方式，缓存扮演着存储体系结构中的核心角色，实现了性能和成本之间的有效平衡。

cache line（缓存行）是缓存管理的最小存储单元，也被称为缓存块，每个 cache line 包含 Flag、Tag 和 Data，通常 Data 的大小是 64 字节，但不同型号 CPU 的 Flag 和 Tag 可能不相同。数据是按照缓存块大小从内存向缓存加载和从缓存写回内存的，也就是说，即使缓存只访问 1 字节的数据，也得把这个字节附近以缓存行对齐的 64 字节的数据加载到缓存中。

缓存存储的是计算机程序运行时经常访问的数据，以加快数据访问速度。在计算机系统中，缓存使用的是物理地址，而不是虚拟地址。使用物理地址有助于提高数据访问的效率和速度。虚拟地址只在内存地址转换过程中扮演相关角色，不直接涉及缓存的操作，关于物理内存与虚拟内存将在第 8 章详细介绍。

在现代计算机体系中，通常会有多级缓存，每一级缓存都存储物理地址对应的数据。这种设计可以有效地提高数据访问速度，这是因为物理地址表示在实际硬件上的内存位置，缓存可以直接与物理地址对应的内存位置交互，无须经过虚拟地址到物理地址的转换过程。

在图 1-2 中，缓存是按照矩阵方式（$M \times N$）排列的，横向是组（Set），纵向是路（Way），每一个元素是缓存行。

如何在缓存中定位给定的一个物理地址 addr 呢？首先找到它所在的组号：

```
// 右移 6 位是因为 Block Offset 占 addr 的低 6 位，Data 为 64（2^6）字节
Set Index = (addr >> 6) % M;
```

然后遍历该组所有的路，直到 cache line 中的 Tag 与 addr 中的 Tag 相等为止，如果所有路都没有匹配成功，那么缓存未命中。

缓存容量=组数×路数×缓存行大小

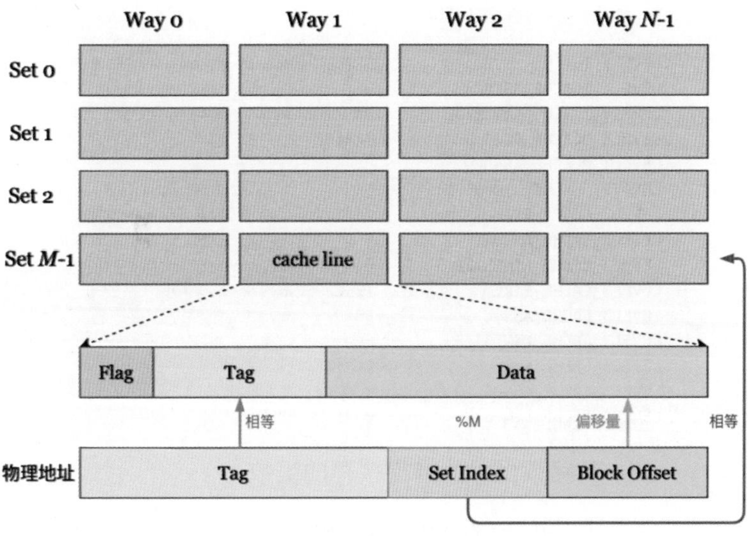

图 1-2

笔者的计算机的 CPU 信息：

```
[root@9f1c1746dbe5 /]# lscpu
Architecture:          x86_64
CPU op-mode(s):        32-bit, 64-bit
Byte Order:            Little Endian
CPU(s):                6
On-line CPU(s) list:   0-5
Thread(s) per core:    1
Core(s) per socket:    1
Socket(s):             6
Vendor ID:             GenuineIntel
CPU family:            6
Model:                 158
Model name:            Intel(R) Core(TM) i7-9750H CPU @ 2.60GHz
Stepping:              10
CPU MHz:               2600.000
BogoMIPS:              5200.25
L1d cache:             32K
L1i cache:             32K
L2 cache:              256K
L3 cache:              12288K
```

笔者的计算机的缓存信息：

```
# getconf -a |grep CACHE

LEVEL1_ICACHE_SIZE              32768    //L1i 缓存大小    32KB
LEVEL1_ICACHE_ASSOC             8        //L1i 路数
LEVEL1_ICACHE_LINESIZE          64       //L1i 缓存行大小 64B
LEVEL1_DCACHE_SIZE              32768    //L1d 缓存大小    32KB
LEVEL1_DCACHE_ASSOC             8        //L1d 路数
LEVEL1_DCACHE_LINESIZE          64       //L1d 缓存行大小 64B
LEVEL2_CACHE_SIZE               262144   //L2  缓存大小    256KB
LEVEL2_CACHE_ASSOC              4        //L2  路数
LEVEL2_CACHE_LINESIZE           64       //L2  缓存行大小 64B
LEVEL3_CACHE_SIZE               12582912 //L3  缓存大小    12MB
LEVEL3_CACHE_ASSOC              16       //L3  路数
LEVEL3_CACHE_LINESIZE           64       //L3  缓存行大小 64B
LEVEL4_CACHE_SIZE               0
LEVEL4_CACHE_ASSOC              0
LEVEL4_CACHE_LINESIZE           0
```

通过缓存行大小和路数可以倒推出缓存的组数：

组数=缓存容量÷路数÷缓存行大小

1.2 缓存一致性协议

在单核时代，引入缓存可以大大提升读写速度，但是到了多核时代，却引入了缓存一致性问题，即如果一个核心（每个 CPU 内有多个核心）修改了某个缓存块中的数值，那么必须得有一种机制来保证这个修改对其他核心可见。所以就有了缓存一致性协议。

1.2.1 MESI协议 [1]

MESI 协议是一个基于写失效的缓存一致性协议，是支持写回（Write Back）缓存的最常用的协议，也被称为伊利诺伊协议（Illinois Protocol，因为是在伊利诺伊大学厄巴纳-香槟分校被发明的）。

为了解决多个核心之间的数据传播问题，Intel 公司提出了总线嗅探（Bus Snooping）策略，即把读写请求都通过总线广播给所有核心，各个核心能够嗅探到这些请求，然后根据核心的本地状态对其进行响应。

1. 状态

（1）**已修改**（Modified，简称 M）表示缓存块中的数据与内存中的数据不一致，即缓存块是脏的。如果其他核心要读取这块数据，那么必须先将缓存块的

1　参考维基百科

数据写回内存，然后将缓存块的状态变为共享（S）。在这种状态下，确保其他核心可以读取到最新的内存数据，并维护一致性。

（2）**独占**（Exclusive，简称 E）表示缓存块只存在于当前核心的缓存中，并且是干净的，即与内存中的数据一致。如果其他核心要读取这个缓存块，那么当前核心会将自己的缓存块的状态变为共享（S）。当当前核心写入数据时，缓存块的状态变为已修改（M）。

（3）**共享**（Shared，简称 S）表示缓存块是共享的，存在于当前核心和其他核心的缓存中，并且是干净的，即与内存中的数据一致。在共享状态下，多个核心可以同时读取这个缓存块，而且这个缓存块随时都可以被其他缓存块替换，并且不需要写回内存，因为它的内容与内存中的数据一致。

（4）**无效**（Invalid，简称 I）表示该缓存块是无效的，可能是因为其他核心通知当前核心该缓存块已经失效。在这个状态下，当前核心不能使用这个缓存块的数据，需要从内存或其他核心获取最新的数据。这种状态的发生通常是由于其他核心对相同的内存地址进行了写操作，导致当前核心的缓存块变得无效。

这些状态信息实际上存储在缓存行的 Flag 中。

2. 事件

（1）缓存块收到来自核心的事件。

- **PrRd** 事件指的是读取事件，其中 Pr 代表 Processor（处理器）。该事件表示某个核心对一个缓存块发起了一个读取操作，希望获取对这个缓存块的共享访问权限。
- **PrWr** 事件指的是写入事件，其中 Pr 也代表 Processor。该事件表示某个核心对一个缓存块发起了一个写入操作，希望获取对这个缓存块的独占访问权限。

（2）缓存块收到来自总线的事件。

- **BusRd** 事件表示某个核心发起了一个**读**操作，希望获取对某个缓存块的共享访问权。该事件使得多个核心能够在需要时同时共享相同的数据，从而提高系统性能并有效管理共享数据。不涉及对缓存块的修改，因此不需要执行失效或写回操作，确保了共享数据的正确同步。
- **BusRdX** 事件表示某个核心发起了一个**读-修改-写**的操作，希望获取对特定缓存块的独占访问权限。这个事件的发生意味着该核心需要读取该缓存块的数据并执行修改，可能导致其他核心的缓存失效或需要写回内存，以确保在修改之前获取最新的数据状态。

- **BusUpgr** 表示某个核心发起了升级请求，希望从对某个缓存块的共享访问切换到独占访问。这个事件触发时，核心通常需要将其他核心的相同缓存块的状态切换为无效或将其写回内存，以确保在执行修改操作之前，该核心获得最新且独占性的数据状态。
- **Flush** 事件表示某个核心对一个缓存块进行刷新操作。这可能包括将缓存块的数据写回内存或者通知其他核心将其缓存中的对应数据失效。通过执行 Flush 操作，系统确保所有核心使用相同的、最新的数据，避免缓存中的数据与内存不一致。
- **FlushOpt** 事件也表示某个核心对一个缓存块执行刷新操作，但不是写回内存，而是发送给另一个核心的缓存，即缓存到缓存的传递。

3. 状态机

图 1-3 是 MESI 协议的详细有限状态机图。红色箭头表示缓存块收到总线事件后的状态变化方向，蓝色箭头表示缓存块收到核心事件后的状态变化方向，紫色箭头表示缓存块收到总线或核心事件后的状态变化方向。箭头上标记的文字表示箭尾处的状态收到的事件，括号内的文字表示收到该事件后产生的总线事件。

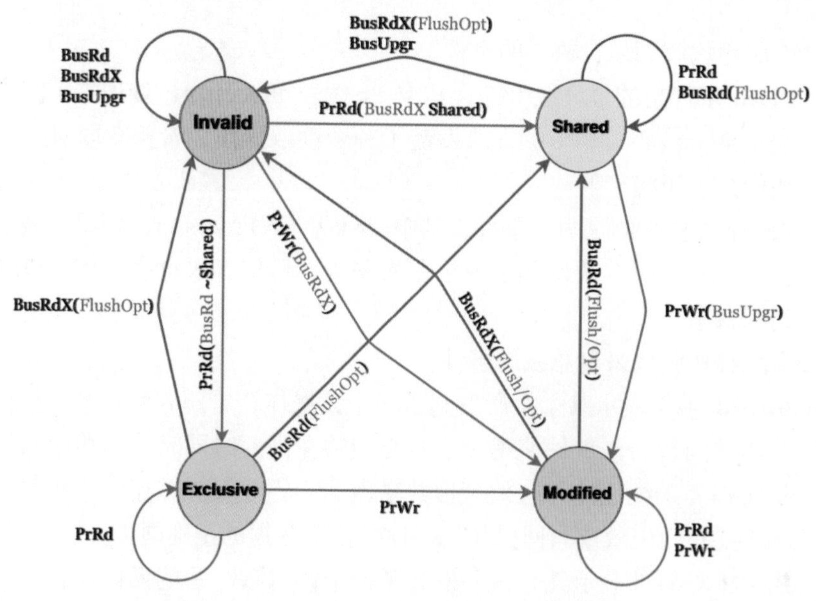

图 1-3

表 1-1 是对图 1-3 的详细讲解。

表 1-1

当前状态	接收的事件	事件响应
M	PrRd	核心请求从本地缓存块读出数据，该缓存块的状态保持不变，并且不会产生总线事件
	PrWr	核心请求向本地缓存块写入数据，该缓存块的状态保持不变，并且不会产生总线事件
	BusRd	发送总线 Flush 或 FlushOpt 事件并将缓存块的数据传递给最初发起 BusRd 事件的内存控制器或缓存，随后该缓存块的状态变为共享（S）
	BusRdX	发送总线 Flush 或 FlushOpt 事件并将缓存块的数据传递给最初发起 BusRdX 事件的内存控制器或缓存，随后该缓存块的状态变为无效（I）
E	PrRd	核心请求从本地缓存块读出数据，该缓存块的状态保持不变，并且不会产生总线事件
	PrWr	核心请求向本地缓存块写入数据，该缓存块的状态变为已修改（M），不会产生总线事件
	BusRd	发送总线 FlushOpt 事件并将缓存块的数据传递给最初发起 BusRd 事件的缓存，随后该缓存块的状态变为共享（S）
	BusRdX	发送总线 FlushOpt 事件并将缓存块的数据传递给最初发起 BusRd 事件的缓存，随后该缓存块的状态变为无效（I）
S	PrRd	核心请求从本地缓存块读出数据，该缓存块的状态保持不变，并且不会产生总线事件
	PrWr	核心请求向本地缓存块写入数据，并发送总线 BusUpgr 事件，随后该缓存块的状态变为已修改（M）
	BusRd	可能发送总线 FlushOpt 事件并将缓存块的数据传递给最初发起 BusRd 事件的内存控制器或缓存，该缓存块的状态保持不变
	BusRdX	可能发送总线 FlushOpt 事件并将缓存块的数据传递给最初发起 BusRdX 事件的缓存，随后该缓存块的状态变为无效（I）
	BusUpgr	使对应的缓存块的状态变为无效（I）
I	PrRd	发送总线 BusRd 事件。如果响应读取操作的是其他缓存，那么该缓存块的状态变为共享（S）；如果响应读取操作的是内存，那么该缓存块的状态变为独占（E）
	PrWr	发送总线 BusRdX 事件，使其他核心的缓存块失效，将数据写入该缓存块，随后该缓存块的状态变为已修改（M）
	BusRd	忽略事件，缓存块的状态不变
	BusRdX	忽略事件，缓存块的状态不变
	BusUpgr	忽略事件，缓存块的状态不变

4. 动画演示

MESI 协议的动画演示可以扫描以下二维码观看：

各家 CPU 厂商没有完全按照上面介绍的 MESI 协议实现自己的缓存一致性协议，这就导致 MESI 协议有很多变种。例如，Intel 采用的是 MESIF 协议，AMD 采用的是标准的 MESI 协议或者 MOESI 协议。

1.2.2 MOESI协议[1]

MOESI 是一种缓存一致性协议，它包含了其他协议中常用的所有可能状态。除了四种常见的 MESI 协议状态，还有第五种“拥有”状态，表示既可修改又可共享的数据。这样就不需要在共享数据之前将修改过的数据写回内存。虽然数据最终仍然必须写回，但写回可能是延迟的。

（1）**已修改**（Modified，简称 M）表示缓存块是脏的，即与内存中的数据不一致，并且该缓存块包含系统中唯一有效的数据。在这种状态下，缓存块可以直接提供数据给其他读取者（核心），无须将其写回内存。当有其他读取者时，该缓存块的状态变为拥有（O），而读取者的缓存块的状态变为共享（S）。这种机制允许在不写回内存的情况下，直接将脏数据提供给其他需要读取的核心，从而提高读取效率。

（2）**拥有**（Owned，简称 O）表示缓存块是脏的，与内存中的数据不一致，但并不是系统中唯一有效的副本，至少还有其他核心拥有相同数据的共享副本（S）。在这种状态下，该缓存块可以响应其他核心的读请求，无须将其写回内存。这样有助于减少总线带宽，因为其他核心可以直接从当前核心获取这个脏数据的有效副本，无须从内存读取。这种方式在一定程度上提高了读取效率。

（3）**独占**（Exclusive，简称 E）表示缓存块只存在于当前核心的缓存中，并且是干净的，即与内存中的数据一致。当其他核心的缓存读取这个缓存块时，当前缓存块的状态变为共享（S）。而当该状态的缓存块中的数据被当前核心修改时，缓存块的状态变为已修改（M）。简单地说，独占状态表明当前核心是唯

1 参考维基百科

一拥有这个缓存块的核心，其他核心可以共享读取，一旦被修改，状态就变为已修改（M）。

（4）**共享**（Shared，简称 S）表示缓存块不仅存在于当前核心的缓存中，还存在于其他核心的缓存中，可能是脏的。如果系统中存在其他核心的缓存块的状态为拥有（O），那么所有缓存块副本都是脏的；如果其他核心的缓存块的状态不是拥有（O），那么它们是干净的。在共享状态下，多个核心可以共享读取这个缓存块。需要注意的是，如果存在拥有状态的副本，则所有副本都是脏的。

（5）**无效**（Invalid，简称 I）表示缓存块是无效的，即不包含有效的数据。在这种状态下，缓存块不能被用于读取或写入，需要从内存或其他核心重新加载最新的数据。无效状态通常是由于其他核心对相同的内存地址执行了写入操作，导致当前核心的缓存块变得无效。

1.2.3　MESIF协议[1]

MESIF 协议是一种缓存一致性协议，由五种状态组成：**已修改**（M）、**独占**（E）、**共享**（S）、**无效**（I）和**转发**（F）。

在 MESIF 协议中，M、E、S 和 I 状态与 MESI 协议中的对应状态一致。不同之处在于引入了 F 状态，它是 S 状态的一种特殊形式。当系统中存在多个 S 状态的缓存块时，必须选取一个转换为 F 状态，而只有 F 状态下的缓存块负责应答其他核心的读取请求。通常是最后持有该副本的缓存转换为 F 状态，注意 F 状态下的缓存块是干净的数据。

1.3　写缓存区和无效队列

假设 CPU 采用 MESI 协议，核心 0 在修改本地缓存块之前，需要向其他核心发送 Invalid 消息，其他核心收到 Invalid 消息后，其他核心将本地对应的缓存块设置为无效状态，然后给核心 0 返回 Invalid acknowledgement 消息，核心 0 收到 Invalid acknowledgement 消息后将新的值写入缓存块，整个过程如图 1-4 所示。

1　参考维基百科

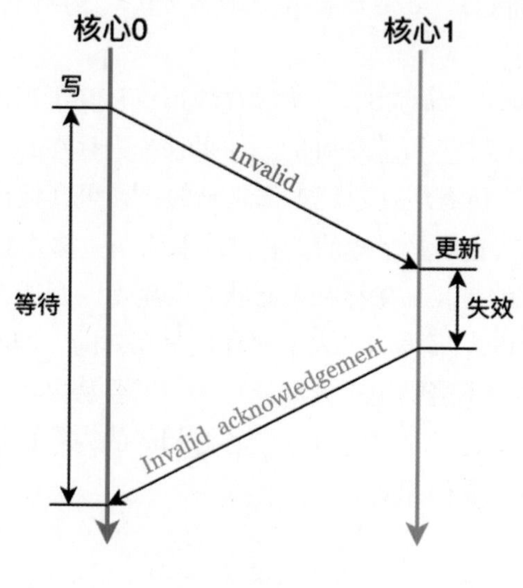

图 1-4

这里的核心 0 等待其他核心返回确认消息的时间对核心来说是漫长的。为了提升核心间同步缓存的性能，CPU 设计者们引入了写缓存区（Store Buffer）和无效队列（Invalid Queue），如图 1-5 所示。

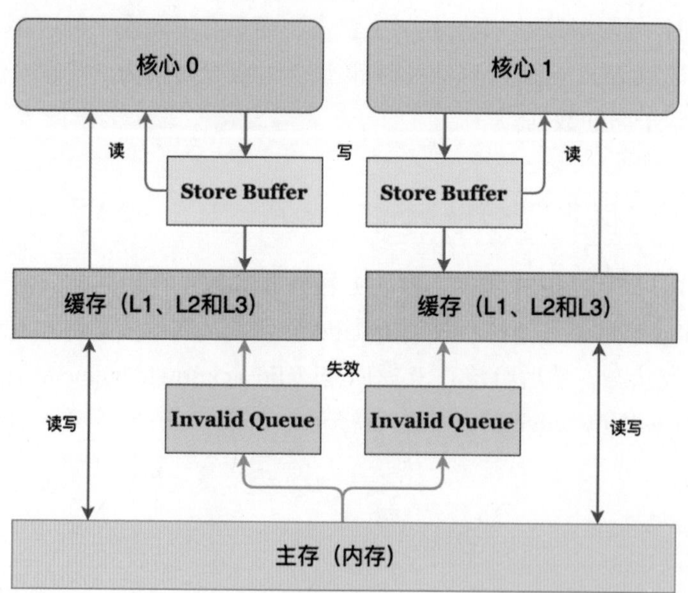

图 1-5

1.3.1　写缓冲区的作用

Store Buffer 可以提升写操作的性能，当核心 0 想修改缓存块时，将数据直接写入 Store Buffer，无须等待，继续处理其他事情，由 Store Buffer 完成后续的核心间的同步及将缓存块中的数据刷入缓存和内存的工作。

Store Buffer 还可以提升读操作的性能，当核心 0 想读取缓存块时，先去 Store Buffer 中查找，如果刚刚修改过该缓存块，那么直接从 Store Buffer 中读取，Store Buffer 速度比 L1 缓存要快，并且读到的还是最新的值，这就是所谓的 Store Forwarding（存储转发）。

1.3.2　无效队列的作用

当核心收到 Invalid 消息后，首先更新对应的缓存状态为无效状态（I），然后返回 Invalid acknowledgement 消息，更新缓存块的状态也是需要时间的。写操作的速度通过 Store Buffer 得到了提升，但是确认速度没有变化，这样造成了速度不匹配，进而造成 Store Buffer 可能会被打满，失去写操作加速的目的。为了提升核心确认 Invalid 消息的速度，有的 CPU（有的 CPU 就没有无效队列，例如 x86-TSO，1.5 节将详细介绍 x86-TSO）引入了无效队列，当核心收到 Invalid 消息时，立刻返回 Invalid acknowledgement 消息，然后把 Invalid 消息加入无效队列，当核心空闲时再去处理 Invalid 消息，使对应的缓存块的状态设置为无效状态（I）。

大多数 CPU 都没有严格遵守 MESI 协议，牺牲了缓存的强一致性，选择了缓存的弱一致性。好在应用程序在通常情况下不需要考虑缓存一致性，所以 Store Buffer 和 Invalid Queue 可以大幅提升程序的读写性能。当需要考虑缓存一致性时，程序员可以通过手动添加内存屏障来避免乱序问题。

1.4　内存屏障

编译器可能对程序进行优化，导致语句重排，进而导致指令重排。处理器在执行程序指令时，为了提升性能，也可能重排指令。重排不一定是坏事，可能带来运行效率的提升。但是编译器和处理器不一定能够按照我们写代码的顺序执行，所以编译器和处理器得明确它们的重排规则，提供控制重排的手段，即内存屏障（Memory Barriers）。一般使用内存屏障来控制编译器和处理器按照我们的本意执行代码。

几乎所有处理器都至少提供了一个粗粒度的内存屏障，通常被称为 Fence，也被称为全屏障，它保证在屏障之前的所有读写操作都将在屏障之后的读写操作之前执行。因此，全屏障是最耗时、效率最低的内存屏障。为了进一步提升性能，大多数处理器还会提供更细粒度的内存屏障。

1.4.1 读写屏障

从控制读写不同组合的顺序来看，分为四种内存屏障。

（1）**StoreStore Barrier**：写写屏障，简称写屏障，它只关心其前后的写操作。它前面的写操作不能跨过它，重排到它后面执行；而它后面的写操作也不能跨过它，重排到它前面执行。通常在不保证写缓存区先进先出（FIFO）的处理器上需要使用 StoreStore Barrier。

（2）**LoadLoad Barrier**：读读屏障，简称读屏障，它只关心其前后的读操作。它前面的读操作不能跨过它，重排到它后面执行；而它后面的读操作也不能跨过它，重排到它前面执行。通常，在乱序处理器上需要使用 LoadLoad Barrier。

（3）**LoadStore Barrier**：读写屏障，它只关心其前的读操作和其后的写操作。它前面的读操作不能跨过它，重排到它后面执行；而它后面的写操作也不能跨过它，重排到它前面执行。只有在写操作可以绕过读操作先执行的乱序处理器上才需要使用 LoadStore Barrier。

（4）**StoreLoad Barrier**：写读屏障，它只关心其前的写操作和其后的读操作。它前面的写操作不能跨过它，重排到它后面执行；而它后面的读操作也不能跨过它，重排到它前面执行。StoreLoad Barrier 保证其前面的写操作对其他处理器可见（数据刷入缓存和内存），并且可以防止本地后续的读操作直接从本地的 Store Buffer 读取数据，而不是从缓存或内存读取由另一个核心对同一地址最新写入的数据。这可以通过刷新写缓冲区的全部数据到缓存和内存来实现，实际上 StoreLoad Barrier 也获得了上面三种屏障的效果，因此该屏障的开销也是最大的。同 Fence 一样，几乎所有的现代处理器都需要 StoreLoad Barrier，因此有的平台使用 Fence 代替 StoreLoad Barrier。

1.4.2 单向屏障

前面介绍的内存屏障都是双向屏障，即屏障的前后读或写都不可以跨过屏障。还有一种内存屏障，它是单向的，即一个方向允许跨过屏障，另一个方向则不允许，这种屏障被称为单向屏障（One-way Barrier）。例如，ARMv8 架构中的

STLR（Store Release Register）和 LDAR（Load Acquire Register）指令就是这样的，如图 1-6 所示。

- STLR 指令：不允许该指令前面的读写操作向后跨过它，重排到它后面执行，而它后面的读写操作却可以向前跨过它，重排到它前面执行。
- LDAR 指令：不允许该指令后面的读写操作向前跨过它，重排到它前面执行，而它前面的读写操作却可以向后跨过它，重排到它后面执行。

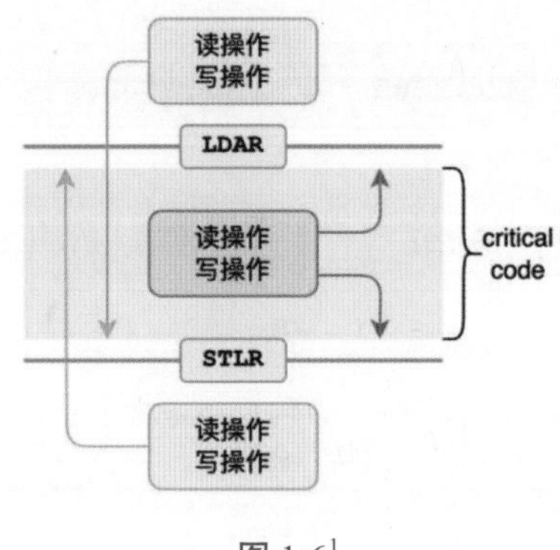

图 1-6[1]

1.5 x86-TSO

x86-TSO（Total Store Ordering）是 x86 体系结构上的内存一致性模型，如图 1-7 所示，它保证在某个核心中所有对内存的写操作是按照程序顺序进行排序的。这种模型使得程序员更容易理解和预测多核处理器系统中程序的行为。

x86-TSO 有下面几个特点：

（1）核心中的 Store Buffer 是先进先出（FIFO）的，FIFO 特性保证了写写操作不会乱序，所以 x86-TSO 不需要 StoreStore Barrier。

（2）核心中的 Store Buffer 具有 Store Forwarding 特性，如果数据在 Store Buffer 中，那么核心必须读取 Store Buffer 中最近写入的数据；否则去共享存储（指的是共享缓存或内存，共享缓存可以是 L3 cache）中读取。

（3）mfence 指令会刷新当前核心的 Store Buffer，并将数据写入共享存储。

（4）当一个核心要执行带有 lock 前缀的指令时，核心必须先获取全局锁。在指令结束时，它会刷新其 Store Buffer 并释放全局锁。当一个核心持有全局锁时，其他核心无法执行读写操作。

1　参考 ARM 开发者官方文档

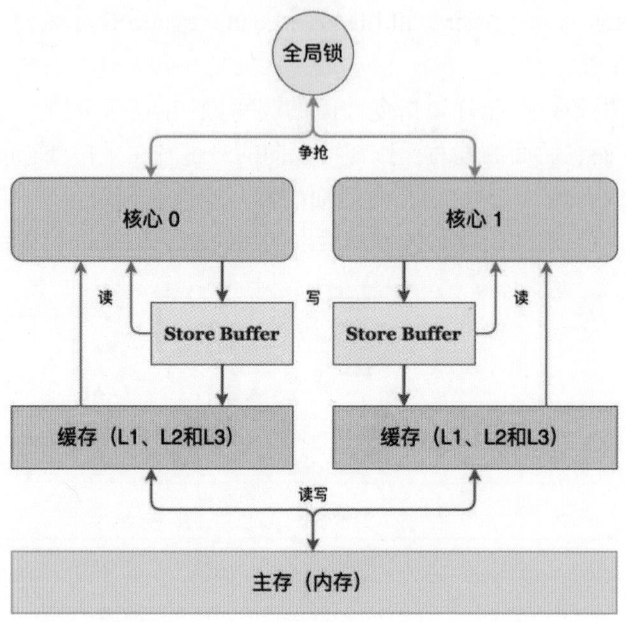

图 1-7

（5）核心中 Store Buffer 写入的数据除了其他核心持有全局锁的任何时候都可以写入共享存储。

（6）读操作不许延后。x86-TSO 没有 Invalid Queue 硬件结构，也就不会出现因为 Invalid 消息在 Invalid Queue 中而导致核心读到旧数据的情况，因此读操作不会延后，所以 x86-TSO 不需要 LoadLoad Barrier 和 LoadStore Barrier。

（7）读操作可以提前。因为 x86-TSO 存在 Store Buffer，所以写操作可能被延迟到读操作之后，也就是读操作提前了，所以 x86-TSO 需要 StoreLoad Barrier。因此其他内存屏障在 x86-TSO 模型上都是空操作（no-op）。

在 Linux 的 x86-64 平台下自定义的内存屏障如下：

```
#define mb()      asm volatile("mfence" ::: "memory")
#define rmb()     asm volatile("lfence" ::: "memory")
#define wmb()     asm volatile("sfence" ::: "memory")

#define barrier() asm volatile("" ::: "memory")
#define smp_rmb() barrier()
#define smp_wmb() barrier()
#define smp_mb()  asm volatile("lock; addl $0,-132(%%rsp)" ::: "memory", "cc")
```

1.6 CPU黑盒测试[1]

1.6.1 测试核心内是否存在Store Buffer

使用如图 1-8 所示的测试用例。给定两个不同的内存地址的 x 和 y（最初都是 0），如果两个核心分别向 x 和 y 写入 1，然后分别读取 y 和 x 的值并存入核心 0 的 EAX 寄存器和核心 1 的 EBX 寄存器，那么在同一次执行过程中 EAX 和 EBX 中的值可能同时为 0。

核心 0	核心 1
x = 1; EAX = y;	y = 1; EBX = x;
初始状态: x == 0 && y == 0	
允许出现: EAX == 0 && EBX == 0	

图 1-8

如果出现上面的情况，则说明核心内有 Store Buffer 结构。两个核心将 x 和 y 的修改写入了 Store Buffer，还没刷新到共享存储中，两个核心就分别读取了旧的 y 和 x 的值，这意味着，从其他核心角度看写操作被延后了，当前核心读操作提前了。所以需要引入 StoreLoad Barrier 来防止读操作提前和写操作延后。在 x86 中，带 lock 前缀的指令/`xchg` 指令/`mfence` 指令会清空 Store Buffer，使得当前核心的内存屏障之前的写操作马上对其他核心可见。解决办法如图 1-9 所示。

核心 0	核心 1
x = 1; StoreLoad Barrier EAX = y;	y = 1; StoreLoad Barrier EBX = x;
初始状态: x == 0 && y == 0	
禁止出现: EAX == 0 && EBX == 0	

图 1-9

经过笔者测试，在笔者的计算机（CPU 为 i7）上使用 StoreLoad Barrier 或者 mfence 指令可以使图 1-8 中的情况不再出现，除此之外，还可以使用高级语言的原子变量来解决这个问题。

对应图 1-8 的测试代码（使用 Gtest 工具）如下：

1　参考论文：x86-TSO: *A Rigorous and Usable Programmer's Model for x86 Multiprocessors*

```
#define smp_mb()  asm volatile("lock; addl $0,-132(%%rsp)" :::"memory", "cc")
int N = 1000000;
TEST(CPU, StoreBuffer) {
    sem_t sem1, sem2, sem3, sem4;
    sem_init(&sem1, 0, 0);
    sem_init(&sem2, 0, 0);
    sem_init(&sem3, 0, 0);
    sem_init(&sem4, 0, 0);
    int x = 0, y = 0;
    int EAX = 0, EBX = 0;
    int detected = 0;
    thread t1([&]() {
        for (int i = 0; i < N; i++) {
            sem_wait(&sem1);
            x = 1;
            EAX = y;
            sem_post(&sem3);
        }
    });
    thread t2([&]() {
        for (int i = 0; i < N; i++) {
            sem_wait(&sem2);
            y = 1;
            EBX = x;
            sem_post(&sem4);
        }
    });
    thread t3([&]() {
        for (int i = 0; i < N; i++) {
            x = 0;
            y = 0;
            smp_mb();
            sem_post(&sem1);
            sem_post(&sem2);
            sem_wait(&sem3);
            sem_wait(&sem4);
            if (EAX == 0 && EBX == 0)
                printf("EAX=%d, EBX=%d, detected=%d\n", EAX, EBX,
    ++detected);
```

```
        }
    });
    t1.join();
    t2.join();
    t3.join();
    EXPECT_EQ(0, detected);
}
```

一次运行结果如下：

```
[==========] Running 1 test from 1 test case.
[----------] Global test environment set-up.
[----------] 1 test from CPU
[ RUN      ] CPU.StoreBuffer
EAX=0, EBX=0, detected=1
EAX=0, EBX=0, detected=2
EAX=0, EBX=0, detected=3
EAX=0, EBX=0, detected=4
EAX=0, EBX=0, detected=5
EAX=0, EBX=0, detected=6
/home/work/ToolKit/test/cache_coherence_test.cpp:109: Failure
Expected equality of these values:
  0
  detected
    Which is: 6
[  FAILED  ] CPU.StoreBuffer (99263 ms)
[----------] 1 test from CPU (99263 ms total)

[----------] Global test environment tear-down
[==========] 1 test from 1 test case ran. (99264 ms total)
[  PASSED  ] 0 tests.
[  FAILED  ] 1 test, listed below:
[  FAILED  ] CPU.StoreBuffer

 1 FAILED TEST
```

1.6.2 测试转发（Store Forwarding）是否生效

使用如图 1-10 所示的测试用例。假设核心 1 将 y=2 写入自己的 Store Buffer，然后核 0 将 x=1 写入自己的 Store Buffer，如果 Store Buffer 具有转发（Store Forwarding）特性，那么核心 0 从自己的 Store Buffer 中读取 x 的值并存储到 EAX 寄存器中，EAX 的值为 1。随后核心 0 从内存中读取 y 的值并存储到 EBX 寄存器中，EBX 的值为 0。接着核心 1 将 x=2 写入自己的 Store Buffer，并刷新 Store Buffer，将 y=2 和 x=2 写入内存，最后核心 0 刷新自己的 Store Buffer，将 x=1 写入内存。

核心 0	核心 1
x = 1; EAX = x; EBX = y;	y = 2; x = 2;
初始状态: x == 0 && y == 0	
允许出现: EAX == 1 && EBX == 0 && x == 1	

图 1-10

经过笔者测试，在笔者的计算机上可以出现上述现象，说明核心的 Store Buffer 具有转发特性。其实还有一个更直接的测试用例，如图 1-11 所示。

核心 0
x = 1; EAX = x;
初始状态: x == 0
必须出现: EAX == 1

图 1-11

1.6.3 测试 StoreStore 是否乱序执行

使用如图 1-12 的测试用例，如果 CPU 允许 StoreStore 乱序，那么核心 0 中 x=1 和 y=1 写入 Store Buffer 的先后顺序可能发生乱序，导致写入共享存储的顺序也发生乱序。当核心 0 将 y=1 写入共享存储后，还没将 x=1 写入共享存储时，核心 1 可以从共享存储中读到刚刚更新的 y=1，但是读到的 x 依然是旧值。细心的读者会发现，EAX=y 和 EBX=x 之间插入了 LoadLoad Barrier，这是因为屏蔽 LoadLoad 乱序对测试 StoreStore 乱序的影响，如果发生 LoadLoad 乱序，则会出现 EAX==1&&EBX==0 的情况。

核心 0	核心 1
x = 1; y = 1;	EAX = y; LoadLoad Barrier EBX = x;
初始状态: x == 0 && y == 0	
允许出现: EAX == 1 && EBX == 0	

图 1-12

在 x86-TSO 上，不管从核心 0 还是核心 1 的角度看核心 0，x 和 y 的写入顺序都不能乱序，不会出现 EAX==1&&EBX==0 的情况，因为 x86-TSO 的 Store Buffer 是先进先出的，所以 StoreStore 不会乱序执行，也就不需要 StoreStore

Barrier。而在像 ARM 这类乱序 CPU 上可能发生 StoreStore 乱序执行，所以必要时使用 StoreStore Barrier 来保证 StoreStore 不会乱序执行。

1.6.4　测试 LoadLoad 是否乱序执行

使用如图 1-13 的测试用例（由图 1-12 稍作修改而来），在核心 0 的 x=1 和 y=1 之间插入 StoreStore Barrier 来确保 StoreStore 不会乱序执行，避免对测试结果的影响。如果 CPU 允许 LoadLoad 乱序执行，那么核心 1 中 EAX=y 和 EBX=x 读取的先后顺序可能发生乱序，出现 EAX==1&&EBX==0 的情况。

核心 0	核心 1

x = 1;
StoreStore Barrier
y = 1;
	EAX = y;
	EBX = x;

初始状态: x == 0 && y == 0	
允许出现: EAX == 1 && EBX == 0	

图 1-13

在 x86-TSO 上，前面提到没有 Invalid Queue，所以不会出现 LoadLoad 乱序执行的情况，也就不需要 LoadLoad Barrier。

1.6.5　测试 LoadStore 是否乱序执行

使用如图 1-14 的测试用例。如果允许 LoadStore 乱序执行，那么核心 0 中读取 x 和修改 y 的操作可能乱序执行，同样核心 1 中读取 y 和修改 x 的操作也可能乱序执行。因此会出现，核心 0 和核心 1 都将各自的修改写入共享存储，然后两个核心分别读取对方修改的值，即 EAX=1 和 EBX=1 同时出现。

核心 0	核心 1
EAX = x; y = 1;	EBX = y; x = 1;
初始状态: x == 0 && y == 0	
允许出现: EAX == 1 && EBX == 1	

图 1-14

前面提到 x86-TSO 有一个原则是读操作不能延后，但是可以提前（1.6.1 节中读操作就提前了）。在上述的例子中，如果 EAX=1，那么 x=1 操作已经从 Store Buffer 写入共享存储，并且早于 EAX=x 操作。由于 x86-TSO 的读操作不能延后，所以 EBX=y 的操作早于 x=1。同理，EAX=x 读操作也不能延后到 y=1 写操作之后执行。当 EAX=1 时，说明 x=1 早于 EAX=x，EBX=y 早于 x=1，并且 EAX=x 早于 y=1，所以 EBX 不可能等于 1。

而在像 ARM 这类乱序 CPU 上，写操作可以绕过读操作先执行，导致 LoadStore 乱序执行，所以必要时使用 LoadStore Barrier 来保证 LoadStore 不会乱序执行。

1.6.6 测试 StoreLoad 是否乱序执行

图 1-8 所示的测试用例不仅可以用于测试 CPU 是否具有 Store Buffer 硬件结构，也可以测试 StoreLoad 是否乱序执行，因为 StoreLoad 乱序执行就是由 Store Buffer 引起的。

由于 x86-TSO 引入了 Store Buffer 硬件结构，所以必要时使用 StoreLoad Barrier 来保证 StoreLoad 不会乱序执行。

综上所述，StoreLoad Barrier 是 x86-TSO 唯一需要的内存屏障。

1.7 CAS原理

CAS 是 Compare-And-Swap（比较并交换）的缩写，是一种原子操作，常用于多线程编程。该操作包括三个参数：内存地址（通常是一个变量的地址）、期望值和新值。操作的执行过程如下：

（1）读取内存地址的当前值并保存到一个临时变量里，作为“期望值”。

（2）比较“期望值”和当前内存地址的值是否相等。

（3）如果不想等，那么 CAS 操作失败，不做任何操作，返回 false；反之 CAS 操作成功，将内存位置的值更新为新值，返回 true。

CAS 的原子性保证了在多线程环境中执行数据交换操作时不会被其他线程干扰。CAS 在实现同步机制和非阻塞算法中有广泛的应用，例如实现锁、并发数据结构等。不同类型的处理器提供了各自的原子操作指令，在 x86 处理器上，通过在汇编指令前添加 lock 前缀，可以实现对系统总线的锁定，这就是所谓的加总线锁（也就是前面提到的全局锁）。这意味着在执行这条指令期间，其他处理器无法访问相应的内存地址。这样做的目的是确保指定内存操作的原子性，防止多个处理器同时修改相同的内存位置，从而防止出现数据不一致的问题。

各种语言根据不同类型的处理器提供的原子操作指令实现了各自的 CAS 操作函数，例如 C 语言中由 GNU 提供的__sync_bool_compare_and_swap 函数，以及 C++语言中的 compare_exchange_strong 函数和 compare_ exchange_weak 函数。

下面的代码是使用 CAS 的一个例子（1.9 节中的无锁队列 Pop 函数）：

```
template <typename T>
bool AtomQueue<T>::Pop(T& v) {
    uint64_t tail = tail_;
    if (tail == head_ || !valid_[tail])
        return false;
    if (!__sync_bool_compare_and_swap(&tail_, tail, (tail + 1) & mod_))
        return false;
    v = std::move(data_[tail]);
    valid_[tail] = 0;
    return true;
}
```

使用 CAS 会引入 ABA 问题，假设有一个整数变量 sharedValue 被初始化为 1，并有两个线程 P1 和 P2。以下是一个简单的使用 CAS 出现 ABA 问题的伪代码示例。

初始状态：

```
int sharedValue = 1;
```

线程 P1 执行以下操作：

```
currentValue = sharedValue;  // 读取当前值，假设为 1
// 线程 P1 被挂起
```

线程 P2 执行以下操作：

```
sharedValue = 2;   // sharedValue 被修改为 2
sharedValue = 1;   // sharedValue 被修改为 1
```

此时，共享变量 sharedValue 的值回到了原始状态。

线程 P1 被唤醒并继续执行：

```
if (CAS(&sharedValue, currentValue, 2)) {
    // 这里认为值没有发生变化，但实际上已经被修改了
    // 可能会导致错误的操作
}
```

在这个例子中，线程 P1 在挂起期间，共享变量 sharedValue 被修改为 2，然

后再次被修改为 1。当线程 P1 被唤醒时，它检查共享变量的值，发现值仍然是 1，因此可能错误地认为共享变量没有发生变化，而实际上它已经被修改了。这就是 ABA 问题的一个典型场景。

一种常见的解决 ABA 问题的方法是使用带有版本号或时间戳的 CAS 操作，也被称为 Double CAS（双 CAS），简称 DCAS。这样，即使值从 A 变为 B，再变回 A，版本号或时间戳也会随之增加，从而避免了误判。

以下是一个简单的使用带有版本号的 CAS 来解决 ABA 问题的伪代码示例。

初始状态：

```
int sharedValue = 1;
int version = 1;
```

线程 P1 执行以下操作：

```
currentValue = sharedValue;  // 读取当前值，假设为 1
currentVersion = version;    // 读取当前值，假设为 1
// 线程 P1 被挂起
```

线程 P2 执行以下操作：

```
sharedValue = 2;  // sharedValue 被修改为 2
version++;        // 版本自增，当前值为 2
sharedValue = 1;  // sharedValue 被修改为 1
version++;        // 版本自增，当前值为 3
```

此时，共享变量 sharedValue 的值回到了原始状态，但是版本号 version 却变成了 3。

线程 P1 被唤醒并继续执行：

```
if (DCAS(&sharedValue, &version, currentValue, currentVersion, 2,
    currentValue+1)) {
    // 虽然共享变量的值满足预期，但是版本却不能满足预期，所以 DCAS 操作失败
    // 程序不会进入该分支，也就不会造成错误的操作
}
```

1.8 原子操作

原子操作是一种不可分割的操作，要么全部执行，要么都不执行。在多线程环境中，原子操作可以保证在任一时刻只有一个线程可以执行这个操作，从而避

免多个线程同时对共享数据进行操作，互相干扰，确保数据的一致性和线程安全性。常见的原子操作包括**读**、**写**和**读-修改-写**三种操作。

1.8.1　互斥锁

我们都知道机器执行的是二进制机器码，当我们将 C/C++编写的代码翻译成汇编程序后，对应的就是二进制机器码，每行机器码就是一条机器指令。对于 CPU 来说，一条机器指令就是原子的，不能再分割的最小操作单元。一行高级语言的代码可能翻译成很多条机器指令，比如下面的一行自增代码就翻译成了三条机器指令。

C 代码：

```
i++;
```

对应的 x86 汇编语句（使用 AT&T 语法）：

```
movl i, %eax     ; 将 i 的值加载到寄存器 eax 中
addl $1, %eax    ; 将寄存器 eax 中的值加 1
movl %eax, i     ; 将结果写回变量 i
```

为了避免多个线程同时执行这三条机器指令，带来不可预知的行为，即保证 i++的动作是原子的，最常用的做法是使用互斥锁保护 i，保证同一时刻只有一个线程可以修改 i，当一个线程修改完后，其他线程才能修改。等待获取互斥锁的线程可能由“运行”（Running）状态变为“阻塞”（Blocked）状态或“睡眠”（Sleep）状态，当获取到锁后唤醒线程继续执行，这“一睡一醒”就会造成线程的上下文切换，带来性能的开销，对于追求极致性能的我们，这种方式不够完美。那么有没有更好的方式呢？答案是有的，就是采用前面介绍的 CAS 模拟互斥锁来达到原子操作的目的。

1.8.2　自旋锁

采用 CAS 模拟互斥锁的行为就是自旋锁（Spin Lock）。所谓自旋就是不停地通过 CAS 检查锁的状态。当一个线程尝试获取自旋锁时，如果锁已经被其他线程持有，那么当前线程会一直循环检测锁是否可用，而不是像互斥锁那样被挂起（阻塞）等待。

自旋锁适用于以下场景：

（1）**时间短**：对共享资源占用时间要短。使用自旋锁可以避免线程切换的

开销，但是持有锁的线程对共享资源占用时间越长，其他想要持有该锁的线程忙等造成的性能开销就越大。

（2）**低竞争**：在低竞争情况下，即线程之间不那么频繁竞争自旋锁。使用自旋锁的性能比其他锁更好，因为等待线程不进入睡眠（阻塞）等待，目的是避免线程切换的开销，如果竞争激烈，则导致很多线程都在空转，反倒降低了性能。

前面只提到了可以使用 CAS 实现自旋锁，其实通常情况下会使用 TAS 实现自旋锁，TAS 是 Test-And-Set（测试并设置）的缩写，是一种更轻量级的 CAS。在 C++11 中，TAS 只能使用 atomic_flag 类型的变量。下面是使用 TAS 实现的一个简易的自旋锁：

```
class SpinLock {
private:
    std::atomic_flag flag = ATOMIC_FLAG_INIT;
public:
    void lock() {
        while (flag.test_and_set(std::memory_order_acquire));
    }
    bool try_lock(int n) {
        for (int i = 0; i < n &&
    flag.test_and_set(std::memory_order_acquire); i++);
        return i >= n ? false : true;
    }
    void unlock() {
        flag.clear(std::memory_order_release);
    }
};
```

在上面的代码中，lock 函数中有一个 while 循环，直到 TAS 成功修改了 flag 才退出循环。为了避免线程无限循环等待下去，笔者又提供了一个 try_lock 函数，尝试获取自旋锁，如果线程循环了 *n* 次依然没有获取成功，那么退出循环。除了这种做法，进程/线程还可以使用 C 语言的 sched_yield 函数和 C++的 std::this_thread::yield 函数让出 CPU 时间片，表示它暂时没有执行的任务，以便系统调度器可以将 CPU 时间片分配给其他“就绪”状态（Ready）的进程/线程，然而这只是一个请求，不能确保进程/线程会立即被切换，实际的行为依赖于操作系统的调度器。

当一个进程/线程让出 CPU 时间片后，它通常会由“运行”状态变为“就绪”状态，而不是由“运行”状态变为“阻塞”状态，这与互斥锁有本质区别。

通过上面的例子，我们可以直观地感受到，互斥锁的状态是由内核控制的，而自旋锁的状态是由程序控制的。

1.8.3　C++原子变量

在 C++11 中可以使用 atomic 模版类通过参数化类型来接受不同的数据类型，并在编译时生成具体的类，使对其的操作是原子的。atomic 模版类的参数化类型通常有 int、long 和 int *等。我们可以使用 is_lock_free 函数判断一个 atomic 的变量是否为 lock-free（无锁）类型，即是否采用自旋锁来保证操作的原子性。这个函数返回一个布尔值，true 表示支持无锁，false 表示采用互斥锁来保证操作的原子性。

下面是一个使用 is_lock_free 函数的例子：

```
// lock_free.cpp
#include <iostream>
#include <atomic>
int main() {
    // 检查 int 类型的原子操作是否为无锁的
    std::atomic<int> myAtomicInt;
    bool lockFreeInt = myAtomicInt.is_lock_free();
    // 输出结果
    std::cout << "Atomic int is lock-free: " << (lockFreeInt ? "true" :
    "false") << std::endl;
    // 检查指针类型的原子操作是否为无锁的
    std::atomic<int*> myAtomicPtr;
    bool lockFreePtr = myAtomicPtr.is_lock_free();
    // 输出结果
    std::cout << "Atomic pointer is lock-free: " << (lockFreePtr ? "true" :
    "false") << std::endl;
    return 0;
}
```

在笔者的计算机上编译和运行以上代码的结果如下：

```
$ g++ is_lock_free.cpp -o is_lock_free --std=c++11 -g -O0
$ ./is_lock_free
Atomic int is lock-free: true
Atomic pointer is lock-free: true
```

从结果可以看出，atomic<int>和 atomic<int*>是通过自旋锁来保证操作的原子性的。

也可以使用 atomic 来修饰自定义的类或结构体，但是得先实现 atomic 模板中的很多函数，所以通常使用一个互斥锁来保证操作的原子性，而不是自旋锁。

1.8.4 C++内存顺序

C++11 中对原子变量的操作函数都有一个 std::memory_order 参数，这个参数决定了内存顺序，用来约束编译器和运行时重排执行顺序，一共有六种类型。大部分类型不是单独使用的，经过组合有下面四种内存顺序。

1. 松散内存顺序

memory_order_relaxed 是 C++ 中用于原子操作的一种最轻量级的内存顺序。它提供了对原子变量操作的原子性保证，确保操作是不可分割的，不会被中断。与其他内存顺序不同，memory_order_relaxed 不保证原子操作与其他非原子操作的先后顺序，允许编译器和运行时对系统进行更多的优化，从而提供最高的执行速度。使用这种松散的内存顺序可以在一些性能敏感的场景中获得优势，尤其是当操作的顺序并不影响程序的正确性时。

下面是一个使用松散内存顺序的例子：

```
// memory_order_relaxed.cpp
#include <iostream>
#include <atomic>
#include <thread>
std::atomic<int> myAtomicInt(0);
void incrementCounter() {
    for (int i = 0; i < 10000; ++i)
        myAtomicInt.fetch_add(1, std::memory_order_relaxed);
}
int main() {
    std::thread t1(incrementCounter);
    std::thread t2(incrementCounter);
    t1.join();
    t2.join();
    printf("Final counter value: %d\n",
    myAtomicInt.load(std::memory_order_relaxed));
```

```
    return 0;
}
```

上述代码编译和运行的结果如下：

```
[root@e3ba1150b3a5 test]# g++ memory_order_relaxed.cpp -o
    memory_order_relaxed -pthread --std=c++11 -g -O0
[root@e3ba1150b3a5 test]# ./memory_order_relaxed
Final counter value: 20000
```

在这个例子中，我们只关心 myAtomicInt 的最后结果是否为 20000，不关心两个线程中对 myAtomicInt 的操作顺序，所以 fetch_add 操作使用了 memory_order_relaxed，表示可以按照任何顺序修改和读取 myAtomicInt，编译器和硬件可以选择最优的执行方式。

但是当需要考虑顺序时就不能简单地使用 memory_order_relaxed 了，比如下面的例子：

```
// memory_order_relaxed2.cpp
#include <iostream>
#include <atomic>
#include <thread>
std::atomic<int> x(0);
std::atomic<int> y(0);
void thread1() {
    x.store(1, std::memory_order_relaxed);       // A
    y.store(1, std::memory_order_relaxed);       // B
}
void thread2() {
    while(!y.load(std::memory_order_relaxed));  // C
    if(!x.load(std::memory_order_relaxed))      // D
        std::cout << "x = 0" << std::endl;
}
int main() {
    std::thread t1(thread1);
    std::thread t2(thread2);
    t1.join();
    t2.join();
    return 0;
}
```

通常情况下，上述代码编译和运行的结果如下：

```
[root@e3ba1150b3a5 test]# g++ memory_order_relaxed2.cpp -o
    memory_order_relaxed2 -pthread --std=c++11 -g -O0
[root@e3ba1150b3a5 test]# ./memory_order_relaxed2
[root@e3ba1150b3a5 test]#
```

注意，笔者强调了是通常情况下的输出结果。因为 memory_order_relaxed 只保证操作的原子性，并不保证操作的顺序，所以 A 和 B 两个语句可能被编译器或者运行时重排，导致出现 B→C→D→A 的执行顺序，那么就会输出 x=0 的日志。要想保证 A 和 B 的执行顺序不被重排，就需要使用对顺序要求严格一些的模型，例如下面介绍的 memory_order_release 和 memory_order_acquire。

2. 释放获得顺序

释放获得顺序（release-acquire ordering）由 memory_order_release、memory_order_acquire 和 memory_order_acq_rel 保证。

（1）memory_order_release 只对原子变量的**写**和**读-修改-写**操作有效，**读**操作使用它没有意义，这提供了一种释放语义。对于当前线程，在该操作之前的所有读写操作不允许被重排到该操作之后。对于其他线程，如果它们使用 memory_order_acquire 对同一原子变量执行获取操作，并且该获取操作在当前线程的释放操作之后执行，那么释放操作之前的读写操作对其他线程的获取操作是可见的。

（2）memory_order_acquire 只对原子变量的**读**和**读-修改-写**操作有效，**写**操作使用它没有意义，提供了一种获得语义。对于当前线程，在读取某个原子变量时，该操作后的任何读写操作都不允许被重排到该操作之前。此外，其他线程在释放同一原子变量之前的所有读写操作对于当前线程都是可见的。

（3）memory_order_acq_rel 适用于**读**、**写**和**读-修改-写**操作，这提供了一种释放获得语义。对于读操作，它提供获得语义，确保该操作后的任何读写操作不会被重排到该操作之前。对于写操作，它具有释放语义，确保该操作前的所有读写操作不会被重排到该操作之后。对于读-修改-写操作，它同时具有获得和释放语义，即在该操作前后的所有读写操作都不允许重排。此外，其他线程在对同一原子变量释放之前的所有操作对当前线程可见，同时在当前线程中，该操作前的所有操作都对获取同一原子变量的其他线程可见。

下面是 memory_order_relaxed2.cpp 经过 memory_order_releas 和 memory_order_acquire 修改后的例子：

```
#include <iostream>
#include <atomic>
#include <thread>
std::atomic<int> x(0);
std::atomic<int> y(0);
void thread1() {
    x.store(1, std::memory_order_relaxed);       // A
    y.store(1, std::memory_order_release);       // B
}
void thread2() {
    while(!y.load(std::memory_order_acquire));  // C
    if(!x.load(std::memory_order_relaxed))       // D
        std::cout << "x = 0" << std::endl;
}
int main() {
    std::thread t1(thread1);
    std::thread t2(thread2);
    t1.join();
    t2.join();
    return 0;
}
```

修改后，线程 2 中的 while 循环保证了 B happed-before C，也就是 B 在 C 之前执行。根据前面的理论分析，B 之前的任何操作，其中就包括 A，不能重新排到 B 之后，那么 C 在看到 B 执行的结果后，也一定可以看见 A 执行的结果。并且在线程 2 中 C 的获得语义保证 D 不能重新排到 C 之前。所以一定能保证按照 A→B→C→D 的顺序执行。

上面的例子也可以使用 memory_order_acq_rel 来修改，可以达到同样的效果，下面只展示修改部分：

```
void thread1() {
    x.store(1, std::memory_order_relaxed);       // A
    y.store(1, std::memory_order_acq_rel);       // B
}
void thread2() {
    while(!y.load(std::memory_order_acq_rel));  // C
    if(!x.load(std::memory_order_relaxed)) {     // D
        std::cout << "x = 0" << std::endl;
```

```
    }
}
```

下面再举一个例子，在上面的 B 操作中也使用 memory_order_relaxed，还能保证 A→B→C→D 的执行顺序吗？

```
void thread1() {
    x.store(1, std::memory_order_relaxed);       // A
    y.store(1, std::memory_order_relaxed);       // B
}
void thread2() {
    while(!y.load(std::memory_order_acq_rel));  // C
    if(!x.load(std::memory_order_relaxed)) {    // D
        std::cout << "x = 0" << std::endl;
    }
}
```

答案是不能。虽然 C 中使用 memory_order_acq_rel（使用 memory_order_acquire 的效果一样）具有了获得语义，但是没有与它成对的释放操作，不能构成释放获得顺序，只能保证线程 2 中 C 后面的操作不重排到 C 的前面。

3. 释放消费顺序

释放消费顺序（release-consume ordering）由 memory_order_release 和 memory_order_consume 保证。

memory_order_consume 与 memory_order_acquire 类似。memory_order_consum 已经在 C++11 标准中被弃用，并在 C++14 中被正式移除。原因是该内存顺序在实践中难以正确实现，存在不确定性，在绝大多数情况下，memory_order_ acquire 更为安全和可靠。

4. 强一致性顺序

memory_order_seq_cst 适用于**读**、**写**和**读-修改-写**操作，**读**操作使用它具有获得语义，**写**操作使用它具有释放语义，**读-修改-写**操作使用它具有获得释放语义，是所有原子操作的默认内存顺序，它提供了强一致性内存顺序。相比 memory_order_acq_rel 是在同一个原子变量上的保证操作顺序，它是在所有使用了该类型的原子变量上建立一个全局内存顺序，保证了多个原子变量的操作在所有线程中观察到的执行顺序相同。因此它是最严格的、最重量级的、速度最慢的、性能开销最大的内存顺序。

前面的例子中使用释放和获得语义的操作基本上都可以使用 memory_order_seq_cst 代替。当不确定顺序时，最好使用 memory_order_seq_cst，即便有性能损耗也比有问题强。

下面是一个使用 memory_order_seq_cst 的例子：

```
void thread1() {
    y.store(1, std::memory_order_relaxed);        // A
    x.store(1, std::memory_order_seq_cst);        // B
}
void thread2() {
    r1 = y.load(std::memory_order_seq_cst);       // C
    r2 = x.load(std::memory_order_relaxed);       // D
}
```

当 B 在 C 之前执行时，即使是对两个不同原子变量的操作，也能保证 B 操作之前的所有读写对 C 可见。

C++11 屏蔽了不同 CPU 架构对这些内存模型的具体实现方式。不需要我们关注模型内部细节，也不用考虑内存屏障，只要符合上面的内存模型的使用规则，就可以实现我们想要的效果。我们有时使用的内存模型粒度可能比较大，造成过多的性能开销。要想粒度更准确，效率更高，还是得使用具体平台提供的内存屏障，当然这需要程序员有深厚的技术功底。

1.9 无锁队列

本节是 CPU 缓存一致性的实战部分，通过运用前面的理论知识实现一个无锁队列，达到学以致用的目的。

下面是笔者采用 CAS 实现的一个多生产者多消费者无锁队列，设计参考了 Disruptor，最高可达 660 万 QPS（单生产者、单消费者）和 160 万 QPS（10 个生产者、10 个消费者）。

1.9.1 设计思路

如图 1-15 所示，使用 2 个环形数组，数组元素均非原子变量，一个存储 T 范型数据（一般为指针），另一个是可用性检查数组（uint8_t）。Head 是所有生产者的竞争标记，Tail 是所有消费者的竞争标记。红色区表示待生产位置，绿色区表示待消费位置。

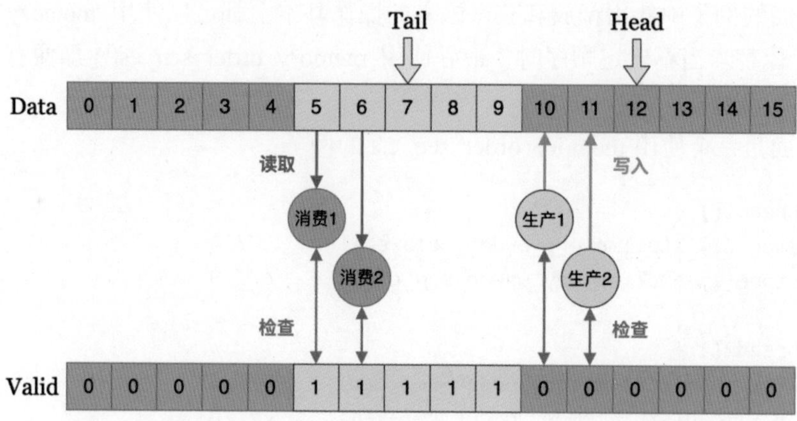

图 1-15

生产者通过 CAS 来竞争和移动 Head，抢到 Head 的生产者先将 Head 加 1，再生产原 Head 位置的数据；同样的消费者通过 CAS 来竞争和移动 Tail，抢到 Tail 的消费者先将 Tail 加 1，再消费原 Tail 位置的数据。

1.9.2 实现细节

下面的多生产者多消费者无锁队列的代码是在 x86-64（x86-TSO）平台上编写和测试的。

1. AtomQueue 类模板定义

```
template <typename T>
class AtomQueue {
public:
    AtomQueue(uint64_t size);
    ~AtomQueue();
    bool Push(const T& v);
    bool Pop(T& v);

private:
    uint64_t    P0[8];  // 频繁变化数据，避免伪共享，采用 Padding
    uint64_t    head_;  // 生产者标记，表示生产到这个位置，但还没有生产该位置
    uint64_t    P1[8];
    uint64_t    tail_;  // 消费者标记，表示消费到这个位置，但还没有消费该位置
    uint64_t    P2[8];
```

```
    uint64_t     size_;  // 数组最大容量，必须满足 2^N
    int          mod_;   // 取模%->&减少 2ns
    T*           data_;  // 环形数据数组
    uint8_t*     valid_; // 环形可用数组，与数据数组大小一致
};
```

细心的读者会发现 head_和 tail_还有后面的变量中加添加了无意义的字段 P0、P1 和 P2，因为 head_和 tail_频繁变化，这样做的目的是防止出现伪共享导致的性能下降问题。

2. 构造函数与析构函数

```
template <typename T>
AtomQueue<T>::AtomQueue(uint64_t size) : size_(size << 1), head_(0), tail_(0)
    {
    if ((size_ & (size_ - 1))) {
        printf("AtomQueue::size_ must be 2^N !!!\n");
        exit(0);
    }
    mod_    = size_ - 1;
    data_   = new T[size_];
    valid_  = new uint8_t[size_];
    std::memset(valid_, 0, sizeof(valid_));
    for (int i = 0; i < size_; i++)
        data_available_[i] = 0;
}
template <typename T>
AtomQueue<T>::~AtomQueue() {
    delete[] data_;
    delete[] valid_;
}
```

构造函数中强制传入的队列大小（size）必须为 2 的幂数，目的是想用&而不是%取模，因为&比%快 2ns（注意，不是固定的，笔者实验数据），追求极致性能。

3. 生产者调用的 Push 函数和消费者调用的 Pop 函数

```
template <typename T>
bool AtomQueue<T>::Push(const T& v) {
    uint64_t head = head_, tail = tail_;
```

```
    if (tail <= head ? tail + size_ <= head + 1 : tail <= head + 1)
        return false;
    if (valid_[head])
        return false;
    if (!__sync_bool_compare_and_swap(&head_, head, (head + 1) & mod_))
        return false;
    data_[head] = v;
    valid_[head] = 1;
    return true;
}
template <typename T>
bool AtomQueue<T>::Pop(T& v) {
    uint64_t tail = tail_;
    if (tail == head_ || !valid_[tail])
        return false;
    if (!__sync_bool_compare_and_swap(&tail_, tail, (tail + 1) & mod_))
        return false;
    v = std::move(data_[tail]);
    valid_[tail] = 0;
    return true;
}
```

下面分析上述 Push 和 Pop 函数中读写操作是否需要增加内存屏障。读写操作可以抽象描述，如图 1-16 所示。

核心0 执行 Push	核心1 执行 Pop
EAX = head_; EBX = tail_; head_ = EAX + 1;	ECX = head_; EDX = tail_; tail_ = EDX + 1;
初始状态: head_ == 0 && tail_ == 0	
可能出现: EAX == 0 && EBX == 1 && ECX == 1 && EDX == 0	

图 1-16

在读写操作乱序的 CPU 上出现上述情况，会产生 Bug：

（1）刚初始化队列时，队列还是空的，这时核心 0 执行 Push 函数，同时核心 1 执行 Pop 函数。

（2）Push 函数里的条件（tail <= head ? tail + size_ <= head + 1 : tail <= head + 1）为 true，表示队列已经满了，所以生产失败，其实队列还是空的。

（3）Pop 函数里的条件（tail == head_ || !valid_[tail]）为 false，表示队列中有数据，并且消费 tail 位置的数据，实际上 tail 位置还没有数据。

（4）生产和消费都发生了错误。

解决办法是添加读写屏障（LoadStore Barrier），如图 1-17 所示。

核心0 执行 Push	核心1 执行 Pop
EAX = head_; EBX = tail_; LoadStore Barrier head_ = EAX + 1;	ECX = head_; EDX = tail_; LoadStore Barrier tail_ = EDX + 1;
初始状态: head_ == 0 && tail_ == 0	
禁止出现: EAX == 0 && EBX == 1 && ECX == 1 && EDX == 0	

图 1-17

在 ARM 等乱序执行的平台上可以解决读写操作乱序问题；幸好 x86-TSO 平台上读操作不能延后，也就不需要读写屏障，手动加了也是空操作。

通过执行反汇编命令（`objdump -S a.out`）得到 Push 函数中的部分汇编代码：

```
  if (!__sync_bool_compare_and_swap(&head_, head, (head + 1) & mod_))
400990:   48 8b 45 f8             mov    -0x8(%rbp),%rax
400994:   48 8d 50 01             lea    0x1(%rax),%rdx
400998:   48 8b 45 e8             mov    -0x18(%rbp),%rax
40099c:   8b 80 d8 00 00 00       mov    0xd8(%rax),%eax
4009a2:   48 98                   cltq
4009a4:   48 89 d1                mov    %rdx,%rcx
4009a7:   48 21 c1                and    %rax,%rcx
4009aa:   48 8b 45 e8             mov    -0x18(%rbp),%rax
4009ae:   48 8d 50 40             lea    0x40(%rax),%rdx
4009b2:   48 8b 45 f8             mov    -0x8(%rbp),%rax
4009b6:   f0 48 0f b1 0a          lock cmpxchg %rcx,(%rdx)
4009bb:   0f 94 c0                sete   %al
4009be:   83 f0 01                xor    $0x1,%eax
4009c1:   84 c0                   test   %al,%al
4009c3:   74 07                   je     4009cc <_ZN9AtomQueueIiE4PushERKi+0xcc>
      return false;
4009c5:   b8 00 00 00 00          mov    $0x0,%eax
4009ca:   eb 38                   jmp    400a04 <_ZN9AtomQueueIiE4PushERKi+0x104>
```

发现__sync_bool_compare_and_swap 函数对应的汇编代码如下：

```
4009b6:      f0 48 0f b1 0a          lock cmpxchg %rcx,(%rdx)
```

以上是带 lock 前缀的指令，前面讲过，在 x86-TSO 上，带有 lock 前缀的指令具有刷新 Store Buffer 的功能，也就是 head_和 tail_的修改都能及时被其他核心观察到，可以做到及时生产和消费。

第2章
CHAPTER 2

网络

2.1 网络分层

OSI参考模型（七层）与TCP/IP协议栈（四层）的对照关系如图2-1所示。

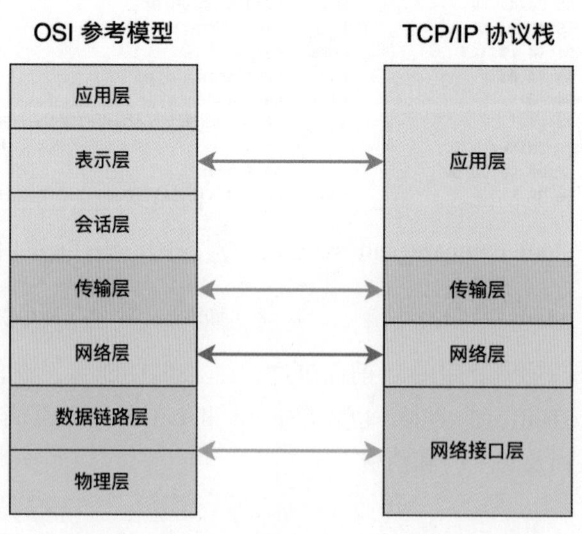

图 2-1

下面分别讲解TCP/IP协议栈各层的相关内容，后面将分章介绍TCP和UDP。

2.2 网络接口层（以太网）

以太网的协议体如图 2-2 所示。

6字节	6字节	2字节	46～1500字节	数据长度 ≤ 46字节	4字节
目标MAC	源MAC	协议	数据	填充	FCS

图 2-2

下面详细介绍每个参数的含义：

- **目标 MAC**：占 6 字节，表示目标网卡的物理地址。
- **源 MAC**：占 6 字节，表示源网卡的物理地址。
- **协议（Protocol）**：占 2 字节，例如 0x0800 表示该以太网帧封装的是 IPv4 报文；0x86DD 表示该以太网帧封装的是 IPv6 报文；0x0806 表示该以太网帧封装的是 ARP 报文；0x0835 表示该以太网帧封装的是 RARP 报文。
- **数据**：占 46 ~ 1500 字节，以太网帧的整体大小必须在 64 ~ 1518 字节之间，其中目标 MAC、源 MAC、协议类型和 FCS 合计占用 18 字节，数据长度应该在 46 ~ 1500 字节之间。一个以太网帧能传输的最大数据长度被称为最大传输单元，即 MTU，通常是 1500 字节。
- **填充（Padding）**：如果数据长度小于 46 字节，则需要补充 0 来达到最少数据长度 46 字节。
- **帧校验序列（Frame Check Sequence，FCS）**：占 4 字节，以太网帧的循环冗余校验（CRC）码。

Linux 中以太网帧头结构体的定义如下：

```
struct ethhdr {
    unsigned char   h_dest[ETH_ALEN];
    unsigned char   h_source[ETH_ALEN];
    __be16          h_proto;
} __attribute__((packed));
```

图 2-3 ~ 图 2-5 是笔者先使用 tcpdump 工具抓取协议类型为 ICMP、ARP 和 IPv4 的以太网帧，然后使用 Wireshark 工具展示的截图。

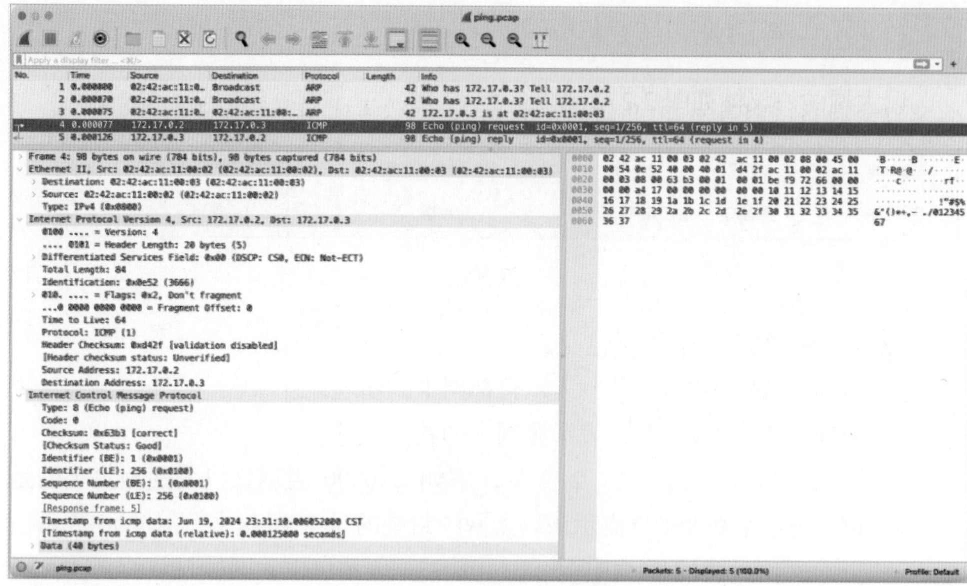

图 2-3 （ICMP 的以太网帧）

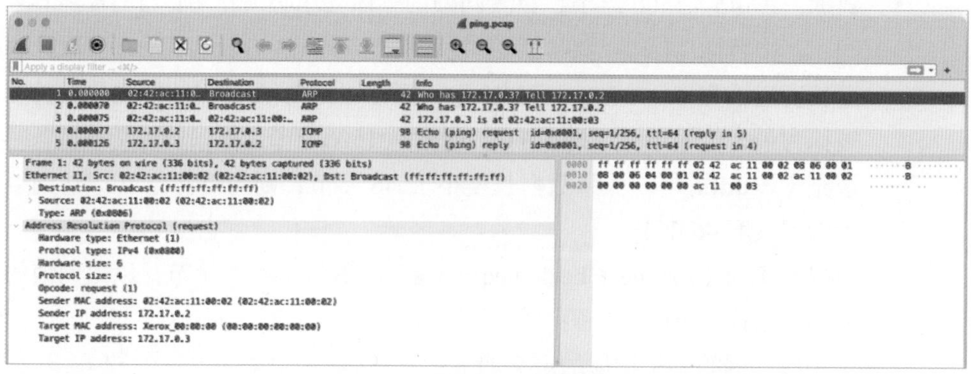

图 2-4 （ARP 的以太网帧）

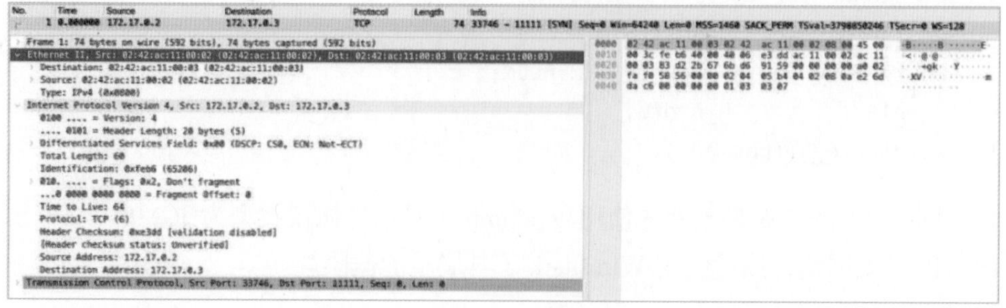

图 2-5 （TCP/IPv4 的以太网帧）

2.3 网络层（IP、ICMP）

网络层主要有两个协议：IP 和 ICMP。下面分别介绍它们。

2.3.1 IP

IP是一种无连接的协议。此协议会尽最大努力交付数据包，即它不保证任何数据包均能送达目的地，也不保证所有数据包均按照正确的顺序无重复地到达。[1]

IP 协议体如图 2-6 所示。

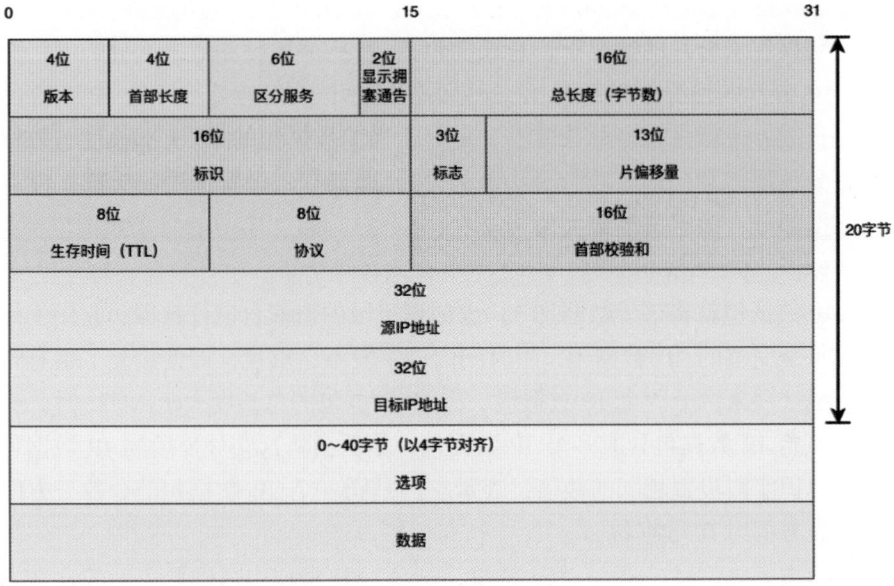

0 15 31

4位 版本	4位 首部长度	6位 区分服务	2位 显示拥塞通告	16位 总长度（字节数）
16位 标识			3位 标志	13位 片偏移量
8位 生存时间（TTL）	8位 协议		16位 首部校验和	
32位 源IP地址				
32位 目标IP地址				
0～40字节（以4字节对齐） 选项				
数据				

20字节

图 2-6

下面详细介绍每个字段的含义：

- **版本**（Version）：占 4 个比特位。IPv4 的版本为 4，而 IPv6 的版本为 6。
- **头部长度**（Internet Header Length，IHL）：占 4 个比特位，表示头部包含多少个“4 字节”。对于 IPv4，该字段的最小值是 5，即头部大小最小为 20 字节（5×4 字节），说明头部没有选项；该字段的最大值是 15，即 4 个比特位都是 1，也就是说，IP 头部最大为 60 字节（15×4 字节）。因为 IPv4 头部中的选项个数和大小都不是固定的，所以需要使用该字段来确定 IPv4 头部长度，以及定位 IPv4 数据包中数据部分的起始位置。

---

1 来源于维基百科

- **区分服务**（Differentiated Services，DS）：占 6 个比特位，它用于标识数据包的优先级和流量类别，例如高 3 位表示数据包的类别（Class Selector，CS），其中 CS0 到 CS6 表示由低到高的优先级，CS7 表示网络控制数据（例如路由器控制数据包），目标端口不可达的 ICMP 报文就指定了 CS6。网络设备（例如路由器和交换机）能够根据该字段对数据包进行适当的处理和转发。
- **显式拥塞通知**（Explicit Congestion Notification，ECN）：占 2 个比特位，通过它可以在没有实质性丢包的情况下，显式告知对方网络发生了拥塞。
- **总长度**（Total Length）：占 2 字节，表示 IP 数据包的总字节数。在 IP 数据包未分片的情况下，总长度包括 IP 头部长度和数据部分长度，而在 IP 分片的情况下，每个 IP 分片头部的总长度仍然等于原始 IP 头部的总长度，也就是说，总长度不一定等于当前数据包的 IP 头部长度与数据部分长度之和。该字段的最小值为 20，即只有未设置选项的头部，没有数据部分；该字段的最大值为 $2^{16}-1=65535$，即 2 字节的每个比特位都是 1。
- **标识**（Identification）：占 2 字节，内核维护了一个计数器，每产生 1 个 IP 数据包就将该计数器加 1，该标识字段的值取自该计数器，它用于标识每个完整的 IP 数据包，短时间内该字段不会重复，即使重复了也有时间戳选项来区分两个 IP 数据包。当 IP 数据包的总长度大于 MTU 时，会将原始 IP 数据包分成多个 IP 数据包，然后会将这些分片后的 IP 数据包的标识字段设置相同的数值，表示它们是同一个 IP 数据包的分片，方便接收方重组 IP 数据包。
- **标志**（Flags）：占 3 个比特位，这 3 个比特位由高到低表示的含义如下。
  - 保留位，必须设置为 0。
  - DF 位（Don't Fragment），当 DF 等于 0 时，表示允许分片；当 DF 等于 1 时，表示禁止分片，如果路由器要求数据包必须分片，那么会丢弃此数据包，并返回一个提示需要进行分片的 ICMP 报文。
  - MF 位（More Fragment），当 MF 等于 1 时，表示该分片不是最后一个分片，其后面还有分片；当 MF 等于 0 时，表示该分片是最后一个分片。
- **片偏移量**（Fragment Offset）：占 13 个比特位，该字段用于表示当前分片在原始数据中的偏移量，即从原始数据的起始位置到当前分片起始位置的字节数。因为 IP 数据包的总长度占 16 位，比该字段多 3 位，8 正好是 2 的 3 次幂，所以该字段以 8 字节为单位，也就是说，除了最后一个分片，每个分片的数据长度必须是 8 的倍数。

- **生存时间**（Time To Live，TTL）：占 1 字节，它是一个路由器跳数计数器。IP 数据包每经过一个路由器的转发都会将该字段减 1，最大跳数是 255，在 Linux 中通常将其初始化为 64。当该字段减少到 0 时，数据包不会被转发，而是被丢弃，目的是避免一个数据包在网络中一直被转发，造成网络资源的浪费。
- **协议**（Protocol）：占 1 字节，该字段表示当前 IP 数据包中数据部分的协议类型，例如，ICMP（0x01）、TCP（0x06）和 UDP（0x11）协议。
- **头部校验和**（Header Checksum）：占 2 字节，该字段仅关心 IP 头部在传输过程中是否有差错，而数据部分的校验归上层协议负责，例如，TCP 和 UDP 头部都有自己的校验和，如果在每一跳的路由器中都计算整个 IP 数据包的校验和，那么会给路由器带来很大的性能开销。每一跳的路由器都要先校验该字段是否正确，如果验证失败，则丢弃该数据包。每一跳的路由器在将该数据包转发出去之前还要重新计算 IP 头部的校验和并更新该字段，因为 IP 头部中有的字段可能发生了改变，例如，前面提到的 TTL 在每次数据包被转发后都要减少 1。
- **源地址**（Source address）：占 4 字节，该字段表示最初发送 IP 数据包的机器的 IP 地址或者 NAT 设备的 IP 地址。
- **目标地址**（Destination address）：占 4 字节，该字段表示最终接收 IP 数据包的机器的 IP 地址或者 NAT 设备的 IP 地址。
- **选项**（Options）：占 0～40 字节，它是头部最后的字段，也是可选字段。如图 2-7 所示，该字段的长度不是固定的，因不同选项类型而变，选项有单字节和多字节两种形式，但所有选项的总长度必须以 4 字节对齐。表 2-1 展示了大部分的选项类型。通常情况下 IP 头部不会包含该字段。

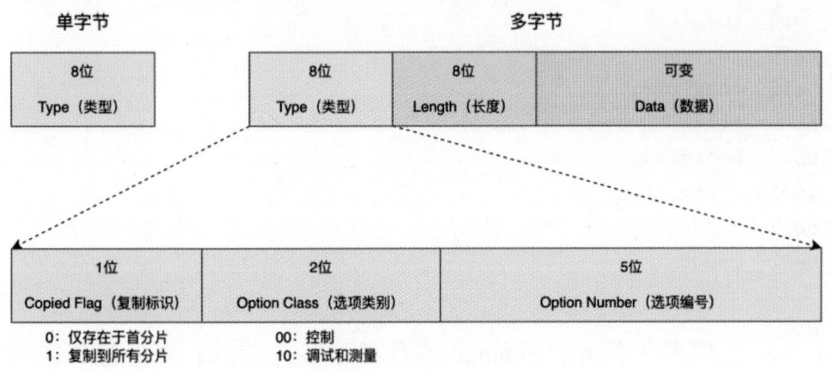

图 2-7 （IP 选项）

表 2-1

选项类型	复制标识	选项类别	选项编号	选项长度	选项描述
0	0	0	0	0	结束符。单字节，用于表示选项列表的结束
1	0	0	1	0	空操作。单字节，用于各个选项以 4 字节对齐
130	1	0	2	11	安全。该选项为主机提供了一种发送安全、隔离、处理限制及 TCC（封闭用户组）参数的方式
131	1	0	3	变长	松散源路由（LSRR）。用于根据源主机提供的信息对互联网数据包进行路由，路由可适当改变
137	1	0	9	变长	严格源路由（SSRR）。用于严格根据源主机提供的信息对互联网数据包进行路由
7	0	0	7	变长	记录路由。用于追踪互联网数据包所经过的路由
136	1	0	8	4	流 ID。用于携带流标识符
68	0	2	4	变长	时间戳。用于记录数据包经过路由的 IP 地址和时间戳

Linux 中 IP 头结构体的定义如下（经修改后方便阅读）：

```
struct iphdr {
    __u8    version:4, ihl:4;
    __u8    tos;
    __be16  tot_len;
    __be16  id;
    __be16  frag_off;
    __u8    ttl;
    __u8    protocol;
    __sum16 check;
    __be32  saddr;
    __be32  daddr;
};
```

图 2-8 是笔者先使用 tcpdump 工具抓取一个 IPv4 数据包，然后使用 Wireshark 工具展示的截图。

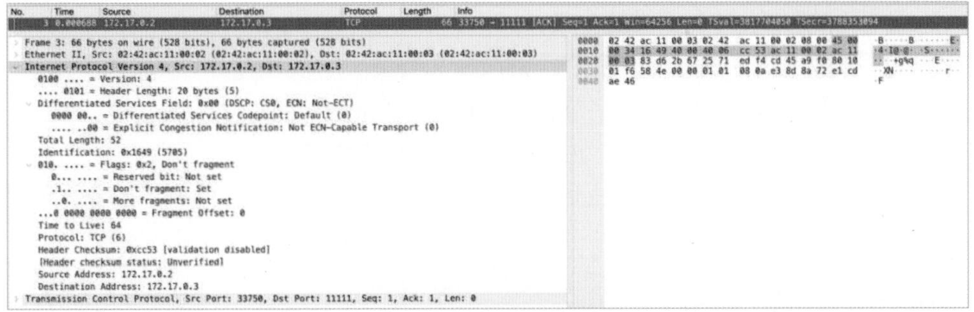

图 2-8

2.3.2　ICMP

互联网控制消息协议（Internet Control Message Protocol，ICMP）是互联网协议族的核心协议之一。它用于网际协议（IP）中发送控制消息，提供可能发生在通信环境中的各种问题反馈。通过这些信息，使管理者可以对所发生的问题进行诊断，然后采取适当的措施解决。[1]

如图 2-9 所示，ICMP 头部从 IP 头部的第 20 字节开始（没有设置选项），ICMP 头部属于 IP 数据包的数据部分。

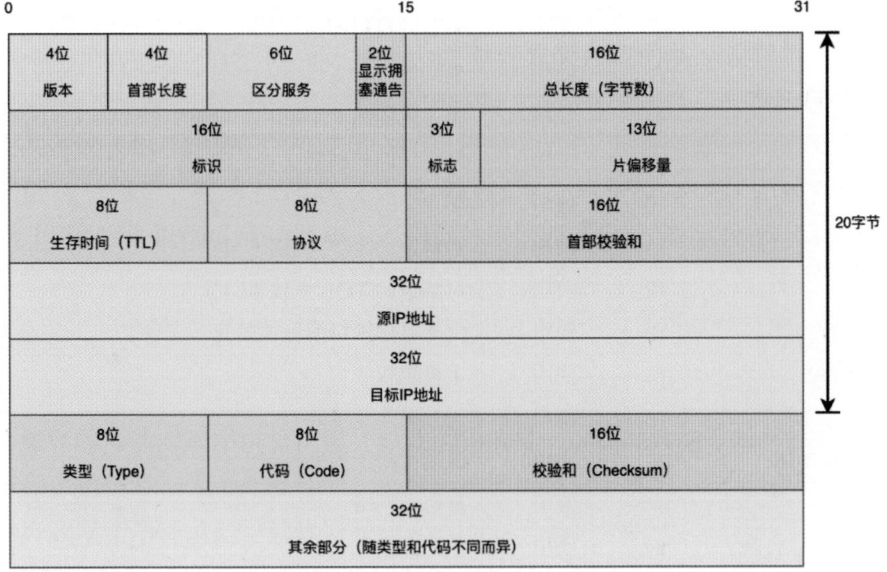

图 2-9

1　来源于维基百科

下面详细介绍每个字段的含义：

- **类型**（Type）：占 1 字节，错误报文类型。
- **代码**（Code）：占 1 字节，错误报文类型的子类型。
- **校验和**（Checksum）：占 2 字节，用于传输错误检查。
- **其余部分**（Rest of Header）：占 4 字节，ICMP 头部的剩下部分，因类型和代码的不同而异。

表 2-2 展示了所有 ICMP 报文类型及其子类型。

表 2-2

类型	代码	状态	描述
0：回显应答	0	使用	回显（Echo）应答（被 ping 等程序使用）
1 ~ 2	-	未分配	保留
3：目标不可达	0	使用	目标网络不可达
	1	使用	目标主机不可达
	2	使用	目标协议不可达
	3	使用	目标端口不可达
	4	使用	需要进行分片，但设置 DF 标志不允许分片
	5	使用	源路由失败
	6	使用	未知的目标网络
	7	使用	未知的目标主机
	8	使用	源主机隔离
	9	使用	禁止访问的网络
	10	使用	禁止访问的主机
	11	使用	对特定的 TOS 网络不可达
	12	使用	对特定的 TOS 主机不可达
	13	使用	由于过滤网络流量被禁止
	14	使用	主机越权
	15	使用	优先级终止生效
4：源端关闭	0	弃用	源端关闭（拥塞控制）
5：重定向	0	使用	重定向网络
	1	使用	重定向主机
	2	使用	基于 TOS 和网络重定向
	3	使用	基于 TOS 和主机重定向
6	-	弃用	备用主机地址

续表

类型	代码	状态	描述
7	-	未分配	保留
8：回显请求	0	使用	回显（Echo）请求（被 ping 等程序使用）
9：路由器通告	0	使用	路由器通告
10：路由器请求	0	使用	路由器的发现/选择/请求
11：超时	0	使用	TTL 超时
	1	使用	分片重组超时
12：参数问题（错误 IP 头部）	0	使用	IP 头部参数错误
	1	使用	丢失必要的选项
	2	使用	不支持的长度
13：时间戳请求	0	使用	时间戳请求
14：时间戳应答	0	使用	时间戳应答
15 ~ 18	0	弃用	-
19 ~ 255	-	弃用/保留/实验	-

Linux 中 ICMP 头结构体的定义如下：

```
struct icmphdr {
    __u8    type;
    __u8    code;
    __sum16 checksum;
    union {
        struct {
            __be16  id;
            __be16  sequence;
        } echo;
        __be32  gateway;
        struct {
            __be16  __unused;
            __be16  mtu;
        } frag;
        __u8    reserved[4];
    } un;
};
```

图 2-10、图 2-11 是笔者先使用 tcpdump 工具抓取 Ping 和 Pong 的 ICMP 数据包，然后使用 Wireshark 工具展示的截图。

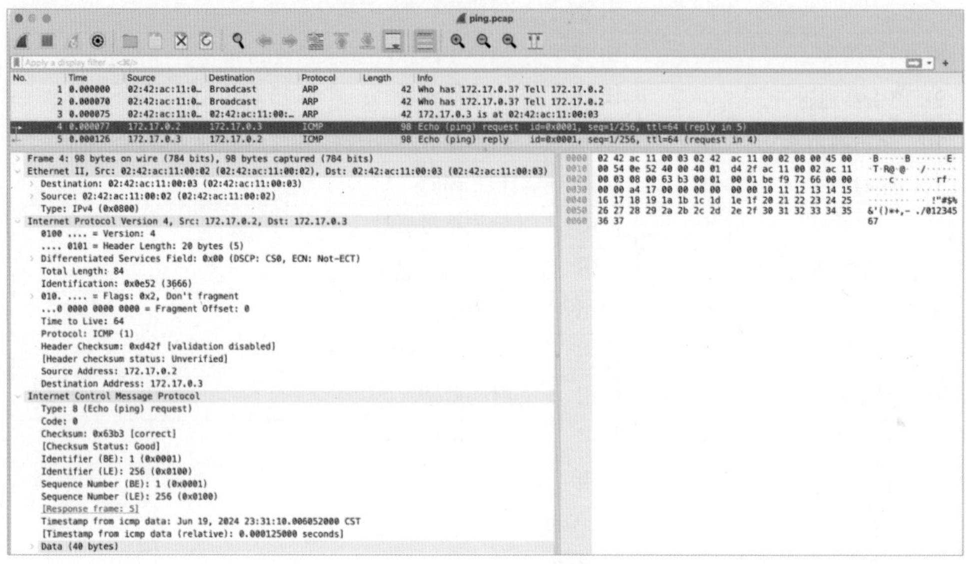

图 2-10 （Ping 请求）

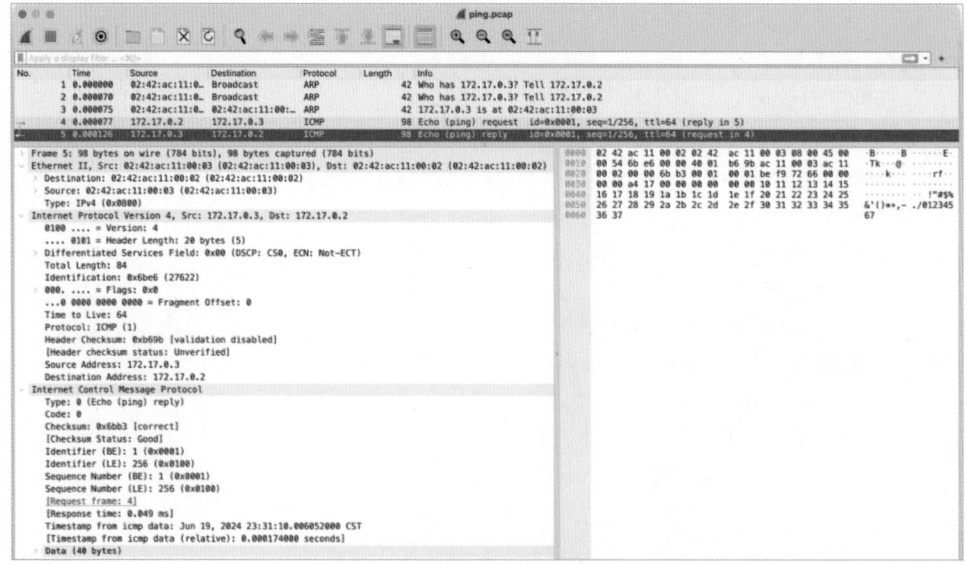

图 2-11 （Ping 应答）

图 2-12 是一个目标端口不可达的 ICMP 数据包的截图。

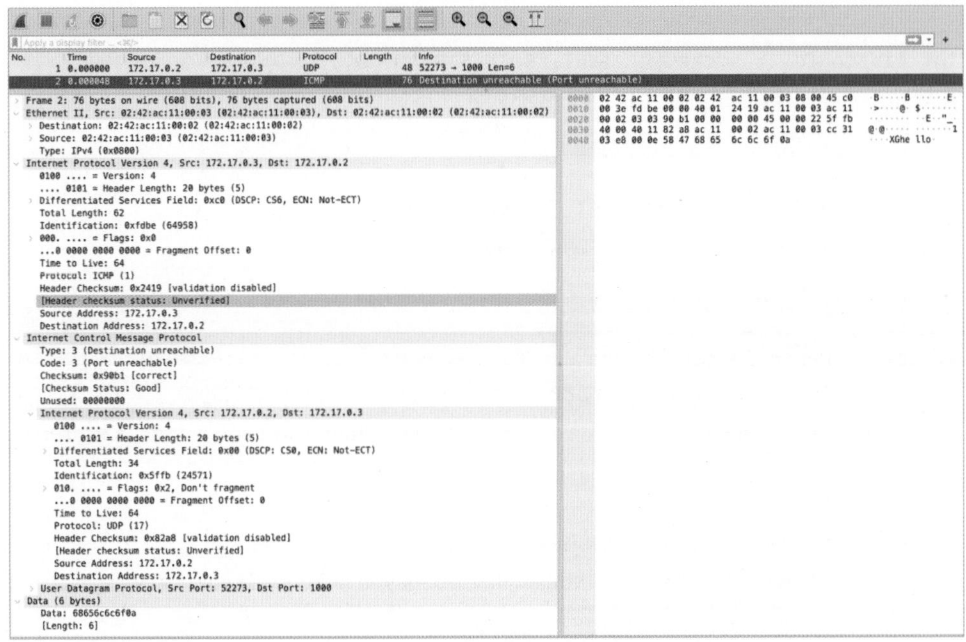

图 2-12

2.4 套接字编程

套接字（Socket）是网络编程中的关键概念，用于在计算机网络中实现进程间的通信。它提供了一种标准接口，允许不同计算机上的进程通过网络进行通信。

2.4.1 套接字

创建 TCP 和 UDP 套接字的代码如下：

```
int fd = socket(AF_INET, SOCK_STREAM, 0); /* TCP 套接字 */
int fd = socket(AF_INET, SOCK_DGRAM, 0); /* UDP 套接字 */
```

2.4.2 函数

1. bind 函数，绑定地址和端口

```
struct sockaddr_in server_addr; /* 服务端地址 */
server_addr.sin_family = AF_INET; /* IPv4 地址族 */
server_addr.sin_addr.s_addr = htonl(INADDR_ANY);
server_addr.sin_port = htons(20000);
```

```
int listen_fd  = socket(AF_INET, SOCK_STREAM, 0);
int ret = bind(listen_fd, (struct sockaddr *)&server_addr, sizeof(server_addr));
```

2. listen 函数，监听地址和端口

```
int listen_fd = socket(AF_INET, SOCK_STREAM, 0);
int ret = listen(listen_fd, SOMAXCONN);
```

3. accept 函数，接收连接请求

```
struct sockaddr_in recv_addr; /* 客户端地址 */
socklen_t in_len = sizeof(struct sockaddr_in);
int socket_fd = accept(listen_fd, (struct sockaddr *)&recv_addr, &in_len);
```

4. connect 函数，发起连接请求

```
int fd  = socket(AF_INET, SOCK_STREAM, 0);
int ret = connect(fd, (struct sockaddr *)&server_addr, sizeof(server_addr));
```

5. send 函数，通过 fd 向对端发送数据

```
std::string data = "1234567890";
int ret = send(fd, data.c_str(), data.size(), 0);
```

6. recv 函数，通过 socket_fd 接收数据

```
unsigned char buff[1024] = {0};
int count = recv(socket_fd, buff, 1024, 0);
```

7. sendto 函数，通过 fd 向 server_addr 直接发送数据

```
std::string data = "123";
int ret = sendto(fd, data.c_str(), data.size(), MSG_DONTWAIT, (struct
   sockaddr*)&server_addr, sizeof(server_addr));
```

8. recvfrom 函数，通过 fd 接收来自 recv_addr 的数据

```
struct sockaddr_in recv_addr;
socklen_t in_len = sizeof(struct sockaddr_in);
unsigned char buff[1024] = {0};
ssize_t count = recvfrom(fd, buff, 1024, 0, (struct sockaddr *) &recv_addr,
   &in_len);
```

9. 阻塞与非阻塞

创建的文件描述符默认是阻塞的，应用程序在调用 accept、connect、send、

recv、sendto 和 recvfrom 函数时会阻塞线程，直到有返回结果或超时；非阻塞就是不阻塞当前线程，调用完立刻返回。设置 fd 为非阻塞的代码如下：

```
int NonBlock(int fd) {
    int flags;
    flags = fcntl(fd, F_GETFL, 0); /* 得到文件状态标志 */
    if (flags < 0)
        return -1;
    flags |= O_NONBLOCK; /* 修改文件状态标志 */
    if (fcntl(fd, F_SETFL, flags) < 0)
        return -1;
    return 0;
}
```

2.4.3 多路复用

1. select 函数

select 函数的原型如下：

```
int select(int nfds, fd_set *readfds, fd_set *writefds, fd_set *exceptfds,
   struct timeval *timeout);
```

select 函数的参数和返回值的含义如下：

- **nfds**：一个 int 整型，它的最大值为 1024，它等于待监听的多个文件描述符中最大的值加 1，目的是避免每次调用 select 函数都遍历 1024 个文件描述符检查是否有监听事件发生，即使这样也有可能遍历了没有监听的文件描述符，如图 2-13 所示，这就是为什么 select 在一般情况下比 epoll 性能差的原因。除非每个描述符上触发的事件非常频繁，每次遍历都有监听的事件发生，在这种情况下 select 的性能反而比 epoll 高。
- **readfds**：它的数据类型是 fd_set，后者是一个位图，其中每个被置为 1 的比特位代表一个被监听的文件描述符，例如文件描述符的值为 3，那么位图中的第 3 位被置为 1，在 Linux 中最多支持 1024 个文件描述符。参数 readfds 仅存放被监听是否有可读事件的文件描述符。
- **writefds**：它仅存放被监听是否有可写事件的文件描述符。
- **errorfds**：它仅存放被监听是否有错误事件的文件描述符。
- **timeout**：它的数据类型是 struct timeval 的指针，后者只有两个数据成员，一个是表示秒的 tv_sec，另一个是表示微秒的 tv_usec，用于监听的超时时间。

  - 当 timeout 指针为空时，表示本次 select 函数是阻塞的，直到有文件描述符触发监听的事件时返回。
  - 当 tv_sec 和 tv_usec 同时为 0 时，表示该 select 函数是非阻塞的，不管有没有文件描述符触发监听事件，select 函数都会立即返回。
  - 当 tv_sec 和 tv_usec 不同时为 0 时，表示该 select 函数只阻塞一段时间，直到有文件描述符触发监听的事件时或者超过规定的时间后 select 函数立即返回。

- **返回值**：表示触发监听事件（例如可读和可写事件）的文件描述符数量。

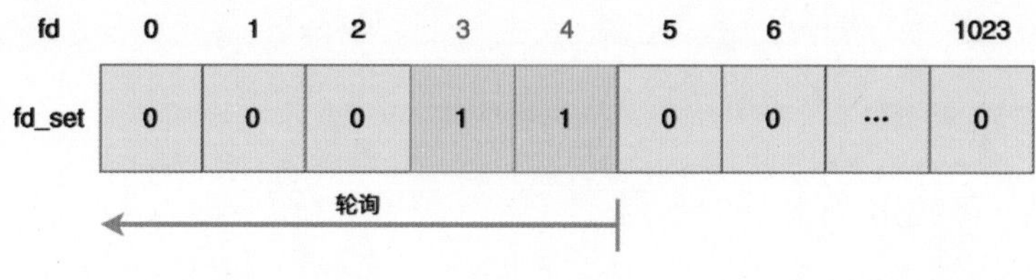

图 2-13

使用 select 的例子与该例子的输出结果见代码清单 2-1。然后对代码清单 2-1 进行修改，修改后的例子与该例子的输出结果见代码清单 2-2。

经过上面两个例子的测试，发现以下两点注意事项：

- select 函数的第一个参数必须大于或等于“最大文件描述符+1”。
- 当 FD_SET(fd, &readfds) 中的 fd 大于或等于 1024 时，结果就不准确了，调用 select 函数返回后，FD_ISSET(fd, &readfds)一直大于 0，所以 fd 必须小于或等于 1023。

2. poll

poll 函数的原型如下：

```
struct pollfd {
    int fd;         /* 文件描述符 */
    short events;   /* 监听发生的事件类型 */
    short revents; /* 实际返回的事件类型 */
};
int poll(struct pollfd *fds, nfds_t nfds, int timeout);
```

poll 函数的参数和返回值的含义如下：

- **fds**：一个 struct pollfd 数组，每个 struct pollfd 描述了一个待监听的文件描述符及其监听的事件。
- **nfds**：一个 int 整型，表示 poll 函数同时监听文件描述符的数量，即 fds 数组的长度。不像 select 函数那样限制监听数量（1024），poll 函数可以同时监听很多个文件描述符，几乎没有限制。
- **timeout**：超时时间。取值为-1 表示 poll 函数永久等待，直到有文件描述符触发监听的事件；取值为 0 表示 poll 函数立即返回；取值大于 0 表示等待的超时时间（以毫秒为单位），当等待时间超时或有文件描述符触发监听事件后 poll 函数返回。
- **返回值**：表示在 fds 数组中有多少个触发了监听事件的文件描述符。

使用 poll 的例子与该例子的输出结果见代码清单 2-3 所示。

3. epoll

1）创建 epoll 实例

通过调用 epoll_create 函数可以创建一个 epoll 实例，在 Linux 中一切皆文件，所以 epoll 也不例外，该函数返回一个文件描述符。参数 size 在 Linux 2.6.8 之后被忽略，但必须大于 0。

```
int epoll_create(int size);
```

epoll 使用了下面两种结构体：

```
typedef union epoll_data {
    void *ptr; /* 事件触发后回调用的自定义的任意指针 */
    int fd;
    __uint32_t u32;
    __uint64_t u64;
} epoll_data_t;
struct epoll_event {
    __uint32_t events; /* 监听的 Epoll 事件 */
    epoll_data_t data;
};
```

events 是一个位图，可以包含下面的一个或多个事件（下面不是全部事件）：

- **EPOLLIN**：文件描述符有可读事件。

- **EPOLLOUT**：文件描述符有可写事件。
- **EPOLLERR**：文件描述符发生错误事件。
- **EPOLLET**：设置 epoll 为边缘触发（Edge Triggered）模式。如果没有设置该事件，那么 epoll 就是水平触发（Level Triggered）模式。

2）添加/修改/删除 epoll

添加/修改/删除文件描述符的控制函数 epoll_ctl：

```
int epoll_ctl(int epfd, int op, int fd, struct epoll_event *event);
```

该函数的参数含义如下：

- **epfd**：epoll 实例的文件描述符。
- **op**：操作选项如下。
  - **EPOLL_CTL_ADD**：向 epoll 实例中添加文件描述符和 epoll_event。
  - **EPOLL_CTL_MOD**：修改文件描述符，对应新的 epoll_event。
  - **EPOLL_CTL_DEL**：删除文件描述符，对应的 epoll_event 参数被忽略，可填 NULL。
- **fd**：待监听的文件描述符。
- **event**：待监听的事件结构体。

3）获取事件

获取 epoll 实例中已经就绪的文件描述符及其事件的 epoll_wait 函数：

```
int epoll_wait(int epfd, struct epoll_event *events, int maxevents, int
    timeout);
```

该函数的参数的含义如下：

- **epfd**：epoll 实例的文件描述符。
- **events**：有事件触发的文件描述符会被存入事先提供好的 epoll_event 数组。
- **maxevents**：一个数值，表示最多获取有事件触发的文件描述符的个数。实际触发事件的文件描述符数量可能比获取的多。
- **timeout**：超时时间。-1：永久等待；0：立即返回；大于 0：等待超时时间，以毫秒为单位，如果有事件触发，那么 epoll_wait 函数可以提前返回。
- **返回值**：实际触发事件的文件描述符数量，小于或等于 maxevents。

4）使用案例

案例代码及其输出结果见代码清单 2-4。

5）触发模式

LT（水平触发）模式和 ET（边缘触发）模式是 epoll 的两种触发模式，它们的区别在于：

- LT（水平触发）模式：
  - 当一个文件描述符上触发了监听的事件时，LT 模式会一直通知应用程序，即 epoll_wait 函数一直可以获得该文件描述符上的事件，直到应用程序处理完毕该事件。
  - LT 模式是默认模式，也就是说，如果不显式地设置 ET 模式，那么 epoll 将以 LT 模式工作。
- ET（边缘触发）模式：
  - 当一个文件描述符上触发了监听的事件时，ET 模式只通知应用程序一次，对于一个事件，只有在第一次调用 epoll_wait 函数时会获得该文件描述符上的事件。如果应用程序没有立即处理或者没有处理完成，那么只能等到文件描述符上再次发生新的事件，才会通知应用程序继续处理。
  - ET 模式可以减少不必要的事件通知，提高效率，但同时要求应用程序更为及时地处理事件。

6）epoll 原理

如图 2-14 所示，epoll 使用红黑树来组织和维护所有被监听的文件描述符。红黑树是一种自平衡的二叉搜索树，它确保在最坏情况下的查找、插入和删除操作的时间复杂度都是 $O(\log n)$。为了提高效率，epoll 还使用了一个双向链表来保存就绪事件的文件描述符。当有事件发生时，内核将对应的文件描述符从红黑树移动到链表中，以便应用程序更快地进行处理。

epoll 主要使用了下面三种数据结构来管理被监听的文件描述符和就绪事件：

- struct eventpoll：表示整个 epoll 实例的数据结构。
- struct epitem：表示一个被监听的文件描述符，包括相关的事件信息。
- struct ep_pqueue：就绪事件的优先队列，用于提高就绪事件的处理效率。

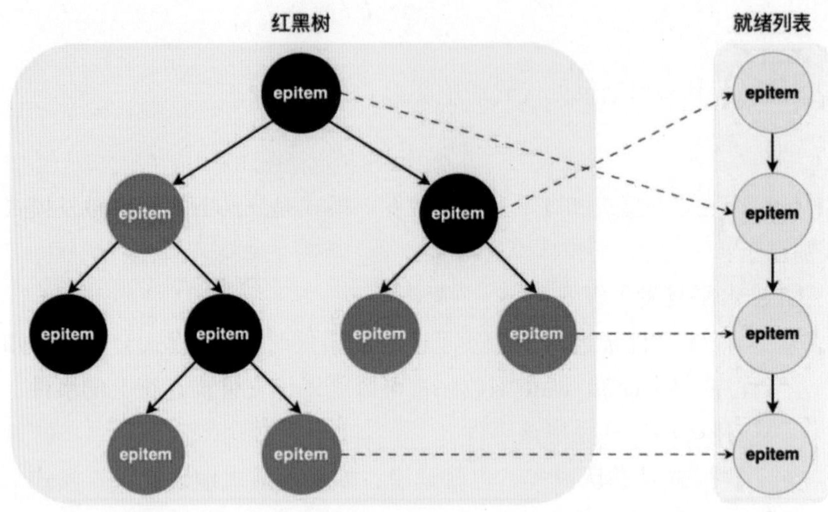

图 2-14

2.5 虚拟网卡

2.5.1 Tun 设备

Tun 设备工作在网络层，创建 Tun 设备后会返回一个文件描述符 fd，Tun 设备通常用于处理 IP 数据包。

如图 2-15 所示，Tun 设备的工作流程如下：

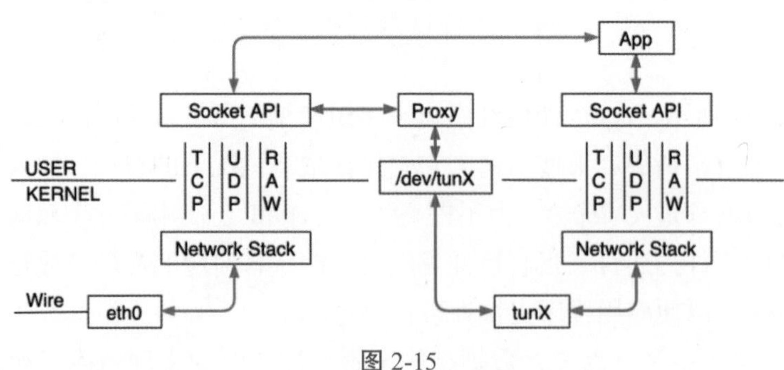

图 2-15

（1）App（业务服务）通过 Socket API（TCP/UDP/RAW）发送的数据包被路由表路由到了 Tun 设备。

（2）文件描述符 fd 有可读事件，Tun 设备把收到的 IP 数据包交给 Proxy 代理服务处理。

（3）Proxy 代理服务通过 Socket API 把 IP 数据包经过 eth0 物理网卡发送给对端应用程序。

（4）eth0 物理网卡将收到的对端应用程序返回的 IP 数据包通过 Socket API 递交给 Proxy 代理服务。

（5）Proxy 代理服务将 IP 数据包写入 Tun 设备，然后 Tun 设备把数据发送给 App。

使用 Tun 设备时需要注意一个内核参数，不然会出现丢包的情况，它就是反向路由校验（rp_filter）。如图 2-16 所示，当一个网卡收到数据包后，把源 IP 地址和目标 IP 地址互换，查找反向路由出口。它的取值和含义如下：

- 0：关闭反向路由校验。
- 1：开启严格的反向路由校验。对每个进来的数据包都校验其反向路由是否为最佳路由，如果不是，则直接丢弃该数据包。
- 2：开启松散的反向路由校验。对每个进来的数据包都校验其源 IP 地址是否可达，即反向路由是否能通（通过任意网口），如果不通，则直接丢弃该数据包。

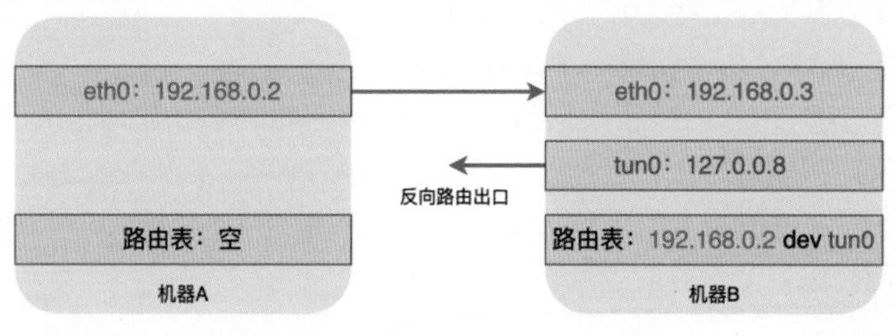

图 2-16

通过下面的命令修改该内核参数为 2，允许来自同一个 IP 地址的数据包进出经过不同的网卡：

```
$ sysctl -w net.ipv4.conf.all.rp_filter=2
$ sysctl -w net.ipv4.conf.eth0.rp_filter=2
$ sysctl -w net.ipv4.conf.tun0.rp_filter=2
```

Tap 设备与 Tun 设备的原理和用途类似，只不过 Tap 设备工作在数据链路层，Tun 设备处理 IP 数据包，而 Tap 设备处理以太网帧。

2.5.2　创建代码

创建 Tun/Tap 的代码如下：

```
struct ifreq ifr;
int fd = open("/dev/net/tun", O_RDWR);
if (fd < 0)
    return errno;

memset(&ifr, 0, sizeof(ifr));
ifr.ifr_flags = IFF_TUN | IFF_NO_PI;
std::string name = "tun0";
strncpy(ifr.ifr_name, name.c_str(), name.size()); /* 设置设备名称 */

if (ioctl(fd, TUNSETIFF, (void *)&ifr) < 0) {
    close(fd);
    return errno;
}
```

ifreq 结构体中的 ifr_flags 可以包含下面的标志位（不是全部标志位）：

- **IFF_TUN**：用来创建一个 TUN 设备。
- **IFF_TAP**：用来创建一个 TAP 设备。
- **IFF_NO_PI**：内核将数据包传递到用户空间时不在数据包的开头添加额外的包头信息。

下面是配置虚拟网卡的名称为“tun0”、IP 地址为“127.0.0.8”和 MTU 为 1500 的示例代码：

```
std::string name = "tun0";
std::string ip = "127.0.0.8";
char cmd[64];
sprintf(cmd, "ifconfig %s %s mtu %d up", name.c_str(), ip.c_str(), 1500);
system(cmd);
```

2.6 网络抓包

2.6.1 tcpdump

1. 网卡相关

抓包命令在后台执行，抓取所有网卡（-i any）的数据，将抓包文件保存到 packet.pcap (-w)中，将日志保存到 tcpdump.log 中：

```
$ nohup tcpdump -Xvvvnnttt -s 0 -i any -w ./packet.pcap > tcpdump.log 2>&1 &
```

使用 Wireshark 打开一次执行上面命令的抓包文件 packet.pcap，如图 2-17 所示。以太网帧显示 Linux cooked capture v1。

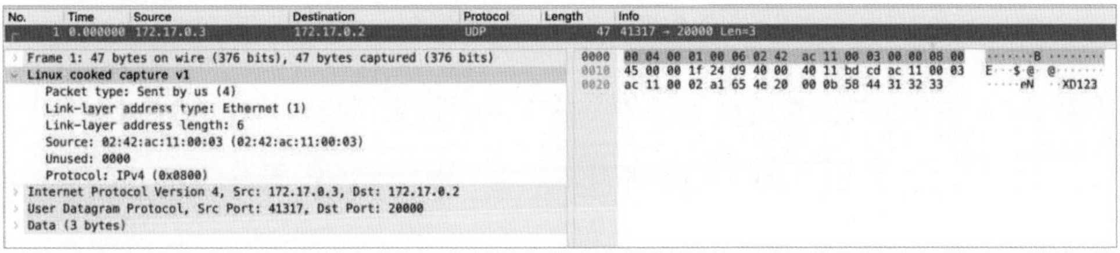

图 2-17

修改命令，只抓取 eth0 网卡的所有数据，以太网帧显示 Ethernet II：

```
$ nohup tcpdump -Xvvvnnttt -s 0 -i eth0 -w ./packet.pcap > tcpdump.log 2>&1 &
```

使用 Wireshark 打开一次执行上面命令的抓包文件 packet.pcap，如图 2-18 所示。

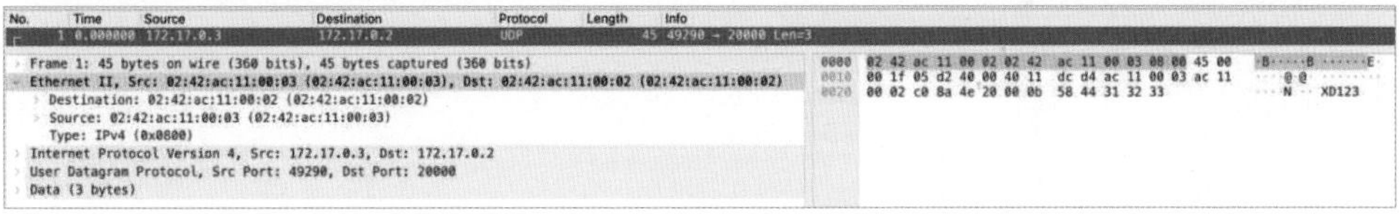

图 2-18

2. IP 地址相关

抓取所有来自或者发送给固定 IP 地址的数据包：

```
$ tcpdump -Xvvvnnttt -s 0 -i eth0 host 192.168.0.2 -w ./packet.pcap >
   tcpdump.log
```

抓取所有来自固定 IP 地址的数据包：

```
$ tcpdump -Xvvvnnttt -s 0 -i eth0 src host 192.168.0.2 -w ./packet.pcap >
   tcpdump.log
```

抓取所有发送给固定 IP 地址的数据包：

```
$ tcpdump -Xvvvnnttt -s 0 -i eth0 dst host 192.168.0.2 -w ./packet.pcap >
   tcpdump.log
```

3. Port 相关

抓取所有来自或者发送给固定 Port 的数据包：

```
$ tcpdump -Xvvvnnttt -s 0 -i eth0 port 10000 -w ./packet.pcap > tcpdump.log
```

抓取所有来自或者发送给非指定 Port 的数据包：

```
$ tcpdump -Xvvvnnttt -s 0 -i eth0 not port 10000 -w ./packet.pcap > tcpdump.log
```

抓取所有来自固定 Port 的数据包：

```
$ tcpdump -Xvvvnnttt -s 0 -i eth0 src port 10000 -w ./packet.pcap > tcpdump.log
```

抓取所有发送给固定 Port 的数据包：

```
$ tcpdump -Xvvvnnttt -s 0 -i eth0 dst port 10000 -w ./packet.pcap > tcpdump.log
```

4. 协议相关

抓取 UDP 数据包：

```
$ tcpdump -Xvvvnnttt -s 0 -i eth0 udp -w ./packet.pcap > tcpdump.log
```

5. 复杂组合

```
$ tcpdump -Xvvvnnttt -s 0 -i eth0 'dst host (192.168.0.2 or 192.168.0.3) \
   and dst port 10000 and udp[8:2]=0x0a21 and (udp[10:2]=0x8000    or \
   udp[10:1]=0x81)' -w ./packet.pcap > tcpdump.log
```

6. 结束抓包，pid 是抓包进程 id

```
$ kill -2 pid
```

7. 抓包文件切片，一个文件的大小是 100MB

```
$ tcpdump -Xvvvnnttt -s 0 -i eth0 -B 10240 -C 100M -Z root \
   -w ./packet.pcap > tcpdump.log
```

细心的读者会发现，上面每个抓包命令的参数都是“-Xvvvnnttt”，下面介绍这个参数组合的含义：

- **X**：打印每个数据包的数据（包括 ASCII 码和十六进制值）。
- **vvv**：增加详细程度级别。这里设置为最高级别，提供非常详细的输出。

- **nn**：不将数据包中的 IP 地址和端口号转换为与之对应的主机名和服务名称。
- **ttt**：为每个数据包打印时间戳。

2.6.2 Wireshark

Wireshark 主要用于显示并分析 2.6.1 节中抓取到的数据文件 packet.pcap。该工具本身也可以进行抓包，只不过通常情况下生产环境中无法使用该工具。

1. IP 地址相关

过滤规则：收发的 IP 地址是 172.17.0.3，ip.addr == 172.17.0.3，如图 2-19 所示。

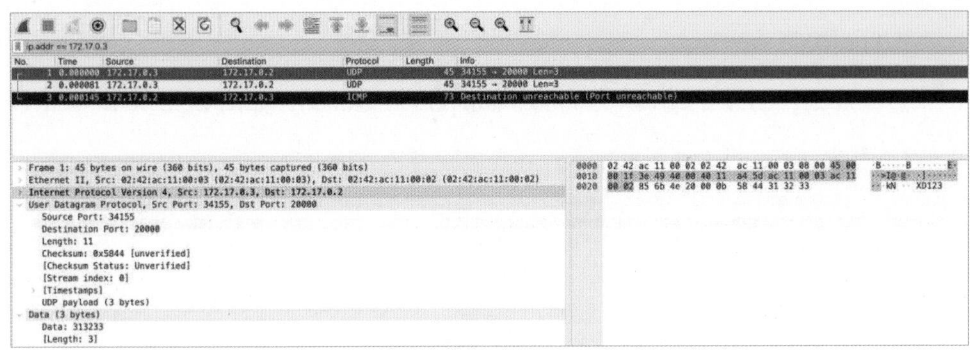

图 2-19

过滤规则：源 IP 地址是 172.17.0.3，ip.src == 172.17.0.3，如图 2-20 所示。

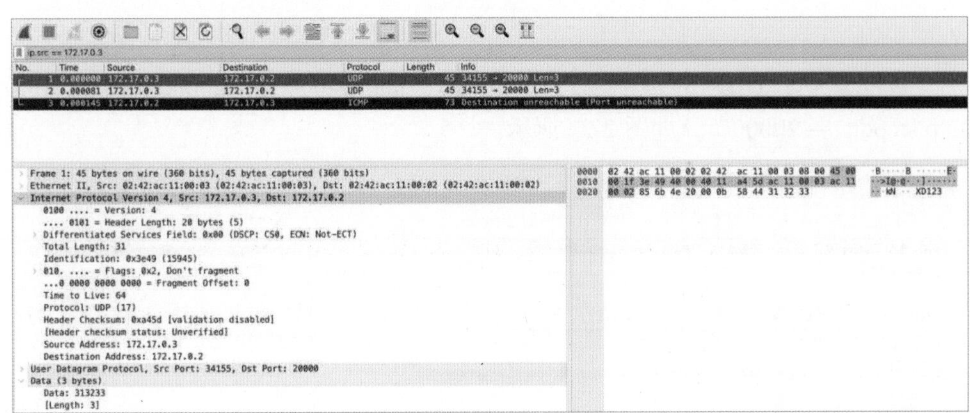

图 2-20

过滤规则：目标 IP 地址是 172.17.0.3，ip.dst == 172.17.0.3，如图 2-21 所示。

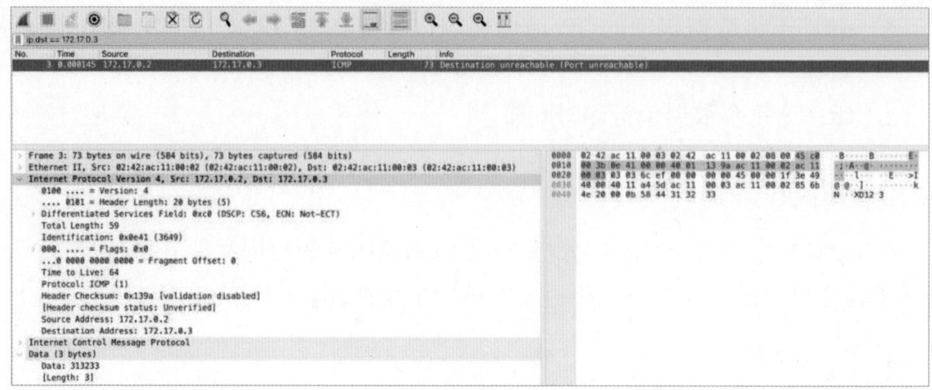

图 2-21

2. Port 相关

过滤规则：UDP 的端口是 20000，udp.port == 20000，如图 2-22 所示。

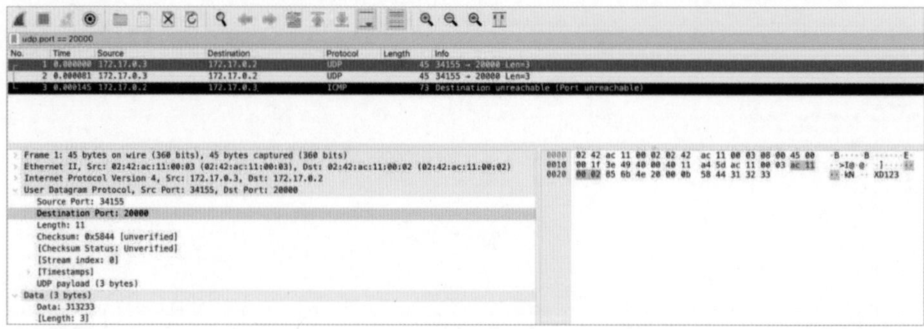

图 2-22

过滤规则：UDP 的目标端口是 20000，udp.dstport == 20000（源端口：udp.srcport == 20000），如图 2-23 所示。

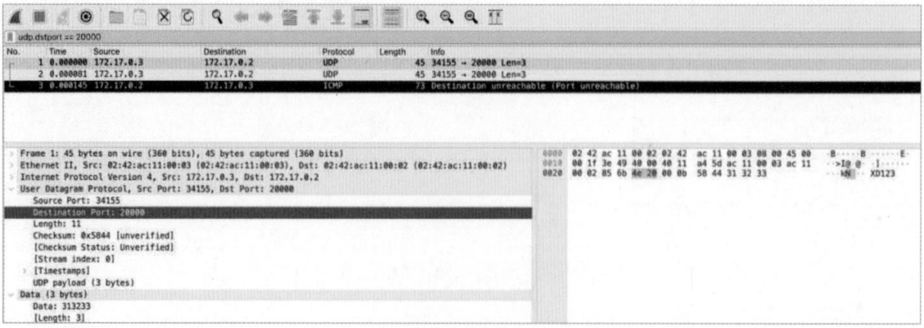

图 2-23

3. 协议相关

过滤规则：udp[0:2]==856B && udp[6:1]==58，如图 2-24 所示。

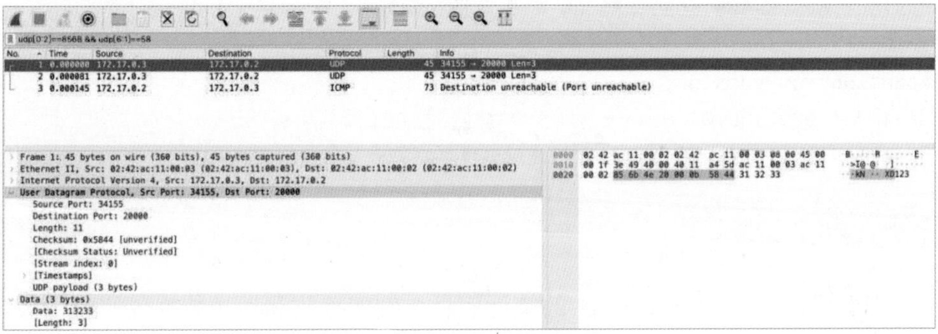

图 2-24

2.7 网络工具

2.7.1 ethtool 工具

ethtool 是一个用于配置和显示网络接口的工具，通常用于调整网络接口的参数，以及查看网络接口的状态。以下是一些常见的 ethtool 用法和命令。

1. 网络接口的基本信息

查看网络接口 enp0s3 的基本信息，如速率和双工模式等，命令如下：

```
$ ethtool enp0s3
...
    Speed: 1000Mb/s # 当前接口的速率是 1000Mbps（即 1Gbps）
    Duplex: Full # 当前的双工模式是全双工
...
```

将网络接口 enp0s3 的速率设置为 1000Mbps，将双工模式设置为全双工，命令如下：

```
$ ethtool -s enp0s3 speed 1000 duplex full
```

2. 网络接口的驱动程序信息

查看网络接口 enp0s3 的网卡驱动程序信息，包括网卡驱动程序的名称、版本号和在总线上的位置等信息，命令如下：

```
$ ethtool -i enp0s3
driver: e1000 # 网络接口 enp0s3 使用的驱动程序是 e1000
version: 6.5.6-300.fc39.x86_64 # 驱动程序版本号，fc39 表示 Fedora 39
firmware-version:
expansion-rom-version:
bus-info: 0000:00:03.0 # 表示网络接口连接在 PCI 总线上的位置
supports-statistics: yes # 表示该网络接口支持收集统计信息
...
```

3. 网络接口的统计信息

查看当前网络接口 enp0s3 的统计信息，例如接收和发送数据包的数量等信息。注意，不同网卡驱动程序输出的样式可能不尽相同，本例中的网卡驱动程序是 e1000。查看统计信息命令及其部分输出结果如下：

```
$ ethtool -S enp0s3
NIC statistics:
     rx_packets: 1079 # 接收的数据包的数量
     tx_packets: 400 # 发送的数据包的数量
     rx_bytes: 83899 # 接收的字节数
     tx_bytes: 47571 # 发送的字节数
     rx_errors: 0 # 接收过程中发生的错误的数量
     tx_errors: 0 # 发送过程中发生的错误的数量
     tx_dropped: 0 # 由于 Ring Buffer 溢出或其他原因而丢弃的发送数据包的数量
     rx_length_errors: 0 # 接收过程中数据包的长度错误的数量
     rx_over_errors: 0 # 接收 Ring Buffer 溢出错误的数量
     rx_crc_errors: 0 # 接收过程中 CRC 错误的数量
     tx_fifo_errors: 0  # 发送过程中的 FIFO 错误的数量
...
```

4. 网络接口的硬件特性

查看网络接口 enp0s3 支持的硬件特性，例如 LRO（Large Receive Offload）、GRO（Generic Receive Offload）、TSO（TCP Segmentation Offload）和 GSO（Generic Segmentation Offload）等特性，稍后会详细介绍它们，命令如下：

```
$ ethtool -k enp0s3
...
scatter-gather: on # 开启了 SG（Scatter/Gather）
```

```
tcp-segmentation-offload: on # 开启了 TSO
generic-segmentation-offload: on # 开启了 GSO
generic-receive-offload: on # 开启了 GRO
large-receive-offload: off [fixed] # 关闭了 LRO，fixed 表示固定的，不可以修改
…
```

5. 网络接口的硬中断合并策略

网卡触发硬中断时，CPU 会消耗一部分性能来处理上下文切换，以便处理完中断后恢复原来的工作，如果网卡每收到一个包就触发硬中断，则频繁的中断增大了 CPU 的开销。如果在收到或发送多个数据包后再触发硬中断，那么可以大大降低 CPU 的开销。

查看当前网络接口 enp0s3 的硬中断合并策略的命令和输出结果，以及部分字段含义如下：

```
$ ethtool -c enp0s3
Coalesce parameters for enp0s3:
Adaptive RX: on  TX: on # 收发队列自适应硬中断合并均已开启
…
rx-usecs: 32 # 数据包到达后最多延迟多少微秒后触发 RX 硬中断
rx-frames: 64 # 在触发 RX 硬中断之前最多接收的数据包的数量
rx-usecs-irq: 0 # 当系统正在处理中断时，数据包到达后最多延迟多少微秒触发 RX 硬中断
rx-frames-irq: 256 # 当系统正在处理中断时，在触发 RX 硬中断之前最多接收的数据包的
    数量
tx-usecs: 8 # 数据包发送后最多延迟多少微秒后触发 TX 硬中断
tx-frames: 128 # 在触发 TX 硬中断之前最多发送的数据包的数量
tx-usecs-irq: 0 # 当系统正在处理中断时，数据包发送后最多延迟多少微秒触发 TX 硬中断
tx-frames-irq: 256 # 当系统正在处理中断时，在触发 TX 硬中断之前最多发送的数据包的
    数量
…
```

开启和关闭网络接口 enp0s3 的自适应硬中断合并策略的命令如下：

```
$ ethtool -C enp0s3 adaptive-rx on adaptive-tx on # 开启自适应硬中断合并策略
$ ethtool -C enp0s3 adaptive-rx off adaptive-tx off  # 关闭自适应硬中断合并策略
$ ethtool -C enp0s3 adaptive-rx on # 单独开启自适应接收数据包的硬中断合并策略
$ ethtool -C enp0s3 adaptive-tx off # 单独关闭自适应发送数据包的硬中断合并策略
```

6. 网络接口的 Ring Buffer 长度

Ring Buffer 是一个环形缓存区，数据包的收发都会使用它。当接收数据包时，

数据包会经过接收（RX）Ring Buffer，当发送数据包时，数据包会经过发送（TX）Ring Buffer。我们可以通过下面的命令查看网络接口 enp0s3 的当前接收和发送 Ring Buffer 的长度，以及它们所支持的最大长度：

```
$ ethtool -g enp0s3
Ring parameters for enp0s3:
Pre-set maximums:
RX:             8192 # 接收 Ring Buffer 支持的最大长度
RX Mini:        0
RX Jumbo:       0
TX:             8192 # 发送 Ring Buffer 支持的最大长度
Current hardware settings:
RX:             1024 # 接收 Ring Buffer 的当前长度
RX Mini:        0
RX Jumbo:       0
TX:             1024 # 发送 Ring Buffer 的当前长度
...
```

我们可以通过下面的命令将网络接口 enp0s3 的接收和发送 Ring Buffer 的长度都设置为 2048，也可以只修改接收或发送 Ring Buffer 的长度。

```
$ ethtool -G enp0s3 rx 2048 tx 2048 # 同时修改接收和发送 Ring Buffer 的长度
$ ethtool -G enp0s3 rx 2048 # 只修改接收 Ring Buffer 的长度
$ ethtool -G enp0s3 tx 2048 # 只修改发送 Ring Buffer 的长度
```

7. 网络接口的 Ring Buffer 的数量

通过下面的命令可以查看网卡支持的最大 Ring Buffer 的数量和当前设置的 Ring Buffer 的数量：

```
$ ethtool -l enp0s3
Channel parameters for enp0s3:
Pre-set maximums:
RX:             0 # 最大接收 Ring Buffer 的数量，大于 0 表示可以单独设置
TX:             0 # 最大发送 Ring Buffer 的数量，同上
Other:          1
Combined:       16 # 最大接收和发送结合的 Ring Buffer 的数量，即 16 对 Ring Buffer
Current hardware settings:
RX:             0 # 当前设置的接收 Ring Buffer 的数量
```

```
TX:             0 # 当前设置的发送 Ring Buffer 的数量
Other:          1
Combined:       8 # 当前设置的接收和发送结合的 Ring Buffer 的数量，即 8 对 Ring
    Buffer
```

上面输出结果中的 Combined 表示一个接收 Ring Buffer 和一个发送 Ring Buffer 结合成一对 Ring Buffer，只能一起调整接收和发送 Ring Buffer 的数量，并且它们的数量始终是相等的。如果 RX 大于 0 或者 TX 大于 0，那么表示接收或发送 Ring Buffer 的数量可以单独设置，它们的数量可以不相等。这里，假设机器的 CPU 有 16 个核心，那么将结合的（Combined）Ring Buffer 的数量设置成与核心数量一致比较好，每一个核心专门负责处理一对 Ring Buffer 触发的硬中断。修改 Ring Buffer 的数量的命令如下：

```
$ ethtool -L enp0s3 combined 16
```

总之，ethtool 是一个依赖具体网卡驱动程序支持的功能强大的工具，关于 ethtool 工具的更多用法稍后还会介绍。

2.7.2 ifconfig 工具

ifconfig 工具是一个比较常用的网络工具，笔者经常使用它查看机器上所有网络接口的 IP 地址。除了查看 IP 地址，还可以查看网络接口的 MAC 地址、MTU 大小、收包（RX）和发包（TX）数量等统计信息。在笔者的机器上，ifconfig 工具输出的结果如下：

```
$ ifconfig
enp0s3: flags=4163<UP,BROADCAST,RUNNING,MULTICAST>  mtu 1500
        inet 192.168.3.102  netmask 255.255.255.0  broadcast 192.168.3.255
        inet6 fc80::a00:29ff:fdd0:3256  prefixlen 64  scopeid 0x20<link>
        ether 08:01:27:d0:32:56  txqueuelen 1000  (Ethernet) # 以太网
        RX packets 13333  bytes 4913590 (4.6 MiB) # 收包数量和字节数
        RX errors 0  dropped 0  overruns 0  frame 0 # 收包异常数量
        TX packets 3732  bytes 385711 (376.6 KiB) # 发包数量和字节数
        TX errors 0  dropped 0 overruns 0  carrier 0  collisions 0 # 发包异
    常数量
```

除了查看信息，ifconfig 工具还可以对 IP 地址、MAC 地址和 MTU 等信息进行修改，下面是修改网络接口 enp0s3 的 MTU 为 1000 的命令：

```
$ ifconfig enp0s3 mtu 1000
```

2.7.3 ip 工具

ip 工具比 ifconfig 工具更加强大和全面，它整合了包括 ifconfig 工具在内的很多工具。例如，ip route 可以用于管理路由信息，添加、删除、编辑路由表等。ip link 主要用于查看网络接口的状态、配置网络接口参数、启动或关闭网络接口等，类似 ifconfig 工具。

前面使用 ifconfig 工具修改了 MTU，同样可以使用 ip 工具修改 MTU，命令如下：

```
$ ip link set enp0s3 mtu 1000
```

下面演示如何添加一个虚拟网络接口 eth1，在第 6 章会用到该网络接口 eth1，添加过程如下。

（1）创建一个虚拟网络接口 eth1。

```
$ ip link add eth1 type dummy
```

（2）启用网络接口 eth1。

```
$ ip link set eth1 up
```

（3）配置网络接口 eth1 的 IP 地址。

```
$ ip addr add 192.168.0.101/24 dev eth1
```

（4）验证网络接口 eth1 是否添加成功。

```
$ ip link show eth1
```

2.7.4 nc 工具

nc（Netcat）是一个网络连接工具，拥有网络界的“瑞士军刀”美誉，它的用途非常广泛。它可以用来在两台计算机之间建立网络连接，实现任意 TCP 或 UDP 端口的侦听，也可以作为客户端发起 TCP 或 UDP 连接。

笔者经常使用 nc 发送和接收一个 TCP/UDP 数据包来做实验，避免自己写一个 Socket 程序。下面介绍使用 nc 命令收发一个 TCP/UDP 数据包。

（1）机器 A（172.17.0.2）通过 nc 命令使用 TCP/UDP 协议监听端口 1000 来接收数据。

```
$ nc -l 1000 # 接收 TCP 数据包
$ nc -ul 1000 # 接收 UDP 数据包
```

（2）机器 B（172.17.0.3）通过 nc 命令向机器 A 的端口 1000 发送一个 TCP/UDP 数据包。

```
$ echo "hello" | nc 172.17.0.2 1000 # 发送一个 TCP 数据包
$ echo "hello" | nc -u 172.17.0.2 1000 # 发送一个 UDP 数据包
```

在实际的工作中，有时会遇到两台机器直接进行文件传输的情况，下面是使用 nc 命令传输文件的例子：

```
$ nc -l 1000 > 1.txt  # 机器 A 接收文件
$ nc 172.17.0.2 1000 < 1.txt # 机器 B 发送文件
```

2.8 网卡的特性（Feature）

2.8.1 LRO

LRO 是由网卡实现的一种优化网络传输的技术。LRO 的基本思想是将多个小数据包合并为一个大数据包，然后将大数据包递交到网络栈，而网络栈只需处理一次数据包，旨在降低多次处理小数据包时涉及的中断上下文切换和网络栈的开销。

然而并非所有的网卡都支持 LRO，这取决于网卡的型号和制造商。另外，因为数据包需要等待合并，所以 LRO 可能会导致一些额外延迟。在实际应用中，可以根据具体情况决定是否通过配置启用 LRO。

前面我们通过 ethtool -k enp0s3 命令已经得知当前网络接口 enp0s3 没有启用 LRO。启用和关闭 LRO 的命令分别如下：

```
$ ethtool -K enp0s3 large-receive-offload on # 启用 LRO
$ ethtool -K enp0s3 large-receive-offload off # 关闭 LRO
```

2.8.2 GRO

GRO 是 LRO 的软件实现。即使网卡不支持 LRO，也可以使用 GRO 支持这个功能。GRO 的主要目标仅仅是降低网络栈的开销，不能像 LRO 那样可以降低中断上下文切换的开销，这是因为 GRO 已经处在软中断上下文中。

与 LRO 相同，GRO 也有可能引入一些延迟，并且它并非被所有内核和网络协议栈所支持。

前面我们通过 ethtool -k enp0s3 命令已经得知当前网络接口 enp0s3 启用了 GRO。启用和关闭 GRO 的命令分别如下：

```
ethtool -K enp0s3 generic-receive-offload on # 启用 GRO
ethtool -K enp0s3 generic-receive-offload off # 关闭 GRO
```

2.8.3 TSO

TSO 是一种由网卡支持的优化网络传输的技术。TSO 主要用于发送端，它的目标是将较大的 TCP 数据包在网卡上分片为多个小数据包，然后发送出去，而不需要在网络协议栈上进行分片，然后每个小数据包都经过一遍网络栈的处理。TSO 降低了 CPU 处理大量小数据包的开销，提高了网络传输的效率。

前面我们通过 ethtool -k enp0s3 命令已经得知当前网络接口 enp0s3 启用了 TSO。启用和关闭 TSO 的命令分别如下：

```
ethtool -K enp0s3 tcp-segmentation-offload on # 启用 TSO
ethtool -K enp0s3 tcp-segmentation-offload off # 关闭 TSO
```

2.8.4 GSO

GSO 是一种在软件层面实现的网络优化技术。与 GRO 相反，与 TSO 类似，GSO 也主要用于发送端，它的目标是将较大的数据包的分片操作尽量靠近网卡驱动程序，然后将分片后的小数据包逐个发送给网卡驱动程序，尽量降低网络栈多次处理小数据包的开销。

前面我们通过 ethtool -k enp0s3 命令已经得知当前网络接口 enp0s3 启用了 GSO。启用和关闭 GSO 的命令分别如下：

```
ethtool -K enp0s3 generic-segmentation-offload on # 启用 GSO
ethtool -K enp0s3 generic-segmentation-offload off # 关闭 GSO
```

2.9 网络栈的扩展（Scaling）

2.9.1 RSS

RSS（Receive Side Scaling）是一种在网卡和驱动程序层面实现的提升多核系统网络接收性能的技术。它允许网卡将收到的数据包根据源 IP 地址、目标 IP 地址、源端口和目标端口等信息"哈希"分散到多个接收 Ring Buffer，然后触发硬中断让系统中多个 CPU 并行处理，提高网络吞吐量。

1. **数据包中参与哈希计算的字段**

通过下面的命令可以分别查看 TCP 和 UDP 数据包参与哈希计算的字段：

```
$ ethtool -n eth0 rx-flow-hash tcp4
TCP over IPV4 flows use these fields for computing Hash flow key:
IP SA # 源 IP 地址
IP DA # 目标 IP 地址
L4 bytes 0 & 1 [TCP/UDP src port] # 源端口
L4 bytes 2 & 3 [TCP/UDP dst port] # 目标端口

$ ethtool -n eth0 rx-flow-hash udp4
UDP over IPV4 flows use these fields for computing Hash flow key:
IP SA # 源 IP 地址
IP DA # 目标 IP 地址
L4 bytes 0 & 1 [TCP/UDP src port] # 源端口
L4 bytes 2 & 3 [TCP/UDP dst port] # 目标端口
```

在输出结果中显示 TCP 和 UDP 的哈希计算都使用了数据包的源 IP 地址、目标 IP 地址、源端口和目标端口。我们可以自定义 TCP 和 UDP 数据包参与哈希计算的字段。使用下面的命令修改 TCP 数据包中参与哈希计算的字段（同样适用于 UDP 数据包）：

```
$ ethtool -N eth0 rx-flow-hash tcp4 sdfnvtmr
```

参数 sdfnvtmr 中的字母的含义如下，可以有不同的组合（顺序无关）：

- s：数据包的源 IP 地址。
- d：数据包的目标 IP 地址。
- f：数据包的源端口。
- n：数据包的目标端口。

- v：数据包的 VLAN ID（标签）。
- t：数据包的第三层（Layer 3 Protocol）协议，例如 IPv4、IPv6、ARP 等。
- m：数据包的目标 MAC 地址（Layer 2 Destination Address）。
- r：数据包的丢弃标志，用于将具有相同丢弃标志的数据包分配到相同的接收队列中。

2. **调整接收 Ring Buffer 的权重**

计算完数据包的哈希值后，通过查询事先配置好的哈希表，可以将数据包传递到对应的接收 Ring Buffer 中。使用下面的命令查看哈希表：

```
$ ethtool -x eth0
RX flow hash indirection table for eth0 with 16 RX ring(s):
    0:      0     1     2     3     4     5     6     7
    8:      8     9    10    11    12    13    14    15
   16:      0     1     2     3     4     5     6     7
   24:      8     9    10    11    12    13    14    15
   32:      0     1     2     3     4     5     6     7
   40:      8     9    10    11    12    13    14    15
   48:      0     1     2     3     4     5     6     7
   56:      8     9    10    11    12    13    14    15
   64:      0     1     2     3     4     5     6     7
   72:      8     9    10    11    12    13    14    15
   80:      0     1     2     3     4     5     6     7
   88:      8     9    10    11    12    13    14    15
   96:      0     1     2     3     4     5     6     7
  104:      8     9    10    11    12    13    14    15
  112:      0     1     2     3     4     5     6     7
  120:      8     9    10    11    12    13    14    15
RSS hash key:
d1:12:bd:90:23:19:cd:8c:36:26:ac:50:95:32:ef:ab:c7:f2:21...
```

通常情况下，一共有 128 个哈希值，与网卡配置了多少个接收 Ring Buffer 无关，哈希值对应的是接收 Ring Buffer 的索引。上面的输出结果中显示一共有 16 个接收 Ring Buffer，每个接收 Ring Buffer 的索引出现的次数相同，表示每个接收 Ring Buffer 的权重都是一样的，即网卡收到数据包后会均匀地分给每个接收 Ring Buffer。RSS 的 hash key 是一个 40 字节的字符串，用于参与计算哈希值，目的是使哈希值更具有随机性，并且确保在不同的输入情况下，得到的哈希值能够均匀地分布，避免热点。比如，一个数据包经过计算得到的哈希值是 118，那么通过查表，得到接收 Ring Buffer 的索引为 6。

我们可以通过设置接收 Ring Buffer 的权重来调整网卡分给不同接收 Ring Buffer 数据包的多少。使用下面的命令调整每个接收 Ring Buffer 的权重：

```
$ ethtool -X eth0 weight 1 3 5 7 9 11 13 15 2 4 6 8 10 12 14 16
```

在这个命令中，数值 1 表示索引为 0 的接收 Ring Buffer 的权重，数值 3 表示索引为 1 的接收 Ring Buffer 的权重，以此类推，直到最后一个数值 16 表示索引为 15 的接收 Ring Buffer 的权重。

2.9.2　RPS

RPS（Receive Packet Steering）是 RSS 的软件实现，它不依赖硬件，因此任何网卡都可以启用它，包括单队列和多队列网卡。启用 RPS 的单队列网卡可以提高传输效率，而多队列网卡在硬中断不均匀的情况下也可以利用 RPS 来提高效率。RPS 首先根据数据包的哈希值将数据包分发到其他 CPU（也有可能是本 CPU）的后备（backlog）队列中，然后给目标 CPU 触发一个 IPI 中断（Inter-Processor Interrupt，CPU 间中断），最后目标 CPU 处理它们各自的后备队列中的数据包。这就引入了 CPU 间的中断处理和数据传输，进而导致 RPS 使用更多的 CPU 资源，因此 RPS 默认关闭，需要谨慎使用。

下面是笔者在一台虚拟机上使用 cat /proc/softirqs 命令查看当前系统中所有软中断的输出结果：

```
[root@localhost ~]# cat /proc/softirqs
                    CPU0       CPU1       CPU2       CPU3
          HI:          0          2          1          0
       TIMER:       2660       4367       3277     251515
      NET_TX:          0          2          2          3
      NET_RX:          0          0          0        660
       BLOCK:       2079       1793        735       1550
    IRQ_POLL:          0          0          0          0
     TASKLET:         44          0         36         23
       SCHED:       4557       5548       3684      33320
     HRTIMER:          0          0          0          0
         RCU:      10969       7427       5431       7061
```

在上面输出的结果中，NET_RX 行的值表示每个 CPU 收到的接收数据包触发的软中断数量，通常情况下它们应该是均匀的。但是在笔者的虚拟机器上只有一个接收队列，并且没有开启 RPS，所以上面的输出结果中只有 CPU3 上触发了 NET_RX 软中断。

通过下面的命令可以看到，笔者的虚拟机器上只有一个接收队列和一个发送队列：

```
$ ls /sys/class/net/enp0s3/queues
rx-0  tx-0
```

通过下面的命令查看接收队列 rx-0 是否开启了 RPS：

```
$ cat /sys/class/net/enp0s3/queues/rx-0/rps_cpus
0
```

输出中的 0 代表没有开启 RPS。我们可以使用下面的命令将接收队列 rx-0 上触发的 NET_RX 软中断均匀分发给 CPU 0 和 CPU 2 进行处理：

```
$ echo 5 > /sys/class/net/enp0s3/queues/rx-0/rps_cpus
```

上面命令中的 5 是十六进制的值，转换成的二进制值是 101，每个比特位对应一个 CPU，因此 101 对应 CPU 0 和 CPU 2。

经过一段时间后，再次执行 cat /proc/softirqs 命令，输出结果如下：

```
[root@localhost ~]# cat /proc/softirqs
                    CPU0       CPU1       CPU2       CPU3
          HI:          0          2          1          0
       TIMER:       3615       5701       4241     339666
      NET_TX:          0          2          2          3
      NET_RX:        605          0        596       2002
       BLOCK:       2210       1814        758       1605
    IRQ_POLL:          0          0          0          0
     TASKLET:         44          0         36         54
       SCHED:       6188       7235       4812      45022
     HRTIMER:          0          0          0          0
         RCU:      12233       8535       6730       8646
```

可以发现 CPU0 和 CPU2 上都触发了 NET_RX 软中断，并且两者的数量相当，然而 CPU3 还是最多的，这是因为 NET_RX 软中断都先触发给了 CPU3，然后由 CPU3 把这些 NET_RX 软中断分发给了 CPU0 和 CPU2。

2.9.3 RFS

RFS（Receive Flow Steering）通常和 RPS 一起使用。RPS 只是将数据包根据哈希值分发到不同的 CPU 上处理，虽然达到了 CPU 的负载均衡，但是又引出了一个新问题，那就是当前执行收发数据包的应用程序进程的 CPU 可能和数据包“哈希”到的 CPU 不是同一个，进而造成 CPU 缓存命中率降低。

因此引入了 RFS 来解决上面的问题，RFS 保证在一段时间内相同数据流上的数据包都由同一个 CPU 处理，以此来提高 CPU 缓存命中率。基本思想是内核维护了一个数据包的哈希值（相同数据流上的数据包的哈希值相同）到 CPU ID 的映射表（rps_sock_flow_table），这里简称数据流表，每个数据流到 CPU 的映射关系不是一成不变的，由于进程上下文切换的存在，导致数据流映射到的 CPU ID 可能发生改变，这是为什么本段开头强调“在一段时间内”的原因。

6.6.3 节和 7.2.4 节中介绍了数据流表的更新过程，6.3.6 节中介绍了如何使用该数据流表根据数据包的哈希值找到对应的 CPU ID。

2.9.4　XPS

XPS（Transmit Packet Steering）是一种在多队列设备上智能选择发送队列的机制。传输方向正好与前面介绍的 RPS 相反。XPS 选择硬件发送队列有两种方式，一种是将 CPU 映射到发送队列，另一种是将接收队列映射到发送队列。通常使用基于 CPU 的映射方式。7.6.2 节中详细介绍了 XPS 选择发送队列的过程。

1. 将 CPU 映射到发送队列

系统管理员可以通过配置文件 xps_cpus 将一个（些）CPU 映射到一个（些）发送队列，通常是一对一映射。这样做的主要好处是降低了 CPU 间竞争同一个发送队列锁的概率，进而减少了 CPU 的开销。如果每个 CPU 都有自己的发送队列，那么完全不需要竞争。

2. 将接收队列映射到发送队列

系统管理员可以通过配置文件 xps_rxqs 将一个（些）接收队列映射到一个（些）发送队列，通常也是一对一映射。这样做有两个好处：

- 网卡会将具有相同四元组的数据包“哈希”到相同的接收队列，根据接收队列到发送队列的映射关系，相同四元组连接上发送的数据包都会被发送到相同的或者一组发送队列，在一定程度上防止了数据包的乱序。
- 当传输完成后执行清理工作时，网卡触发的硬中断会发送给相同的或者一些 CPU，这个（些）CPU 可以集中处理大量的清理工作，间接减少 CPU 的硬中断次数。

上面介绍的机制都不是独立使用的，而是在不同场景下，几种机制配合使用才会达到最佳效果。目前大部分网卡都支持多队列，也就支持 RSS 功能。在多队列网卡情况下，通常会配合使用 RSS、硬中断的 CPU 亲和性（稍后详细介绍）和 XPS 功能。

例如，将每对结合的收发队列对应的硬中断分别唯一绑定到一个 CPU，然后将每个 CPU 唯一映射到硬中断绑定该 CPU 上的发送队列，这样一来，处理收包软中断和发送完成软中断的内核进程，以及发包进程都在一个 CPU 上执行，可以提升 CPU 的缓存命中率，以及减少进程上下文切换的开销。有些网卡驱动程序在软中断处理函数中既执行收包工作，也执行发送完成的清理工作，因此当网卡触发收包硬中断或者发包完成的硬中断时，顺便也处理了另一方面的工作，减少了进程上下文切换，并且降低了数据包的延迟。

2.10 硬中断的负载均衡

正如我们前面看到的那样，通常情况下，一个接收 Ring Buffer 会和一个发送 Ring Buffer 结合成一对 Ring Buffer，内核为每对 Ring Buffer 都分配一个硬中断号，当一对 Ring Buffer 上接收或发送了数据包时，网卡既可以单独触发一个 CPU 的硬中断，也可以根据数据包的哈希值触发多个 CPU 的硬中断，但每次只给一个 CPU 触发硬中断。这里固定给某个（些）CPU 触发硬中断的方式就是所谓的硬中断的 CPU 亲和性。

我们可以使用 `cat /proc/interrupts` 命令查看每对 Ring Buffer 的硬中断号，以及它给所有 CPU 触发硬中断的次数：

```
$ cat /proc/interrupts
           CPU0       CPU1       CPU2       CPU3
  57:   1189205          0          0          0   IR-PCI-MSI-edge    eth0-TxRx-0
  58:         0    1329501          0          0   IR-PCI-MSI-edge    eth0-TxRx-1
  59:         0          0    1262827          0   IR-PCI-MSI-edge    eth0-TxRx-2
  60:         0          0          0    1292916   IR-PCI-MSI-edge    eth0-TxRx-3
```

根据上面的输出结果，我们可以明显看出，每对 Ring Buffer 触发的硬中断只发送给了某一个固定的 CPU，说明已经将每对 Ring Buffer 的硬中断绑定到了一个 CPU 上。

我们有两种方式来使每个 CPU 上触发的硬中断负载均衡，一种是通过手动修改每个硬中断的 CPU 亲和性配置文件，另一种是通过 irqbalance 功能自动完成硬中断的负载均衡。

2.10.1 硬中断的 CPU 亲和性

我们可以通过`/proc/irq/`硬中断号`/smp_affinity` 文件查看某个硬中断的 CPU 亲和性。例如，使用下面的命令查看硬中断号 59 绑定到了哪个 CPU 上：

```
$ cat /proc/irq/59/smp_affinity
4
```

输出的结果为 4（十六进制），即 100（二进制），第 3 位为 1，表示第 3 个 CPU，也就是硬中断号 59 绑定到了 CPU2 上。

可以使用下面的命令修改硬中断号 59 的 CPU 亲和性，将其绑定到 CPU0 和 CPU2 上，将其修改为 5（十六进制），即 101（二进制）：

```
$ echo 5 > /proc/irq/59/smp_affinity
```

2.10.2　irqbalance 功能

irqbalance 功能可以自动将硬中断平衡分发到各个 CPU 上，以提高系统性能和吞吐量。我们可以通过下面的命令启用该功能：

```
$ sudo systemctl start irqbalance
```

上面的命令只生效一次，重启机器后失效，如果我们希望在系统启动时自动启用 irqbalance 功能，那么可以执行下面的命令：

```
$ sudo systemctl enable irqbalance
```

如果既想使用 irqbalance 功能，又想使用硬中断的 CPU 亲和性，那么必须禁止 irqbalance 功能对设置了 CPU 亲和性的硬中断号进行负载均衡，否则 irqbalance 功能将忽视硬中断的 CPU 亲和性。例如，禁止 irqbalance 功能对硬中断号 59 和 60 进行负载均衡的命令如下：

```
$ irqbalance --banirq=59 --banirq=60
IRQ 59 was BANNED
IRQ 60 was BANNED
```

第3章

CHAPTER 3

TCP

传输控制协议（Transmission Control Protocol，TCP）是一种面向连接的、可靠的、基于字节流的、全双工的传输层通信协议，由IETF的RFC793 定义。在简化的计算机网络OSI模型中，它完成第四层传输层所指定的功能。[1]

3.1 协议体

TCP协议体如图 3-1[2]所示，下面详细介绍每个字段的含义：

- **源端口号**：占 2 字节，表示 TCP 报文的发送方的端口号。
- **目标端口号**：占 2 字节，表示 TCP 报文的接收方的端口号。
- **序列号**：占 4 字节，表示该 TCP 报文中数据的首字节在连接上的编号。
- **确认号**（ACK）：占 4 字节，它是确认序列号的简写，表示接收方希望收到以该确认号为序列号的 TCP 报文，即确认号之前的数据都已经接收成功。
- **数据偏移**：占 4 个比特位，该值乘以 4 得到 TCP 头部长度（单位：字节），也是数据部分距离 TCP 头部起始位置的偏移量，当没有选项时，该字段的值为 5（即 TCP 头部长度为 20 字节）。

1　来源于维基百科

2　参考维基百科

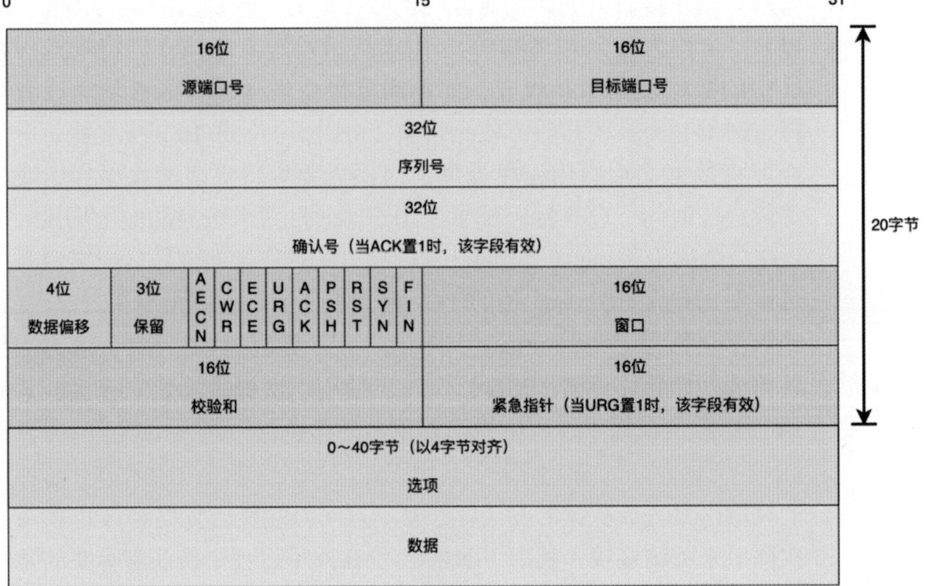

图 3-1

- **标志**：占 12 个比特位，其中高 3 个比特位为保留位，必须都置 0，剩下的 9 个比特位由高到低的含义如下，图 3-2 是标志的一个示例。需要注意的是，Linux 中没有图 3-2 中的 Accurate ECN（AECN）标志位。
  - CWR：全称为 Congestion Window Reduced。它表示发送方已经减小了拥塞窗口（Congestion Window）。当一方收到拥塞通知（例如 ECE）或者自身发现网络拥塞后，它可以通过设置 CWR 标志位来告知对方本方已经采取了措施以降低数据发送速度。
  - ECE：全称为 ECN-Echo（ECN 回显），它是一种在 TCP 中使用的显式拥塞通知（ECN）的机制。在使用 ECN 时，路由器（或 TCP 连接的一方）可以在遇到网络拥塞时向 TCP 连接的双方（或另一方）发送 ECE 标志，而不是丢掉数据包，收到 ECE 标志的双方（或一方）会采取相应措施，例如降低数据发送速度，以减轻网络拥塞。通过这种方式，ECE 可以更快速、更可靠地响应网络拥塞，而无须等待实质性的丢包发生。
  - URG：全称为 Urgent（紧急），用于指示 TCP 报文中有需要尽快传送到应用层的紧急数据（Urgent Data）。URG 标志位与稍后介绍的紧急指针（Urgent Pointer）字段一起使用。
  - ACK：全称为 Acknowledgment，指示 TCP 报文中的确认号字段是否有效。用于接收方通知发送方确认号之前的数据都已经成功接收。

- PSH：全称为 Push（推送），用于指示发送方应该立即将发送缓存区中的数据发送给接收方，而不需要等待发送缓存区被填满或者等待定时器超时。当接收方收到带有 PSH 标志位的 TCP 报文后，应该立即将数据交给应用程序处理，而不需要等待更多的数据到达或者等待一段时间。PSH 标志位主要用于实时性要求较高的应用场景。
- RST：全称为 Reset（复位）。当一个 TCP 连接遇到异常或错误时，可以发送包含 RST 标志位的 TCP 报文来快速终止或拒绝 TCP 连接。
- SYN：全称为 Synchronize（同步），用于建立 TCP 连接的双方同步各自的初始化序列号（ISN）。TCP 使用三次握手来建立连接，其中 SYN 标志位在握手过程中扮演着重要的角色。
- FIN：全称为 Finish（结束），用于在 TCP 连接的关闭阶段表示连接的一端已经完成数据的发送，并且不再向对端发送数据。TCP 使用四次挥手来关闭连接，其中 FIN 标志位在挥手过程中扮演着重要的角色。

```
v Flags: 0x012 (SYN, ACK)
    000. .... .... = Reserved: Not set
    ...0 .... .... = Accurate ECN: Not set
    .... 0... .... = Congestion Window Reduced: Not set
    .... .0.. .... = ECN-Echo: Not set
    .... ..0. .... = Urgent: Not set
    .... ...1 .... = Acknowledgment: Set
    .... .... 0... = Push: Not set
    .... .... .0.. = Reset: Not set
  > .... .... ..1. = Syn: Set
    .... .... ...0 = Fin: Not set
    [TCP Flags: ·······A··S·]
```

图 3-2

- **窗口**（Window）：占 2 字节，表示发送方可以发送给接收方而不需要等待确认的字节数量。
- **校验和**（Checksum）：占 2 字节，它用于检测数据在传输过程中是否发生了变化，以保证数据的完整性。校验和的计算步骤如下：
  ①将 TCP 头部中的 Checksum 字段设置为 0。
  ②对 TCP 头部和数据部分进行 16 位的二进制反码求和。
  ③将步骤②得到的结果保存到 TCP 头部的 Checksum 字段中。
- **紧急指针**（Urgent Pointer）：占 2 字节，它与 URG 标志位一起使用。当 URG 标志位被设置为 1 时，紧急指针字段才有意义。紧急指针确定了紧急数据存储在“序列号”和“序列号+紧急指针”之间，接收方根据这个范围找到紧急数据，并在对紧急数据进行处理时采取适当的措施。

- **选项**：占 0 ~ 40 字节，它是 TCP 头部中的一个可选字段，用于在 TCP 连接建立和连接阶段提供额外的控制信息。它通常包括一系列选项，通常每个选项都由 1 字节的类型字段、1 字节的长度字段和非固定长度的数据字段组成。下面是一些常见的选项类型及含义，图 3-3 是选项的一个示例。
  - 1：无操作（NOP），占 1 字节，该选项没有长度和数据字段，只有类型字段，因此占 1 字节。在多个选项之间填充一个或多个无操作选项来确保每个选项的长度以 2 字节对齐和选项列表总长度以 4 字节对齐。
  - 2：最大报文长度（Maximum Segment Size，MSS），占 4 字节，通信双方在建立 TCP 连接时可以在 SYN 报文中设置该选项，表示本方能够接收 TCP 报文的最大长度，另一方在收到这个 SYN 报文后，根据 MSS 选项确定后续传输过程中 TCP 报文的最大长度，避免发送超过对方所能接收的数据大小，以及避免因分片和重组而引入的延迟和额外开销。这里强调一点，MSS 不是必须要小于 MTU，图 3-3 中的 MSS 就被设置为 65495（65535 - 40），只不过通常情况下 MSS 小于 MTU，并且等于 MTU 减去 IP 与 TCP 头部长度之和。
  - 3：窗口扩大因子（Window Scale），占 3 字节，用于扩大 TCP 头部的窗口字段的大小。当 BDP（带宽延迟乘积）大于 64KB 时，该字段可以提升数据传输效率。具体做法是将 TCP 头部的窗口字段左移该字段的值的位数（0 ~ 14 位）。该选项需要填充 1 个无操作选项来实现所有选项的长度之和以 2 字节对齐。
  - 4：支持选择性确认（SACK Permitted），占 2 字节，该选项没有数据字段，只有类型和长度字段，因此占 2 字节。该选项表示发送方支持选择性确认（SACK）机制。
  - 5：选择性确认（Selective Acknowledgment，SACK），长度可变，用于提高 TCP 对丢失或乱序数据包的恢复性能。SACK 允许接收方向发送方提供更详细的信息，指示哪些数据包已经到达，哪些数据包丢失了。数据字段是一组块（区间），每个块表示已成功接收的一部分数据。这样发送方可以了解接收方成功接收了哪些数据。
  - 8：时间戳（Timestamps），占 10 字节。该选项用于精确计算 TCP 报文的往返时间（Round-Trip Time，RTT），以及防止历史 TCP 报文对正常连接的干扰。该选项通常不是真实的系统时间。该选项在 Linux 中默认是开启的。该选项的数据部分由两个时间戳组成：
    - ✓ 发送时间戳（Timestamp Value，TSval），占 4 字节，用于记录发送方发送某个 TCP 报文的时刻。

✓ 回显时间戳（Timestamp Echo Reply，TSecr），占 4 字节。回显是指接收方将收到的数据原样发送回发送方。该字段用于接收方回传其最近一次成功接收的数据报文中的发送时间戳。这样发送方可以通过比较回显时间戳和当前时间来计算往返时间（RTT）。

○ 34：TCP 快速打开（TCP Fast Open，TFO），长度可变。该选项的数据字段为 Cookie。由内核参数 `net.ipv4.tcp_fastopen` 控制该功能的开启和关闭。

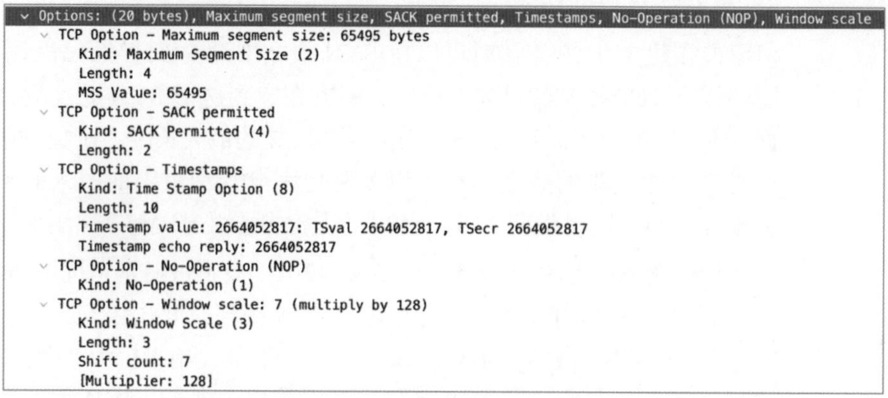

```
v Options: (20 bytes), Maximum segment size, SACK permitted, Timestamps, No-Operation (NOP), Window scale
  v TCP Option - Maximum segment size: 65495 bytes
      Kind: Maximum Segment Size (2)
      Length: 4
      MSS Value: 65495
  v TCP Option - SACK permitted
      Kind: SACK Permitted (4)
      Length: 2
  v TCP Option - Timestamps
      Kind: Time Stamp Option (8)
      Length: 10
      Timestamp value: 2664052817: TSval 2664052817, TSecr 2664052817
      Timestamp echo reply: 2664052817
  v TCP Option - No-Operation (NOP)
      Kind: No-Operation (1)
  v TCP Option - Window scale: 7 (multiply by 128)
      Kind: Window Scale (3)
      Length: 3
      Shift count: 7
      [Multiplier: 128]
```

图 3-3

Linux 中 TCP 头结构体的定义如下（已经修改，方便阅读）：

```
struct tcphdr {
    __be16  source;
    __be16  dest;
    __be32  seq;
    __be32  ack_seq;
    __u16   doff:4,
            res1:4,
            cwr:1,
            ece:1,
            urg:1,
            ack:1,
            psh:1,
            rst:1,
            syn:1,
            fin:1;
    __be16  window;
    __sum16 check;
    __be16  urg_ptr;
};
```

3.2 有限状态机

TCP 有限状态机有 11 种状态，这些状态构成了 TCP 连接的完整生命周期。在实际的数据传输中，连接会在这些状态之间转换，直到最终关闭。这些状态之间的变化如图 3-4 所示，几乎包含了所有状态间的跳转关系。

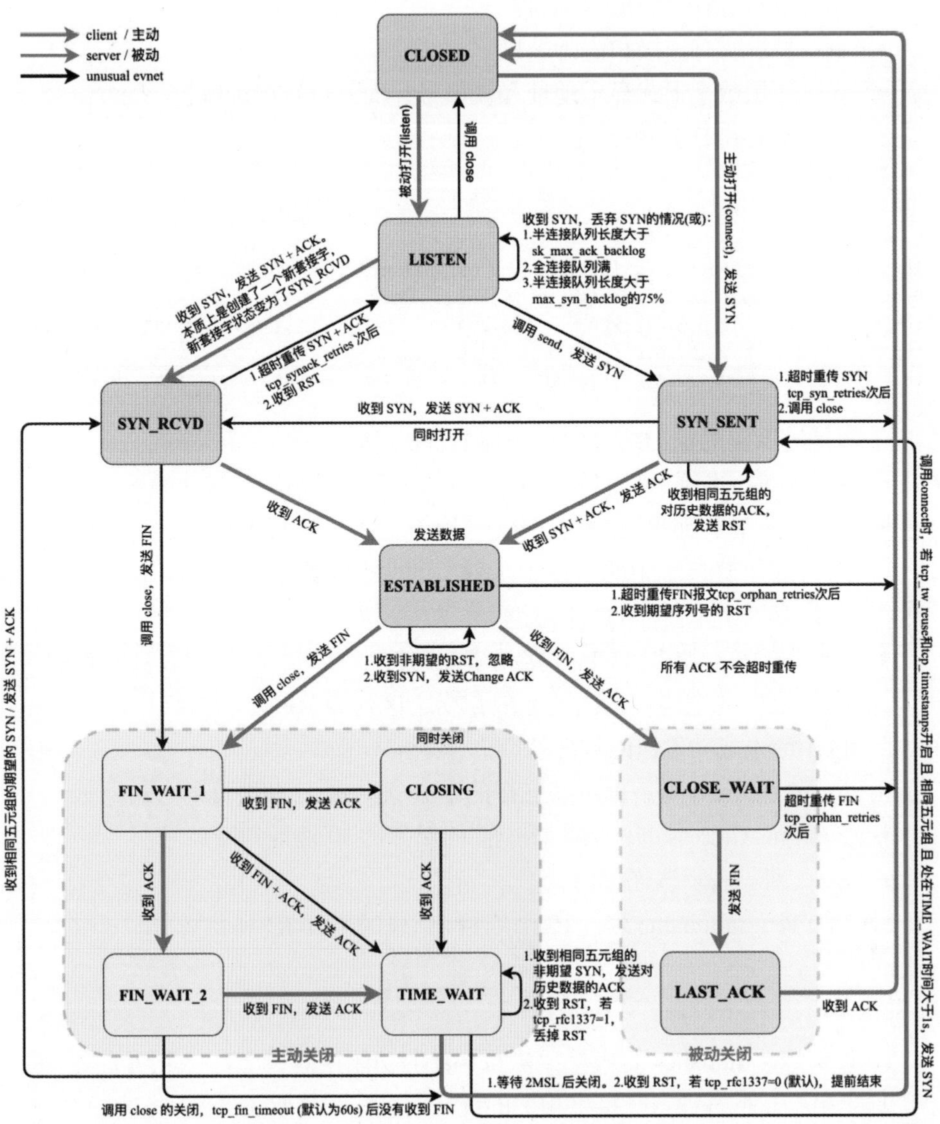

图 3-4

查看 TCP 的连接状态主要有以下两个工具。

3.2.1 netstat

netstat 是一个用于显示网络连接、路由表和网络接口信息的命令行工具。一些常见的选项包括：

- **-p**：显示进程 ID 和进程名称。
- **-a**：显示所有连接和监听端口。
- **-n**：使用数字形式显示地址和端口号，而不进行名称解析。
- **-t**：仅显示 TCP 套接字。

示例如下：

```
$ netstat -pant
Active Internet connections (servers and established)
Proto Recv-Q Send-Q Local Address       Foreign Address     State       PID/Program name
tcp        0      0 0.0.0.0:20000       0.0.0.0:*           LISTEN      5195/./server
tcp        0      1 127.0.0.1:10000     127.0.0.1:20000     FIN_WAIT1   -
tcp     1025      0 127.0.0.1:20000     127.0.0.1:10000     CLOSE_WAIT  5195/./server
```

下面是对示例的输出结果中每一列的解析：

- Proto 列：本例中我们使用了-t 选项，所以只输出了 TCP 的连接。
- Recv-Q 列：如果 TCP 连接处于 LISTEN（监听）状态，则该列表示监听的底层套接字中的全连接队列长度；反之该列表示底层套接字中的接收缓存区中未读取的数据长度。
- Send-Q 列：如果 TCP 连接处于 LISTEN 状态，则该列表示监听的底层套接字中的全连接队列的上限；反之该列表示底层套接字中的发送缓存区中尚未成功发送的数据长度。
- Local Address 列：表示该连接的本方的 IP 地址和端口号。
- Foreign Address 列：表示该连接的对方的 IP 地址和端口号。
- State 列：表示该连接的状态。
- PID/Program name 列：表示该连接归属的进程 ID 和名称。

3.2.2 ss

ss 是 Socket Statistics 的缩写，与 netstat 的功能相似，也是一个功能强大的网络工具，用于显示各种与套接字相关的统计信息。一些常见的选项包括：

- **-l**：仅显示 LISTEN 状态的套接字。
- **-t**：仅显示 TCP 套接字。

- **-u**：仅显示 UDP 套接字。
- **-a**：显示所有套接字，包括监听和非监听状态。
- **-n**：不执行服务名和端口号的解析，以数字形式显示。
- **-p**：显示进程 ID 和进程名称。

示例如下：

```
$ ss -atn
State      Recv-Q Send-Q    Local Address:Port       Peer Address:Port
LISTEN     0      511           127.0.0.1:7000                    *:*
LISTEN     0      65535                *:9000                    *:*
CLOSE-WAIT 1      0         10.112.100.21:1000    10.113.100.20:8000
TIME-WAIT  0      0         10.112.100.21:2000    10.113.100.21:9000
ESTAB      0      0         10.112.100.21:3000    10.113.100.22:8000
```

该示例的输出结果与 netstat 的类似，这里就不一一介绍每列的含义了。ss 是通过与内核直接通信来获取网络连接信息的，而 netstat 则是通过读取/proc 文件系统来获取这些信息的。由于 ss 直接与内核通信，可以更快地获取数据，因此不需要像 netstat 那样进行文件 I/O 操作，当连接数量很多时，可能会导致 netstat 性能明显下降。

TCP 的生命周期大致会经过服务端的准备阶段、双方建立连接的握手阶段、传输数据的连接阶段和双方关闭连接的挥手阶段，其中最复杂的是连接阶段，其中包含很多保证数据可靠传输的机制（重传和确认机制等）和控制机制（流量控制和拥塞控制）。

3.3 准备阶段

在准备阶段，服务端首先创建一个套接字，然后调用 bind 函数将该套接字绑定到一个 IP 地址和端口上，最后调用 listen 函数监听来自客户端调用 connect 函数发起的连接请求。

listen 函数会调用 listen 系统调用，该系统调用的主要逻辑被封装在__sys_listen 函数中，listen 系统调用和__sys_listen 函数的定义如下：

```
SYSCALL_DEFINE2(listen, int, fd, int, backlog) {
    return __sys_listen(fd, backlog);
}

int __sys_listen(int fd, int backlog) {
    struct socket *sock;
    int err, fput_needed;
    int somaxconn;
```

```
    sock = sockfd_lookup_light(fd, &err, &fput_needed);
    if (sock) {
        somaxconn = READ_ONCE(sock_net(sock->sk)->core.sysctl_somaxconn);
        if ((unsigned int)backlog > somaxconn)
            backlog = somaxconn;
        err = security_socket_listen(sock, backlog);
        if (!err)
            /* IPv4 的 ops 是 inet_stream_ops，listen 函数指针指向的是
    inet_listen 函数*/
            err = sock->ops->listen(sock, backlog);
        fput_light(sock->file, fput_needed);
    }
    return err;
}
```

在__sys_listen 函数中，首先根据文件描述符找到对应的用户套接字（struct socket），如果该用户套接字不为空，那么继续执行，否则该函数返回错误码。然后判断参数 backlog 是否大于内核参数 net.core.somaxconn（默认为 4096），如果是，则将参数 backlog 设置为 net.core.somaxconn。最后调用 inet_listen 函数完成对用户套接字的监听，其中就包括将参数 backlog 赋值给 sk_max_ack_backlog 的操作，由 sk_max_ack_backlog 决定全连接队列长度的上限，如代码清单 3-1 所示。

3.4 握手阶段

3.4.1 三次握手

TCP 三次握手的流程如图 3-5 所示。下面通过一次真实三次握手的抓包结果详细介绍整个 TCP 握手过程。

1. 第一次握手

第一次握手是客户端调用 connect 函数向服务端发送 SYN 报文，这时服务端已经经过准备阶段并处于 LISTEN 状态。该 SYN 报文的抓包结果如图 3-6 所示。该 SYN 报文的 SYN 标志位被置为 1。该 SYN 报文指定了窗口大小为 64240 字节，窗口扩大因子为 128（2^7），实际窗口大小为两者的乘积（约等于 7.8MB）。该 SYN 报文设置了支持选择性确认的选项，允许服务端发送带选择性确认的选项。该 SYN 报文设置了 MSS 选项，并且指定 MSS 为 1460（等于 1500 - 40）字节。该 SYN 报文设置了时间戳选项，并设置 TSval 为 3346393300 和 TSecr 为 0，因为之前没有收到过服务端的 TCP 报文，所以 TSecr 为 0。该 SYN 报文设置序列

号字段存储一个初始化序列号 c（2159571128）。在没有开启 TFO 的情况下，该 SYN 报文不允许携带数据。在 SYN 报文发送完成后，客户端的底层套接字的状态由 CLOSED 变为 SYNC_SENT。

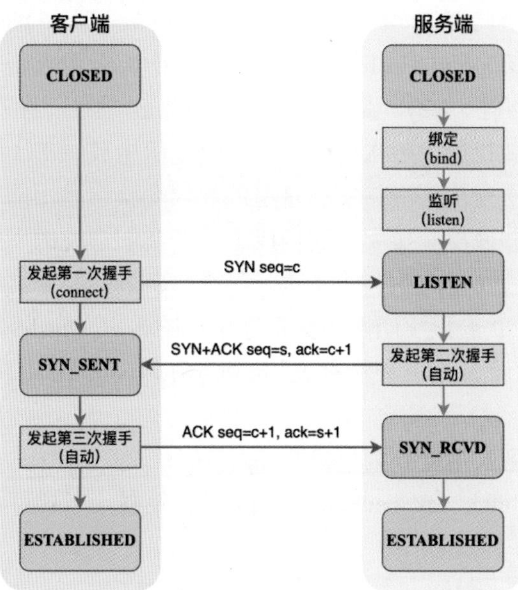

图 3-5

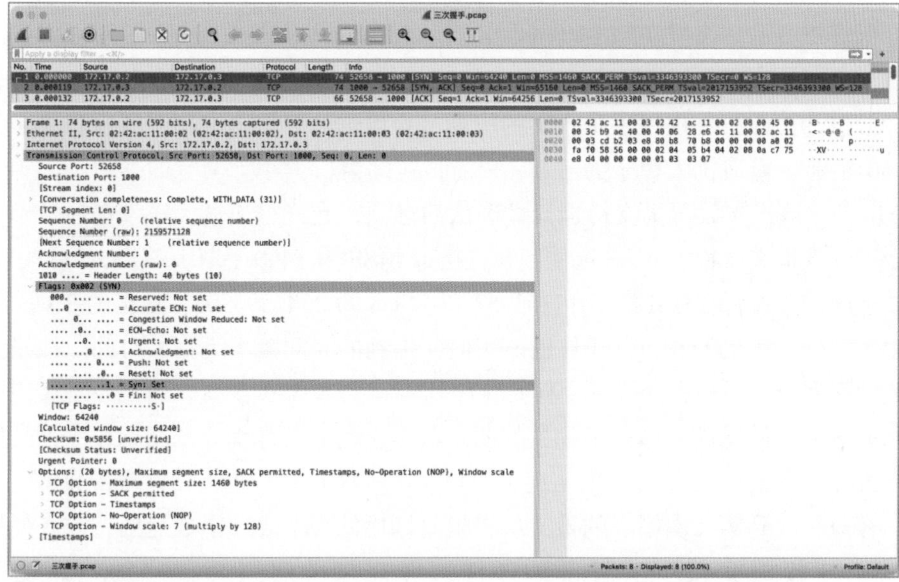

图 3-6

当服务端收到第一次握手的报文后会创建一个请求套接字（struct request_sock），并初始化它的状态为 SYN_RCVD，它是一个简化版的底层套接字（struct sock），然后将该请求套接字强制转换成底层套接字，最后将该底层套接字添加到一个全局 TCP 套接字哈希表集合（struct inet_hashinfo tcp_hashinfo）的哈希表 ehash（Endpoint Hash，端点哈希表）中，采用哈希表是为了查询效率高。哈希表 ehash 的键（Key）是底层套接字的源 IP 地址、源端口、目标 IP 地址和目标端口及一个随机数（每次内核启动后仅随机生成一次）的哈希值，哈希表 ehash 的值（Value）是底层套接字，这里的底层套接字是由前面的请求套接字强制转换而来的，这些底层套接字一起构成了一个我们常说的半连接队列。实际上半连接队列是哈希表 ehash 的一个子集，每个监听的底层套接字都有一个半连接队列。这个全局 TCP 套接字哈希表集合除了有哈希表 ehash，还有哈希表 bhash（Bind Hash，绑定哈希表）和哈希表 lhash2（Listener Hash2，第二个监听者哈希表）。

当前半连接队列长度受到内核参数 `net.ipv4.tcp_max_syn_backlog` 和全连接队列长度上限（sk_max_ack_backlog）等因素的限制，当超过限制时就会丢掉该 SYN 报文。

2. 第二次握手

第二次握手是服务端自动向客户端发送 SYN+ACK 报文，该报文的抓包结果如图 3-7 所示。该报文的 SYN 标志位和 ACK 标志位都被置为 1，前面提到当 ACK 标志位被置为 1 时，TCP 报文的确认号字段生效，并且指定了确认号为 2159571129，即第一次握手中报文的序列号字段加 1。该报文指定了窗口大小为 65160 字节，窗口扩大因子为 128（2^7），实际窗口大小为两者的乘积（约等于 7.9MB）。该报文设置了支持选择性确认的选项，允许客户端发送带选择性确认的选项。该报文设置了 MSS 选项，并且指定 MSS 为 1460 字节。该报文设置了时间戳选项，并设置 TSval 为 2017153952 和 TSecr 为 3346393300，这里的 TSecr 就是第一次握手中的 TSval，并且也证实前面提到的时间戳不是真实时间。该报文设置的序列号字段也存储了一个初始化序列号 s（659599428），可以发现客户端和服务端的初始化序列号是不相关的两个数字，稍后会详细介绍初始化序列号的生成过程。在没有开启 TFO 的情况下，该 SYN+ACK 报文也不允许携带数据。

客户端收到第二次握手的报文后将阻塞调用的 connect 函数返回，或者使监听这个连接的套接字上有可读事件。客户端的底层套接字的状态变为 ESTABLISHED。

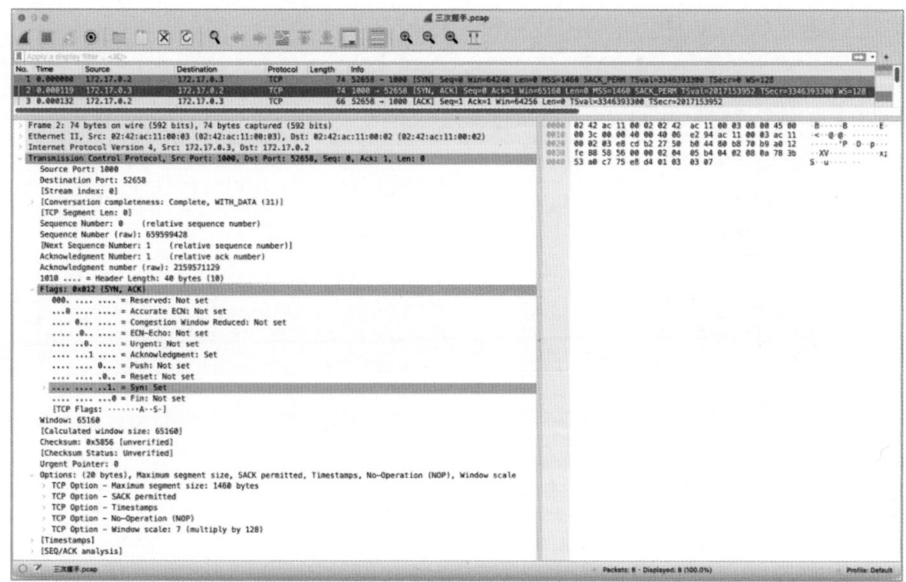

图 3-7

3. 第三次握手

第三次握手是客户端自动向服务端发送 ACK 报文，该报文的抓包结果如图 3-8 所示，该报文的 ACK 标志位被置为 1，该报文设置了确认号为 659599428，即第二次握手中报文的序列号字段加 1。该报文的序列号为 2159571129，这个序列号也是服务端期望的，说明虽然 SYN 报文没有携带数据，但是它占用 1 个序列号，而不携带数据的 ACK 报文不占用序列号。该报文设置了时间戳选项，并且在该选项前面额外添加了两个无操作选项，目的是使整个选项列表长度以 4 字节对齐。与前面两次握手不同，该 ACK 报文可以携带数据。

当服务端收到第三次握手的报文后，根据 ACK 报文的四元组信息从半连接队列中找到对应的请求套接字。首先依据该请求套接字的信息创建一个完整的底层套接字，然后将该底层套接字缓存到请求套接字中，接着将请求套接字放入全连接队列，最后服务端的底层套接字的状态变为 ESTABLISHED。全连接队列本质上是一个请求套接字类型的双向链表（icsk_accept_queue），每个监听的底层套接字上都有一个全连接队列。

服务端的应用程序每次调用 accept 函数都会从全连接队列中取出一个请求套接字，并为其中缓存的底层套接字创建一个关联的用户套接字，最后将用户套接字对应的文件描述符返回给上层应用程序。应用程序可以通过这个文件描述符与客户端进行数据通信。

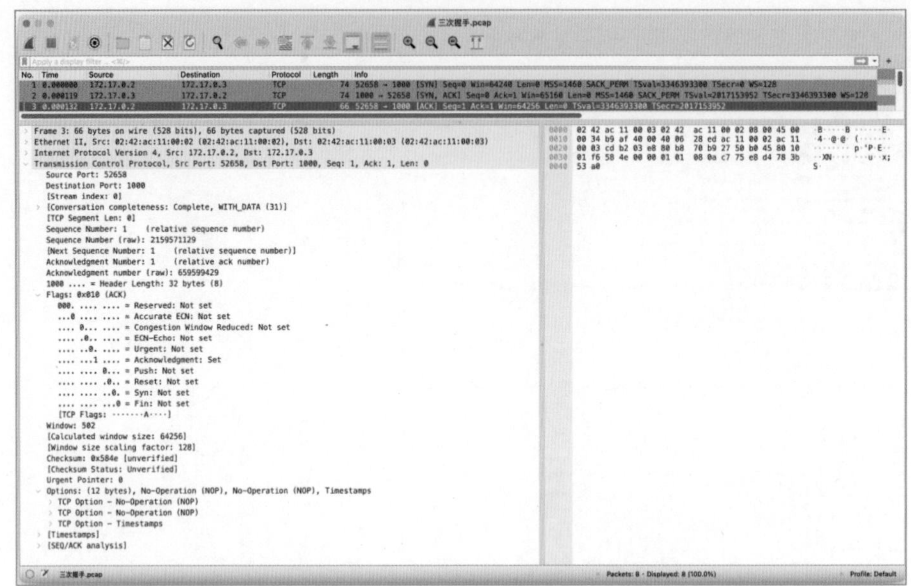

图 3-8

前面多次提到全连接队列长度上限是 sk_max_ack_backlog，如果应用程序进程没有尽快调用 accept 函数将请求套接字取走，则在建立大量连接的情况下导致该队列变满，进而丢掉第三次握手的报文。内核参数 `net.ipv4.tcp_abort_on_overflow` 用于控制服务端丢掉第三次握手的报文后做什么：0 表示丢掉第三次握手的报文后，底层套接字保持在 SYN_RECV 状态；1 表示丢掉第三次握手的报文后返回 RST 报文，并关闭该连接。

3.4.2 初始化序列号

上面的握手过程中提到 TCP 连接的双方各自在 SYN 报文中设置了一个随机生成的初始化序列号（ISN），作为后续过程中的 TCP 头部的序列号和确认序列号字段的初始值。

1. 初始化序列号的作用

（1）提高安全性：随机生成的初始化序列号可以提高连接的安全性，降低被恶意攻击的可能性。如果使用固定的序列号，则容易受到攻击，例如序列号遭到猜测或重放攻击。

（2）防止旧连接的干扰：防止旧连接的 TCP 报文干扰当前及后续相同四元组的连接，虽然目前 TCP 报文都携带时间戳选项，但是随机生成的初始化序列号多了一层防止干扰的保障。

2. 初始化序列号的生成算法

在 Linux 6.0 中，初始化序列号的生成算法如下：

$$\mathrm{ISN} = \mathrm{H}(\mathrm{Saddr}, \mathrm{Sport}, \mathrm{Daddr}, \mathrm{Dport}, \mathrm{RandomOnce}) + \mathrm{C}$$

算法解析如下：

（1）C 代表一个计数器（Counter），它每隔 64 纳秒加 1。对于 32 位的序列号，最多可以表示 2^{32} 个 64 纳秒，即每 274 秒 C 的值循环一次。

（2）H 代表一个哈希算法（Hash），根据源 IP 地址（Saddr）、源端口（Sport）、目标 IP 地址（Daddr）、目标端口（Dport）和一个仅随机生成一次的随机数（RandomOnce）生成一个哈希值。对于相同四元组的连接，H 计算出来的哈希值是固定的。

这一动一静的组合保证了每次建立连接时生成的初始化序列号基本上不可以被预测。由于序列号转一圈仅需 274 秒，因此可能造成前后两个相同四元组连接使用的序列号有重复的部分，但是前面也提到了 TCP 报文会携带时间戳选项，即使初始化序列号重复了也没有问题，除非旧连接的时间戳大于当前或后续连接的时间戳，这个概率比较低。

下面的 seq_scale 函数是计数器每隔 64 纳秒加 1 的源码实现，其中 seq 是 H 计算出来的哈希值。ktime_get_real_ns 函数会返回当前系统的时间（纳秒），右移 6 位相当于除以 64，即每 64 纳秒变化一次。

```
static u32 seq_scale(u32 seq) {
    /* 尽可能接近 RFC 793，该 RFC 建议使用 250kHz 的时钟，
     * 这是针对 2Mb/s 网络的。
     * 对于 10Mb/s 以太网，适当的时钟频率为 1MHz。
     * 对于 10Gb/s 以太网，1GHz 的时钟应该足够，但我们还需要限制分辨率，
     * 以使 u32 序列号不会在 MSL（2 分钟）内重叠超过一次。
     * 选择 64ns 周期的时钟是可以的（周期为 274s）。*/
    return seq + (ktime_get_real_ns() >> 6);
}
```

3.5 连接阶段

客户端和服务端经过握手过程成功建立连接后，双方表示连接的底层套接字

都处于 ESTABLISED 状态，这时双方就可以以全双工的方式互相发送数据报文了。这里要强调一点的是，服务端准备阶段调用 listen 函数的那个套接字还是处于 LISTEN 状态，服务端用来发送数据的套接字是服务端调用 accept 函数返回的一个与客户端实际关联的套接字，例如，下面的输出结果中第一个套接字是服务端监听的套接字，第二个套接字是服务端调用 accept 函数返回的与客户端通信的套接字，第三个套接字是客户端发起连接的套接字。

```
$ netstat -anpt
Active Internet connections (servers and established)
Proto Recv-Q Send-Q Local Address      Foreign Address    State        PID/Program name
tcp        0      0 0.0.0.0:20001      0.0.0.0:*          LISTEN       100/./server
tcp        0      0 127.0.0.1:20001    127.0.0.1:10001    ESTABLISHED  100/./server
tcp        0      0 127.0.0.1:10001    127.0.0.1:20001    ESTABLISHED  200/./client
```

本节主要介绍保证 TCP 可靠传输的一些机制。流量控制和拥塞控制的内容相对独立，后面单独介绍。

3.5.1 重传机制

1. 超时重传

发送方发送完 TCP 报文后，如果发送方收到了 ACK 报文，那么就知道对方成功收到了 ACK 报文中确认号之前的数据报文。但是如何确定对方没有收到数据报文呢？自然想到的就是启用一个计时器，当计时器超时后，就可以认为对方没有收到数据报文，即该数据报文丢失了。当这个计时器超时后重传本方认为丢失的数据报文即可，这就是超时重传机制。

前面握手阶段中介绍的 SYN 报文和稍后挥手阶段中介绍的 FIN 报文超时后都会触发超时重传，而双方建立好连接后，发送的数据报文也需要对方返回 ACK 报文进行确认，数据报文丢失后也会通过触发超时重传机制来保证数据的可靠传输。

内核参数 net.ipv4.tcp_retries2 决定了 TCP 数据报文最大重传次数，查看该内核参数的命令如下：

```
$ sysctl net.ipv4.tcp_retries2
net.ipv4.tcp_retries2 = 15
```

数据报文每次超时重传的时间也是指数回退的，但它有最短时间为 200 毫秒和最长时间为 120 秒的限制，即 net.ipv4.tcp_retries2 参数配置再大，超时时间增长到 120 秒后就不变了。Linux 中最大值和最小值的定义如下：

```
#define TCP_RTO_MAX ((unsigned)(120*HZ)) # 1Hz 等于 1 秒
#define TCP_RTO_MIN ((unsigned)(HZ/5))
```

第一次超时重传时间由基础 RTO（Retransmission TimeOut）决定，它是后面每次超时重传时间翻倍的基石，根据 RTT 动态调整，确保在不同网络条件下 TCP 连接能够适应不同的延迟和丢包情况。

下面分别介绍 RTT 和 RTO 的计算方法。

1）RTT 的计算方法

RTT 是数据报文从发送方传送到接收方再将 ACK 报文返回给发送方所经历的时间。可以通过以下步骤计算：

（1）当发送方发送数据时，将发送时间记录在 TCP 报文头部的时间戳选项的 TSval 字段（发送时刻，t1）中。当接收方收到报文后，将前面的 TSval 字段赋值给返回的 ACK 报文中的时间戳选项的 TSecr 字段。

（2）当发送方收到对应数据的 ACK 报文后，记录接收 ACK 报文的时间戳（接收时刻，t2），读取 ACK 报文中的时间戳选项的 TSecr 字段。

（3）RTT=t2–t1。

这个 RTT 可能会在传输过程中波动，因此可以进行平滑处理，以获取更稳定的 RTT 值，SRTT为平滑 RTT，MRTT是最近一次计算的 RTT。计算公式如下：

$$\text{SRTT(new)} = (1 - \alpha) \times \text{SRTT(old)} + \alpha \times \text{MRTT}$$

2）RTO 的计算方法

在 Linux 内核中，TCP 的 RTO 计算方法基于 Van Jacobson 算法。该算法旨在动态地调整 RTO，以适应网络条件的变化。以下是 Linux 内核中 RTO 的计算方法的主要步骤：

（1）计算 SRTT。通过上面的公式计算 SRTT。在 Linux 中α等于1/8。

$$\text{SRTT(new)} = 7/8 \times \text{SRTT(old)} + 1/8 \times \text{MRTT}$$

（2）计算平滑偏差DRTT（Deviation RTT）。所谓偏差就是最近一次计算的 MRTT 与之前平滑SRTT的差值。

$$\text{DRTT(new)} = 3/4 \times \text{DRTT(old)} + 1/4 \times |\text{SRTT(old)} - \text{MRTT}|$$

（3）更新RTO。根据计算得到的最新的平滑 SRTT 和最新的平滑偏差DRTT

更新 RTO 的值，可见 RTO 要略大于平滑 RTT。

$$RTO = SRTT(new) + 4 \times DRTT(new)$$

Linux 内核中的 tcp_rtt_estimator 函数实现了 Van Jacobson 算法的上半部分，即平滑 SRTT 和平滑偏差 DRTT 的计算，如代码清单 3-2 所示。为了更好地理解代码清单 3-2，首先要知道 `srtt_us` 变量实际上是 8 倍的平滑 SRTT，其次要知道 `mdev_us` 变量实际上是 4 倍的平滑偏差 DRTT，这就是内核代码比较难读懂的原因，为了代码高效内核实现了很多隐藏的逻辑。

Linux 内核中的 tcp_set_rto 函数实现了 Van Jacobson 算法的下半部分，即更新 RTO，如代码清单 3-3 所示。

2. 快速重传

快速重传（Fast Retransmission）是一种优化超时重传的机制，用于更快地检测和重传丢失的数据报文，降低传输延时，提高传输性能。当发送方连续收到三个冗余确认号字段相同的 ACK 报文时，它会认为该确认号之后发送的数据报文接收方没有收到，至于是不是丢了还不确定，因为这时还没有触发超时重传，然后立即重传这些报文。图 3-9 展示了一个快速重传的例子。

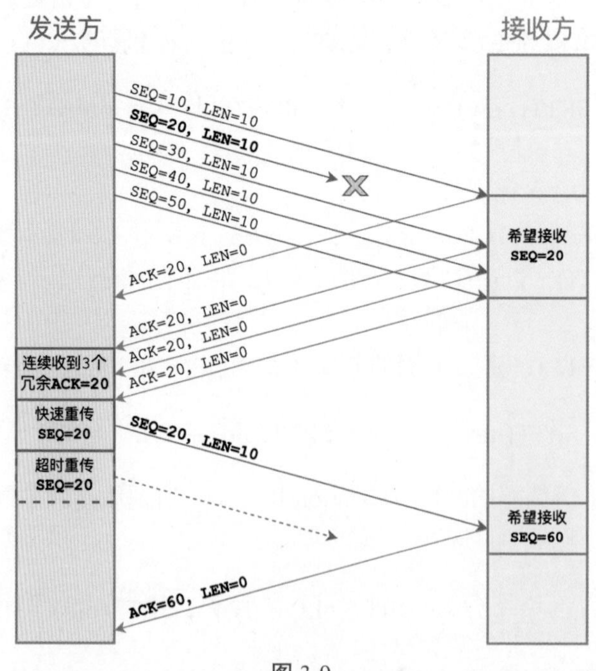

图 3-9

3.5.2　确认机制

1. 选择性确认

选择性确认（SACK）是一种 TCP 拓展机制，我们在介绍 TCP 的相关选项时，提到过有两个 SACK 相关的选项，一个是 SACK Permitted 选项，另一个是 SACK 选项。

如果双方想要使用 SACK 机制，那么 TCP 首先在握手阶段的 SYN 报文头部添加 SACK Permitted 类型的选项来告知对方本方支持 SACK 机制，否则将退回到传统的确认机制。SACK 机制由内核参数 `net.ipv4.tcp_sack` 控制，其默认值是 1，即开启 SACK 机制，0 表示关闭。

```
$ sysctl net.ipv4.tcp_sack
net.ipv4.tcp_sack = 1
```

然后 TCP 在连接阶段的 ACK 报文中添加 SACK 选项，告知发送方哪些数据报文已经到达和哪些数据报文已经丢失，发送方仅重传丢失的数据报文即可，减少了不必要重传对带宽资源的浪费，以及提高了 TCP 对丢失数据报文的恢复能力。

SACK 选项包含一个或多个 SACK 块，每个块指定了成功接收的一个数据块。每个数据块由其左右边界组成，表示成功接收的字节范围。这提供了更细粒度的确认方式，帮助发送方更精确地了解哪些数据报文需要重传，同时避免了不必要的重传。

图 3-10 是在图 3-9 的基础上采用 SACK 扩展而来的例子。

2. 延迟确认

延迟确认（Delayed ACK）是 TCP 中的一种优化机制，默认情况下是开启的。一个不携带数据的 ACK 报文的有效负载等于确认号字段长度（4 字节）与 IP 头部和 TCP 头部长度之和（40 字节）的比值，即 10%，传输效率低下。因此延迟确认机制允许接收方在一段时间（通常为 200ms）内合并多个 ACK 报文或者数据报文，以减少网络上的小型 TCP 报文的数量，提高网络利用率。然而，延迟确认机制可能导致一些问题，特别是在某些实时性要求高的应用中，因为它引入了一定的延迟，并且会导致 RTT 偏大。

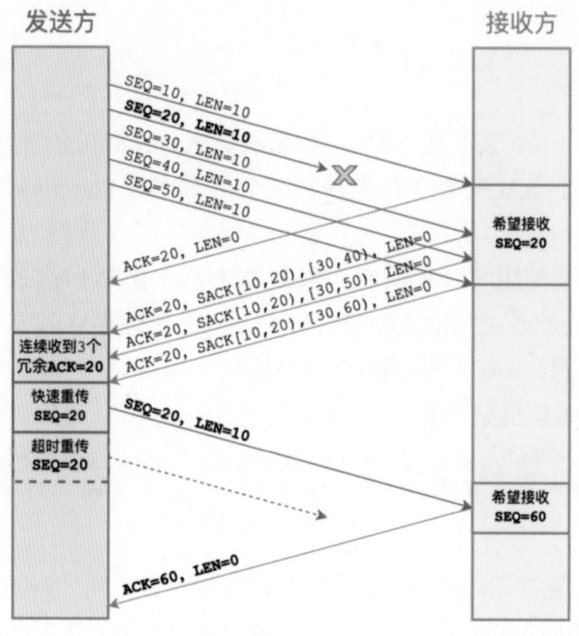

图 3-10

3.5.3 乱序恢复机制

TCP 保证数据流是有序的，但其底层是 IP 报文，由于网络拥塞导致先发的数据报文后到，或者由于报文丢失导致超时重传，最终都会造成数据报文乱序。内核为每个 TCP 连接维护了一个乱序恢复队列 out_of_order_queue，其本质上是一个使用序列号排序的红黑树。当收到的报文序列号不是接收方期望的序列号（RCV.NXT）时，会将该报文存入这个乱序恢复队列。当处理完期望序列号的报文后，再判断乱序恢复队列中是否有正好是下一个期望的数据报文。如果有，那么直接将该报文存入接收队列（sk_receive_queue），然后继续判断直到序列号不是期望的。这样在保证数据顺序的同时提升了性能，因为不需要客户端重传之前发送的数据报文了。

```
struct tcp_sock {
    struct rb_root  out_of_order_queue; /* TCP 乱序恢复队列 */
};
```

将乱序 TCP 报文添加到乱序恢复队列中的函数是 tcp_data_queue_ofo。而从乱序恢复队列中恢复一个或多个 TCP 报文的函数是 tcp_ofo_queue。

这里要强调一点的是，FIN 报文也有可能出现在乱序恢复队列中，因为它占用一个序列号，有序列号就需要排队。当把 FIN 报文从乱序恢复队列中取出来后会调用 tcp_fin 函数，该函数会清空乱序恢复队列，丢掉 FIN 报文之后的数据报文。因为既然收到了 FIN 报文，就说明对方关闭了发送方向，FIN 报文之后的数据报文就不应该被接收。然而通常情况下，SYN 报文不会出现在乱序恢复队列中，这是因为 SYN 报文是双方发送的第一个报文，并且只有建立成功连接后才会发送数据报文，因此不会出现数据报文跑到 SYN 报文前面的情况。

图 3-11 展示了乱序恢复队列的处理过程。

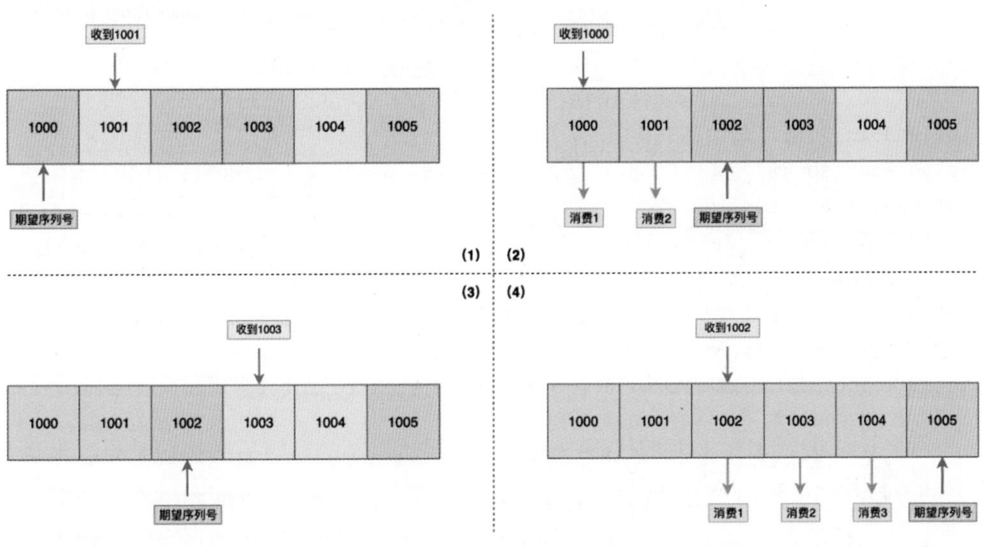

图 3-11

3.5.4 保活机制

TCP 的保活机制通过在空闲连接上定期发送探活报文（Keep-Alive）来检测连接是否仍然存活。这有助于及早检测到连接的断开，并采取相应的措施。在 Linux 中该机制默认是开启的。控制保活机制的内核参数可以通过下面的命令查看：

```
$ sysctl -a | grep tcp_keepalive
net.ipv4.tcp_keepalive_intvl = 15 # 探活时间间隔：每 15 秒探活一次
net.ipv4.tcp_keepalive_probes = 5 # 探活次数：最多探活 5 次
net.ipv4.tcp_keepalive_time = 300 # 保活时间：没有活动 300 秒后，激活保活机制
```

上面是在笔者的计算机上输出的结果，这是经过修改的一组参数。这组参数

的含义是，如果在 300 秒内连接上没有任何数据传输，那么激活保活机制，每 15 秒发送一个探活报文。如果收到正常的探活响应报文，则重置保活时间，并停止探活。

如果连续发送了 5 个探活报文都没有收到探活响应报文，那么可以判定该 TCP 连接已经失效，内核将错误信息通知本端的 TCP 连接对应的套接字，套接字上会有异常事件，应用程序获得异常事件后会关闭该连接。发生这种情况的原因可能是对端主机宕机或者网络不通。

除了配置内核参数的方式，还可以通过设置套接字的 TCP_KEEPIDLE、TCP_KEEPCNT 和 TCP_ KEEPINTVL 选项来自定义上面保活机制使用的三个参数，但前提是套接字开启了 SO_KEEPALIVE 选项，示例如下：

```
int enable = 1; /* 开启 TCP 保活机制 */
setsockopt(sockfd, SOL_SOCKET, SO_KEEPALIVE, &enable, sizeof(enable));
int keepidle = 30; /* 设置保活时间为 30 秒 */
setsockopt(sockfd, IPPROTO_TCP, TCP_KEEPIDLE, &keepidle, sizeof(keepidle));
int keepcnt = 3; /* 设置发送探活报文的次数为 3 次 */
setsockopt(sockfd, IPPROTO_TCP, TCP_KEEPCNT, &keepcnt, sizeof(keepcnt));
int keepintvl = 5; /* 设置探活之间的时间间隔为 5 秒 */
setsockopt(sockfd,  IPPROTO_TCP,  TCP_KEEPINTVL,&keepintvl,sizeof(keepintvl));
```

图 3-12 展示了在上面的代码中设置一组保活机制的参数后的抓包结果，发送方的连接在 30 秒内没有活动后开始发送探活报文，每隔 5 秒探测一次，一共探测 3 次（不算第一次探测）。最后因为接收方没有返回探测应答报文，所以发送方发送 RST 报文关闭了连接。

No.	Time	Source	Destination	Protocol	Length	Info
1	0.000000	127.0.0.1	127.0.0.1	TCP	76	10000 → 20000 [SYN] Seq=0 Win=65495 Len=0 MSS=65495 SACK_PERM TSval=2694380609 TSecr=0 WS=128
2	0.000009	127.0.0.1	127.0.0.1	TCP	76	20000 → 10000 [SYN, ACK] Seq=0 Ack=1 Win=65483 Len=0 MSS=65495 SACK_PERM TSval=2694380609 TSecr=2694380609 WS=128
3	0.000017	127.0.0.1	127.0.0.1	TCP	68	10000 → 20000 [ACK] Seq=1 Ack=1 Win=65536 Len=0 TSval=2694380609 TSecr=2694380609
4	0.000082	127.0.0.1	127.0.0.1	TCP	1068	10000 → 20000 [PSH, ACK] Seq=1 Ack=1 Win=65536 Len=1000 TSval=2694380609 TSecr=2694380609
5	0.000085	127.0.0.1	127.0.0.1	TCP	68	20000 → 10000 [ACK] Seq=1 Ack=1001 Win=64512 Len=0 TSval=2694380609 TSecr=2694380609
6	30.299981	127.0.0.1	127.0.0.1	TCP	68	[TCP Keep-Alive] 10000 → 20000 [ACK] Seq=1000 Ack=1 Win=65536 Len=0 TSval=2694410932 TSecr=2694380609
7	30.300002	127.0.0.1	127.0.0.1	TCP	68	[TCP Window Update] 20000 → 10000 [ACK] Seq=1 Ack=1001 Win=65536 Len=0 TSval=2694410932 TSecr=2694380609
8	60.488031	127.0.0.1	127.0.0.1	TCP	68	[TCP Keep-Alive] 10000 → 20000 [ACK] Seq=1000 Ack=1 Win=65536 Len=0 TSval=2694441142 TSecr=2694410932
9	65.608330	127.0.0.1	127.0.0.1	TCP	68	[TCP Keep-Alive] 10000 → 20000 [ACK] Seq=1000 Ack=1 Win=65536 Len=0 TSval=2694446262 TSecr=2694410932
	70.728183	127.0.0.1	127.0.0.1	TCP	68	[TCP Keep-Alive] 10000 → 20000 [ACK] Seq=1000 Ack=1 Win=65536 Len=0 TSval=2694451382 TSecr=2694410932
	75.849258	127.0.0.1	127.0.0.1	TCP	68	10000 → 20000 [RST, ACK] Seq=1001 Ack=1 Win=65536 Len=0 TSval=2694456503 TSecr=2694410932

图 3-12

上面的实验在三次握手后执行了下面的命令，通过阻止端口 20000 接收任何数据来模拟数据包的丢失，即发送探测报文的一方一直收不到探测应答报文：

```
$ iptables -A INPUT -p tcp --dport 20000 -j DROP
```

使用下面的命令将上面的规则删除，否则端口 20000 永远收不到 TCP 数据：

```
$ iptables -D INPUT 1 # 这里的 1 是规则序号
```

3.6 流量控制

3.6.1 滑动窗口

滑动窗口是一种流量控制机制，发送方和接收方各自维护一个窗口，窗口在网络通信中可以沿着序列号滑动。由于 TCP 是全双工的，因此连接的双方都有一个接收窗口和一个发送窗口。

1. 接收窗口

接收窗口表示还可以接收的数据字节数。接收方根据自身处理能力和缓存区状态动态调整窗口的大小。如果接收方的缓存区快满了，那么它会减小窗口的大小，从而降低发送方的发送速率。

接收方某一时刻的接收窗口如图 3-13 所示，它由下面 3 个区域组成：

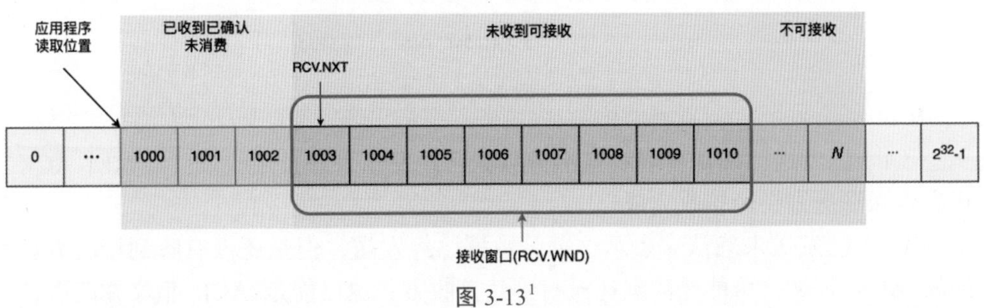

图 3-13[1]

（1）已收到已确认：表示这部分数据已经被接收方接收并且已经发送了 ACK 报文告知发送方已经收到。这部分数据的开始位置是应用程序读取的位置，也就是说，该区域中的数据都还没有被应用程序取走并消费。

（2）未收到可接收：表示该区域可以存放将来收到的数据。变量 RCV.NXT（Receive Next）表示期望即将接收的第一个字节在 TCP 连接上的序列号，它是 TCP 头部中的确认号字段的数据来源。变量 RCV.WND（Receive Window）表示该区域的大小，也就是接收窗口的大小，用来告知对方，本方愿

1 参考 The TCP/IP Guide 官方文档

意一次性从对方接收的字节数，通常是为此连接分配用于接收数据的缓存区大小。

（3）不可接收：这部分数据的序列号已经超出了接收缓存区的范围，所以不在接收窗口内。变量 RCV.NXT 与变量 RCV.WND 之和就是该区域的首字节在 TCP 连接上的序列号。

这 3 个区域不一定同时存在，都是动态变化的，但接收窗口受到接收缓存区大小的限制。

2. 发送窗口

发送窗口表示在不进行确认的情况下可以发送的数据字节数。接收方维护接收窗口的大小，通过 TCP 头部中的窗口字段告知发送方可以发送多少字节的数据。发送方根据收到的接收窗口大小动态地调整发送窗口大小。

发送方某一时刻的发送窗口如图 3-14 所示，它由下面 4 个区域组成：

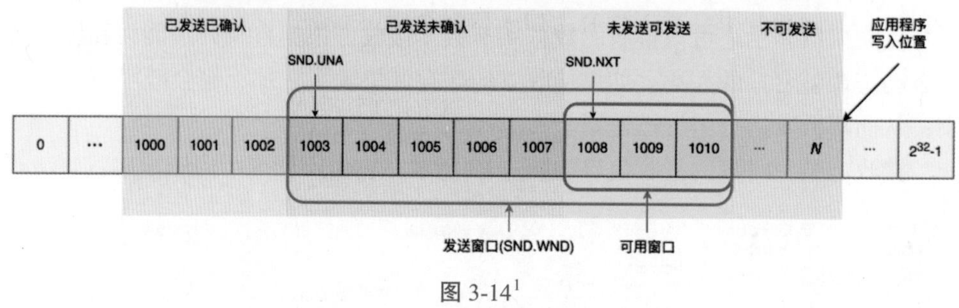

图 3-14[1]

（1）已发送已确认：表示这部分数据已经发送，并且接收方已经返回 ACK 报文告知发送方已经接收完成。

（2）已发送未确认：表示这部分数据已经发送，但是还没有收到接收方返回的 ACK 报文，可能是数据还没有到达接收方，也可能是 ACK 报文在路上，还可能是数据丢失或被阻塞。变量 SND.UNA（Send Unacknowledged）表示该区域的首字节在 TCP 连接上的序列号。

（3）未发送可发送：表示这部分数据可以发送，但是还没有发送，接收方有空间接收这部分数据，因此该区域的大小也被称为可用窗口。变量 SND.NXT（Send Next）表示该区域的首字节在 TCP 连接上的序列号。这部分与已经发送未确认部分之和就是发送窗口大小，用变量 SND.WND（Send Window）表示它。

（4）不可发送：表示这部分数据在发送窗口之外，是被限制发送的部分。变量 SND.UNA 与变量 SND.WND 之和就是该区域的首字节在 TCP 连接上的序列号。

1 参考 The TCP/IP Guide 官方文档

与接收窗口一样，这 4 个区域也不一定同时存在，也都是动态变化的，但发送窗口受到发送缓存区和对方接收窗口，以及稍后介绍的拥塞窗口的三重限制。

在 TCP 中，滑动窗口机制用于实现可靠的、有序的数据传输，以及流量控制，确保发送方和接收方之间的数据传输能够适应网络的变化。这有助于提高网络的性能和效率。

3.6.2 流量控制过程

流量控制就是一种接收方将接收窗口通过消息告知发送方来更新发送窗口的机制。流量控制用于确保发送方不会以高于接收方处理速度的速率发送数据，从而避免网络拥塞和丢包。图 3-13 和图 3-14 中的接收窗口等于发送窗口，虽然发送窗口受到接收窗口的影响，但是两个窗口分别在对端、中间有传输延时，接收窗口的改变不会立刻修改发送窗口。所以它们两个的大小动态相等，但未必实时相等。

图 3-15 是一个简单的流量控制的例子。为了方便读者理解，假设只有客户端给服务端发送数据，服务端返回 ACK 报文进行确认。

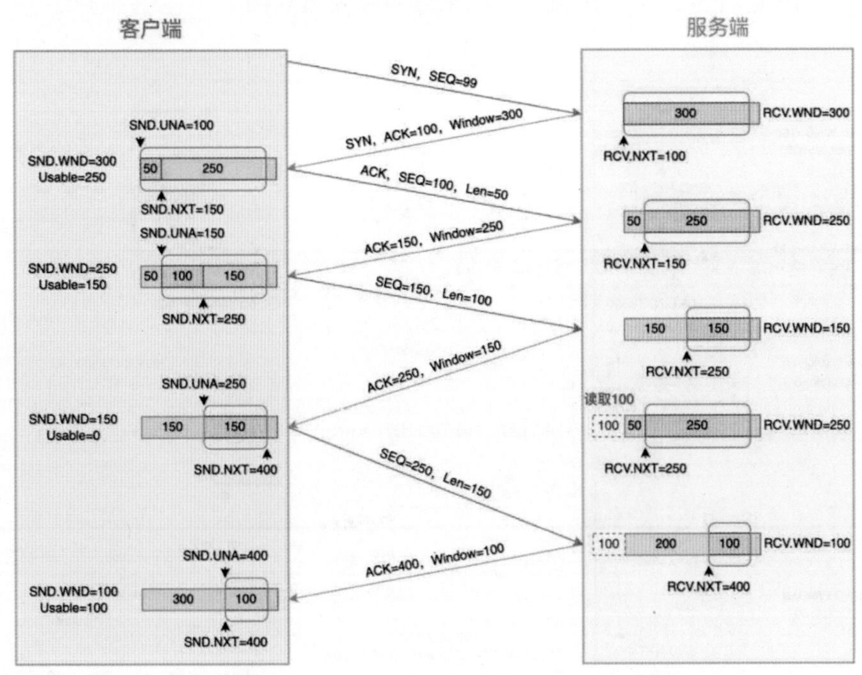

图 3-15[1]

1 参考 The TCP/IP Guide 官方文档

这个例子展示了流量控制的通常情况，以及客户端的发送窗口和服务端的接收窗口大小不一致的情况。

3.6.3 零窗口

当接收方处理速度变慢时会导致接收缓存区变满，进而导致接收窗口变成 0，那么发送方收到接收窗口为 0 的 ACK 报文后，也会修改发送窗口为 0，发送方不可以再发送数据，这就是零窗口（Zero Window）。

当出现零窗口时，为了避免接收方发送的更新非零窗口的 ACK 报文丢失导致双方永远互相等待下去的情况，发送方会定时向接收方发送零窗口探测（Zero Window Probe，ZWP）报文，发送方通常采用指数回退的方式多次询问接收方的接收窗口，与数据报文重传方式类似，但是经过笔者测试，发送方会一直询问接收窗口是否变成了非零窗口（最长的一次测试运行了 4 个多小时）。如果接收方返回的 ACK 报文中窗口字段大于 0，那么说明接收方可以接收数据了，发送方可以继续发送数据报文。

图 3-16 是图 3-15 的后续流程，用来展示零窗口的例子。

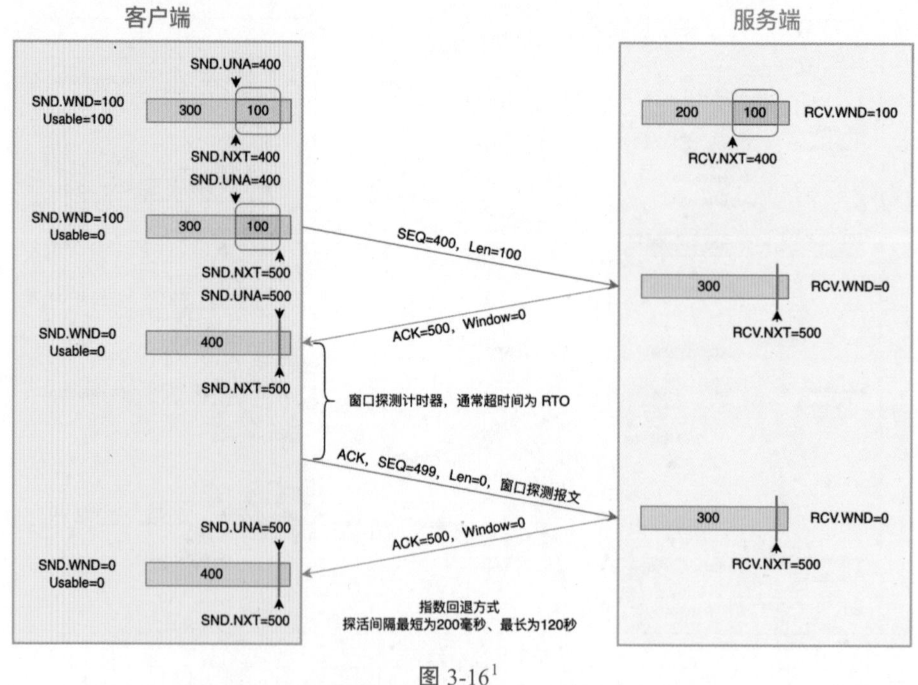

图 3-16[1]

1 参考 The TCP/IP Guide 官方文档

图 3-17 是笔者的虚拟机（Linux 6.5.6）上一次零窗口探测过程的抓包结果，ZWP 报文实际上就是探活报文，一共探测了 19 次，探测次数不是固定的，测试程序运行时间越长，探测次数越多，开始间隔时间为 200 毫秒，后面最大间隔时间持续在 120 秒。

No.	Time	Source	Destination	Protocol	Length	Info
1	0.000000	127.0.0.1	127.0.0.1	TCP	76	10001 → 20001 [SYN] Seq=0 Win=65495 Len=0 MSS=65495 SACK_PERM TSval=2683934395 TSecr=0 WS=128
2	0.000069	127.0.0.1	127.0.0.1	TCP	76	20001 → 10001 [SYN, ACK] Seq=0 Ack=1 Win=65483 Len=0 MSS=65495 SACK_PERM TSval=2683934395 TSecr=2683934395 WS=128
3	0.000149	127.0.0.1	127.0.0.1	TCP	68	10001 → 20001 [ACK] Seq=1 Ack=1 Win=65536 Len=0 TSval=2683934395 TSecr=2683934395
4	0.002153	127.0.0.1	127.0.0.1	TCP	32809	10001 → 20001 [ACK] Seq=1 Ack=1 Win=65536 Len=32741 TSval=2683934397 TSecr=2683934395
5	0.002158	127.0.0.1	127.0.0.1	TCP	68	20001 → 10001 [ACK] Seq=1 Ack=32742 Win=48640 Len=0 TSval=2683934397 TSecr=2683934397
6	0.002258	127.0.0.1	127.0.0.1	TCP	17327	10001 → 20001 [PSH, ACK] Seq=32742 Ack=1 Win=65536 Len=17259 TSval=2683934397 TSecr=2683934395
7	0.042896	127.0.0.1	127.0.0.1	TCP	68	20001 → 10001 [ACK] Seq=1 Ack=50001 Win=39296 Len=0 TSval=2683934438 TSecr=2683934397
8	0.103065	127.0.0.1	127.0.0.1	TCP	32809	10001 → 20001 [ACK] Seq=50001 Ack=1 Win=65536 Len=32741 TSval=2683934498 TSecr=2683934438
9	0.144795	127.0.0.1	127.0.0.1	TCP	68	20001 → 10001 [ACK] Seq=1 Ack=82742 Win=6656 Len=0 TSval=2683934539 TSecr=2683934498
	0.363480	127.0.0.1	127.0.0.1	TCP	6724	[TCP Window Full] 10001 → 20001 [PSH, ACK] Seq=82742 Ack=1 Win=65536 Len=6656 TSval=2683934758 TSecr=2683934539
	0.363490	127.0.0.1	127.0.0.1	TCP	68	[TCP ZeroWindow] 20001 → 10001 [ACK] Seq=1 Ack=89398 Win=0 Len=0 TSval=2683934758 TSecr=2683934758
	0.576949	127.0.0.1	127.0.0.1	TCP	68	[TCP Keep-Alive] 10001 → 20001 [ACK] Seq=89397 Ack=1 Win=65536 Len=0 TSval=2683934972 TSecr=2683934758
	0.576956	127.0.0.1	127.0.0.1	TCP	68	[TCP ZeroWindow] 20001 → 10001 [ACK] Seq=1 Ack=89398 Win=0 Len=0 TSval=2683934972 TSecr=2683934758
	1.002346	127.0.0.1	127.0.0.1	TCP	68	[TCP Keep-Alive] 10001 → 20001 [ACK] Seq=89397 Ack=1 Win=65536 Len=0 TSval=2683935397 TSecr=2683934972
	1.849816	127.0.0.1	127.0.0.1	TCP	68	[TCP Keep-Alive] 10001 → 20001 [ACK] Seq=89397 Ack=1 Win=65536 Len=0 TSval=2683936244 TSecr=2683934972
	1.849826	127.0.0.1	127.0.0.1	TCP	68	[TCP ZeroWindow] 20001 → 10001 [ACK] Seq=1 Ack=89398 Win=0 Len=0 TSval=2683936244 TSecr=2683934758
	3.576850	127.0.0.1	127.0.0.1	TCP	68	[TCP Keep-Alive] 10001 → 20001 [ACK] Seq=89397 Ack=1 Win=65536 Len=0 TSval=2683937971 TSecr=2683936244
	3.576858	127.0.0.1	127.0.0.1	TCP	68	[TCP ZeroWindow] 20001 → 10001 [ACK] Seq=1 Ack=89398 Win=0 Len=0 TSval=2683937972 TSecr=2683934758
	6.970598	127.0.0.1	127.0.0.1	TCP	68	[TCP Keep-Alive] 10001 → 20001 [ACK] Seq=89397 Ack=1 Win=65536 Len=0 TSval=2683941364 TSecr=2683937972
	6.970613	127.0.0.1	127.0.0.1	TCP	68	[TCP ZeroWindow] 20001 → 10001 [ACK] Seq=1 Ack=89398 Win=0 Len=0 TSval=2683941365 TSecr=2683934758
	13.817692	127.0.0.1	127.0.0.1	TCP	68	[TCP Keep-Alive] 10001 → 20001 [ACK] Seq=89397 Ack=1 Win=65536 Len=0 TSval=2683948212 TSecr=2683941365
	13.817709	127.0.0.1	127.0.0.1	TCP	68	[TCP ZeroWindow] 20001 → 10001 [ACK] Seq=1 Ack=89398 Win=0 Len=0 TSval=2683948212 TSecr=2683934758
	27.621112	127.0.0.1	127.0.0.1	TCP	68	[TCP Keep-Alive] 10001 → 20001 [ACK] Seq=89397 Ack=1 Win=65536 Len=0 TSval=2683962038 TSecr=2683948212
	27.621127	127.0.0.1	127.0.0.1	TCP	68	[TCP ZeroWindow] 20001 → 10001 [ACK] Seq=1 Ack=89398 Win=0 Len=0 TSval=2683962038 TSecr=2683934758
	54.734980	127.0.0.1	127.0.0.1	TCP	68	[TCP Keep-Alive] 10001 → 20001 [ACK] Seq=89397 Ack=1 Win=65536 Len=0 TSval=2683989173 TSecr=2683962038
	54.734995	127.0.0.1	127.0.0.1	TCP	68	[TCP ZeroWindow] 20001 → 10001 [ACK] Seq=1 Ack=89398 Win=0 Len=0 TSval=2683989173 TSecr=2683934758
	111.013433	127.0.0.1	127.0.0.1	TCP	68	[TCP Keep-Alive] 10001 → 20001 [ACK] Seq=89397 Ack=1 Win=65536 Len=0 TSval=2684045495 TSecr=2683989173
	111.013443	127.0.0.1	127.0.0.1	TCP	68	[TCP ZeroWindow] 20001 → 10001 [ACK] Seq=1 Ack=89398 Win=0 Len=0 TSval=2684045495 TSecr=2683934758
	221.539091	127.0.0.1	127.0.0.1	TCP	68	[TCP Keep-Alive] 10001 → 20001 [ACK] Seq=89397 Ack=1 Win=65536 Len=0 TSval=2684156086 TSecr=2684045495
	221.539102	127.0.0.1	127.0.0.1	TCP	68	[TCP ZeroWindow] 20001 → 10001 [ACK] Seq=1 Ack=89398 Win=0 Len=0 TSval=2684156086 TSecr=2683934758
	344.330614	127.0.0.1	127.0.0.1	TCP	68	[TCP Keep-Alive] 10001 → 20001 [ACK] Seq=89397 Ack=1 Win=65536 Len=0 TSval=2684278965 TSecr=2684156086
	344.330626	127.0.0.1	127.0.0.1	TCP	68	[TCP ZeroWindow] 20001 → 10001 [ACK] Seq=1 Ack=89398 Win=0 Len=0 TSval=2684278965 TSecr=2683934758
	467.124217	127.0.0.1	127.0.0.1	TCP	68	[TCP Keep-Alive] 10001 → 20001 [ACK] Seq=89397 Ack=1 Win=65536 Len=0 TSval=2684401846 TSecr=2684278965
	467.124225	127.0.0.1	127.0.0.1	TCP	68	[TCP ZeroWindow] 20001 → 10001 [ACK] Seq=1 Ack=89398 Win=0 Len=0 TSval=2684401846 TSecr=2683934758
	589.998829	127.0.0.1	127.0.0.1	TCP	68	[TCP Keep-Alive] 10001 → 20001 [ACK] Seq=89397 Ack=1 Win=65536 Len=0 TSval=2684524724 TSecr=2684401846
	589.998844	127.0.0.1	127.0.0.1	TCP	68	[TCP ZeroWindow] 20001 → 10001 [ACK] Seq=1 Ack=89398 Win=0 Len=0 TSval=2684524724 TSecr=2683934758
	712.794605	127.0.0.1	127.0.0.1	TCP	68	[TCP Keep-Alive] 10001 → 20001 [ACK] Seq=89397 Ack=1 Win=65536 Len=0 TSval=2684647605 TSecr=2684524724
	712.794614	127.0.0.1	127.0.0.1	TCP	68	[TCP ZeroWindow] 20001 → 10001 [ACK] Seq=1 Ack=89398 Win=0 Len=0 TSval=2684647605 TSecr=2683934758
	835.589487	127.0.0.1	127.0.0.1	TCP	68	[TCP Keep-Alive] 10001 → 20001 [ACK] Seq=89397 Ack=1 Win=65536 Len=0 TSval=2684770485 TSecr=2684647605
	835.589502	127.0.0.1	127.0.0.1	TCP	68	[TCP ZeroWindow] 20001 → 10001 [ACK] Seq=1 Ack=89398 Win=0 Len=0 TSval=2684770485 TSecr=2683934758
	958.387340	127.0.0.1	127.0.0.1	TCP	68	[TCP Keep-Alive] 10001 → 20001 [ACK] Seq=89397 Ack=1 Win=65536 Len=0 TSval=2684893368 TSecr=2684770485
	958.387351	127.0.0.1	127.0.0.1	TCP	68	[TCP ZeroWindow] 20001 → 10001 [ACK] Seq=1 Ack=89398 Win=0 Len=0 TSval=2684893368 TSecr=2683934758
	1081.181846	127.0.0.1	127.0.0.1	TCP	68	[TCP Keep-Alive] 10001 → 20001 [ACK] Seq=89397 Ack=1 Win=65536 Len=0 TSval=2685016247 TSecr=2684893368
	1081.181862	127.0.0.1	127.0.0.1	TCP	68	[TCP ZeroWindow] 20001 → 10001 [ACK] Seq=1 Ack=89398 Win=0 Len=0 TSval=2685016247 TSecr=2683934758
	1203.973691	127.0.0.1	127.0.0.1	TCP	68	[TCP Keep-Alive] 10001 → 20001 [ACK] Seq=89397 Ack=1 Win=65536 Len=0 TSval=2685139124 TSecr=2685016247
	1203.973699	127.0.0.1	127.0.0.1	TCP	68	[TCP ZeroWindow] 20001 → 10001 [ACK] Seq=1 Ack=89398 Win=0 Len=0 TSval=2685139124 TSecr=2683934758
	1326.770509	127.0.0.1	127.0.0.1	TCP	68	[TCP Keep-Alive] 10001 → 20001 [ACK] Seq=89397 Ack=1 Win=65536 Len=0 TSval=2685262006 TSecr=2685139124
	1326.770524	127.0.0.1	127.0.0.1	TCP	68	[TCP ZeroWindow] 20001 → 10001 [ACK] Seq=1 Ack=89398 Win=0 Len=0 TSval=2685262006 TSecr=2683934758

图 3-17

在 Wireshark 的过滤器栏中输入下面的过滤器表达式，Wireshark 就只显示零窗口报文（ZeroWindow）和探活报文。

```
tcp.analysis.zero_window or tcp.analysis.keep_alive
```

3.7 拥塞控制

拥塞控制是一种根据超时重传、快速重传、拥塞通知或网络延时等因素动态调节发送速率以避免网络阻塞和丢包的机制。通过拥塞控制可以确保网络资源的公平共享和可靠的数据传输。

3.7.1 拥塞控制算法

拥塞控制算法有很多具体的实现，例如最早出现的 Tahoe/Reno，以及后面出现的 Vegas、New Reno、Hybla、BIC/CUBIC、CDG 和 BBR 等。

通过下面的命令可以查看当前内核支持系统管理员配置的拥塞控制算法。在笔者的计算机上可以配置 CUBIC 和 Reno 算法：

```
$ sysctl net.ipv4.tcp_available_congestion_control
net.ipv4.tcp_available_congestion_control = reno cubic
```

通过下面的命令可以查看当前内核采用的拥塞控制算法。在笔者的计算机上采用的是 CUBIC，它是 Linux 内核 2.6.19 版本后默认使用的拥塞控制算法：

```
$ sysctl net.ipv4.tcp_congestion_control
net.ipv4.tcp_congestion_control = cubic
```

实际上前面提到的很多拥塞控制算法没有预加载到内核中，通过下面的命令可以查看内核中携带的已经编译好的拥塞控制内核模块，不过也可以自行实现或者编译现有的拥塞控制内核模块。

```
$ ls /lib/modules/$(uname -r)/kernel/net/ipv4 | grep tcp
tcp_bbr.ko.xz
tcp_cdg.ko.xz
tcp_dctcp.ko.xz
```

如果想要使用上面输出结果中未加载的拥塞控制内核模块，则可以通过下面的一组命令加载拥塞控制内核模块并修改当前系统的拥塞控制算法：

```
$ unxz tcp_bbr.ko.xz # 解压 bbr 内核模块压缩文件，解压后为 tcp_bbr.ko
$ insmod tcp_bbr.ko # 加载 bbr 内核模块
$ sysctl net.ipv4.tcp_available_congestion_control # 查看当前系统支持的拥塞控
    制算法
net.ipv4.tcp_available_congestion_control = reno cubic bbr # bbr 已经加载成功
$ sysctl -w net.ipv4.tcp_congestion_control=bbr # 修改拥塞控制算法为 bbr
net.ipv4.tcp_congestion_control = bbr # 修改成功
```

由于篇幅有限，并且多数书中介绍的都是经典算法 Reno，所以我们下面介绍 Linux 默认使用的 CUBIC。

3.7.2 CUBIC

CUBIC 使用了一个三次函数，随着时间流逝，拥塞窗口沿着三次函数曲线增长。CUBIC 用来优化“长肥网络”（Long Fat Network，LFN），即高带宽和高延时的网络，也就是前面提到的 BDP 大的网络。对于严格依赖 RTT 来增加拥塞窗口的拥塞控制算法（例如 Reno），高延时会造成 RTT 过大，导致拥塞窗口增长速度变慢，不能充分利用高带宽，而低延时会造成 RTT 过小，导致拥塞窗口增长速度过快而抢占带宽的不公平行为。CUBIC 与 RTT 没有直接的关系，没有 RTT 过小或过大带来的拥塞窗口的增长速度变快或变慢的影响，拥塞窗口严格按照三次函数曲线增长。

为了方便 TCP 扩展实现其他拥塞算法，Linux 内核提供了一个 tcp_congestion_ops 拥塞控制函数集合。每种拥塞控制算法都会实现各自的处理函数，下面是 CUBIC 的处理函数集合。

```
static struct tcp_congestion_ops cubictcp __read_mostly = {
    .init           = cubictcp_init,
    .ssthresh       = cubictcp_recalc_ssthresh, /* 重新计算 ssthresh */
    .cong_avoid     = cubictcp_cong_avoid, /* 拥塞避免 */
    .set_state      = cubictcp_state,
    .undo_cwnd      = tcp_reno_undo_cwnd,
    .cwnd_event     = cubictcp_cwnd_event,
    .pkts_acked     = cubictcp_acked,
    .owner          = THIS_MODULE,
    .name           = "cubic",
};
```

1. 拥塞状态

每种拥塞控制算法都有下面定义的几种拥塞状态，稍后的介绍中会用到部分拥塞状态。

```
enum tcp_ca_state {
    TCP_CA_Open = 0,
    TCP_CA_Disorder = 1,
    TCP_CA_CWR = 2,
    TCP_CA_Recovery = 3,
    TCP_CA_Loss = 4
};
```

这些拥塞状态的含义如下：

- TCP_CA_Open：最近没有观察到任何拥塞问题。没有明显的乱序、数据报文丢失或收到 ECE 标记位的 ACK 报文。

- TCP_CA_Disorder：当发送方在最后一轮发送的数据包中收到 DUPACK（重复 ACK 报文）或 SACK 时，发送方进入乱序状态，这可能是由于数据报文丢失或乱序，但需要更多的信息来确认数据报文是否已丢失。这个状态并不会导致拥塞发生，只不过处在拥塞发生的边缘。
- TCP_CA_CWR：当发送方收到带有 ECE 标记位的 ACK 报文时，或者在发送方主机上经历了拥塞或数据报文丢弃后，发送方进入拥塞窗口缩减（Congestion Window Reduction，CWR）状态。
- TCP_CA_Recovery：发送方处在快速恢复状态中，并重新发送丢失的数据报文，通常由 ACK 事件触发。
- TCP_CA_Loss：发送方处在由超时重传触发的丢失恢复状态中。

2. **拥塞发生**

通过前面介绍的拥塞状态，我们知道有三种事件类型会使拥塞发生，并且当拥塞发生时内核会根据事件类型进入不同的拥塞状态。tcp_enter_cwr 函数、tcp_enter_recovery 函数和 tcp_enter_loss 函数分别是内核进入 TCP_CA_CWR 状态、TCP_CA_Recovery 状态和 TCP_CA_Loss 状态的处理函数。下面先介绍这三个处理函数的主要相同之处，再介绍它们的主要区别。

当发生拥塞时，CUBIC 会先调用 `ssthresh` 函数，CUBIC 中的 `ssthresh` 函数指向的是 `cubictcp_recalc_ssthresh` 函数，该函数会计算最大拥塞窗口$W_{\max}$和慢启动阈值W_{ssthresh}，下面表达式中的S=1024、β=717。

如果W_{cur}小于上一次拥塞发生时计算的$W_{\max}$，并且开启了快速收敛开关（Fast_Convergence，默认开启），那么新的$W_{\max}$计算公式为

$$W_{\max} = W_{\text{cur}} \times (0.5 + \frac{\beta}{S}) \approx 1.2 \times W_{\text{cur}}$$

否则，$W_{\max}$计算公式为

$$W_{\max} = W_{\text{cur}}$$

最后计算新的W_{ssthresh}，计算公式为

$$W_{\text{ssthresh}} = \max(W_{\text{cur}} \times \frac{\beta}{S}, 2) \approx \max(0.7 \times W_{\text{cur}}, 2)$$

上面涉及的一些变量和 `cubictcp_recalc_ssthresh` 函数的定义如下：

```
#define BICTCP_BETA_SCALE    1024
```

```
#define BICTCP_HZ           10      /* 210=1024，稍后计算拥塞窗口时会用到 */
static int beta __read_mostly = 717; /* = 717/1024 (BICTCP_BETA_SCALE) */
static int bic_scale __read_mostly = 41; /* 稍后计算拥塞窗口时会用到 */

static u32 cubictcp_recalc_ssthresh(struct sock *sk) {
    const struct tcp_sock *tp = tcp_sk(sk);
    struct bictcp *ca = inet_csk_ca(sk);
    ca->epoch_start = 0;     /* 阶段的结束 */
    /* Wmax 变量和快速恢复 */
    if (tcp_snd_cwnd(tp) < ca->last_max_cwnd && fast_convergence)
        ca->last_max_cwnd = (tcp_snd_cwnd(tp) * (BICTCP_BETA_SCALE + beta))
            / (2 * BICTCP_BETA_SCALE);
    else
        ca->last_max_cwnd = tcp_snd_cwnd(tp);

    return max((tcp_snd_cwnd(tp) * beta) / BICTCP_BETA_SCALE, 2U);
}
```

这三个处理函数的主要区别在于对当前拥塞窗口W_{cur}的计算，tcp_enter_cwr 函数和 tcp_enter_recovery 函数不会改变W_{cur}，稍后我们会介绍W_{cur}在拥塞恢复阶段逐渐收敛到$W_{ssthresh}$。而 tcp_enter_loss 函数会将W_{cur}设置为当前网络中传输的报文数量 `in_flight` 加 1，也就是在未收到对方 ACK 报文的情况下还可以发送一个报文。

3. 拥塞恢复

每当内核收到一个 ACK 报文后，Linux 内核会调用 tcp_ack 函数进行处理。在该函数中会调用拥塞控制算法的关键函数 tcp_cong_control（见代码清单 3-4）。这个函数是所有拥塞控制算法共用的。

如果当前连接处在 TCP_CA_CWR 或 TCP_CA_Recovery 拥塞控制状态下，那么 tcp_cong_control 函数会调用 tcp_cwnd_reduction 函数（见代码清单 3-5），后者是拥塞恢复阶段的核心函数，采用 PRR（Proportional Rate Reduction，成比例减少）算法。tcp_cwnd_reduction 函数的主要逻辑如下：

（1）当网络中传输的报文数量 `in_flight` 大于$W_{ssthresh}$时，使用下面的公式成比例地将拥塞发生时的W_{cur}降低 30%，即将拥塞发生的W_{cur}线性地减少到$W_{ssthresh}$。在 CUBIC 中该比值约为 0.7，这个比值是前面介绍拥塞发生时计算的$W_{ssthresh}$与W_{cur}（对应公式中的 `prior_cwnd`）的比值，即$\frac{\beta}{s}$。公式中的

prr_delivered 表示本次拥塞恢复期间收到的 ACK 报文数量，prr_out 表示本次拥塞恢复期间已经发送的且不管是否发送成功的报文数量。

$$W_{\text{cur}} = \text{in\_flight} + \frac{W_{\text{ssthresh}} \times \text{prr\_delivered} + \text{prior\_cwnd} - 1}{\text{prior\_cwnd}} - \text{prr\_out}$$
$$\approx \text{in\_flight} + 0.7 \times \text{prr\_delivered} - \text{prr\_out}$$

（2）当 in_flight 小于W_{ssthresh}时，表明不用减少W_{cur}了，反而是采用数据报文守恒（即接收多少 ACK 报文就发送多少数据报文）维持W_{cur}不变，或者当 SND.UNA 被确认而没有进一步丢失时，采用慢启动算法快速地将W_{cur}增加到W_{ssthresh}。

4. 慢启动

如果当前连接不处在 TCP_CA_CWR 和 TCP_CA_Recovery 拥塞控制状态下，那么 tcp_cong_control 函数会调用 tcp_cong_avoid 函数根据不同的情况执行慢启动过程或者拥塞避免过程。

```
static void tcp_cong_avoid(struct sock *sk, u32 ack, u32 acked) {
    const struct inet_connection_sock *icsk = inet_csk(sk);
    icsk->icsk_ca_ops->cong_avoid(sk, ack, acked);
    tcp_sk(sk)->snd_cwnd_stamp = tcp_jiffies32;
}
```

这个函数也是所有拥塞控制算法共用的，其中会调用各自拥塞算法实现的 cong_avoid 函数，对应 CUBIC 的是 cubictcp_cong_avoid 函数。

```
static void cubictcp_cong_avoid(struct sock *sk, u32 ack, u32 acked) {
    struct tcp_sock *tp = tcp_sk(sk);
    struct bictcp *ca = inet_csk_ca(sk);

    if (!tcp_is_cwnd_limited(sk))
        return;
    /* tp->snd_cwnd < tp->snd_ssthresh */
    if (tcp_in_slow_start(tp)) {
        acked = tcp_slow_start(tp, acked);
        if (!acked) /* 当 tp->snd_cwnd 超过 tp->snd_ssthresh 时，acked 不等于 0 */
            return;
    }
    bictcp_update(ca, tcp_snd_cwnd(tp), acked);
```

```
    tcp_cong_avoid_ai(tp, ca->cnt, acked);
}
```

如果W_{cur}小于$W_{ssthresh}$，那么调用 tcp_slow_start 函数执行慢启动过程，CUBIC 的慢启动过程与 Reno 的一样。每当收到一个 ACK 报文时，W_{cur}增加 1，当W_{cur}超过$W_{ssthresh}$时内核进入拥塞避免阶段。慢启动过程发生在连接刚建立时，以及由于超时重传导致连接进入 TCP_CA_Loss 状态时。

```
u32 tcp_slow_start(struct tcp_sock *tp, u32 acked) {
    u32 cwnd = min(tcp_snd_cwnd(tp) + acked, tp->snd_ssthresh);
    acked -= cwnd - tcp_snd_cwnd(tp);
    /* CUBIC 中的 snd_cwnd_clamp = ~0，相当于没有限制 */
    tcp_snd_cwnd_set(tp, min(cwnd, tp->snd_cwnd_clamp));
    return acked;
}
```

CUBIC 有一个混合慢启动（Hybrid Slow Start）的机制，当W_{cur}增长到 16（含）之后，会根据 HYSTART_ACK_TRAIN 和 HYSTART_DELAY 两种方式判断是否提前结束慢启动，转而进入拥塞避免阶段，即将$W_{ssthresh}$设置为W_{cur}。

5. 拥塞避免

在 cubictcp_cong_avoid 函数中，如果W_{cur}大于$W_{ssthresh}$，则可以通过下面的公式计算某一时刻 t 时期望W_{cur}的值$W(t)$。其中 t 是当前时间距离上次拥塞发生时的时间，假设 $\text{SRTT} = 100\text{ms}$ 和 $\text{C} = 1024 \times 41$，那么 $\frac{\text{C}}{\text{SRTT}} = 1024 \times 41 \times 10\text{Hz} = 419840\text{Hz}$。

$$W(t) = \frac{\text{C}}{\text{SRTT}} \times (t - K)^3 + W_{max}$$

如图 3-18 所示，该三次函数有下面两个特点，这也是 CUBIC 使用三次函数的原因。

- 当 t 小于 K 时，三次函数处于“凹”函数部分，这部分函数曲线开始处拥塞窗口瞬速增长，快速收敛到 W_{max}，当接近W_{max}时维持一段时间。
- 当 t 大于 K 时，三次函数处于“凸”函数部分，属于探索最大拥塞窗口阶段，这部分函数曲线开始处随着 t 增大维持在W_{max}，如果没有发生拥塞，那么后面拥塞窗口快速增大。

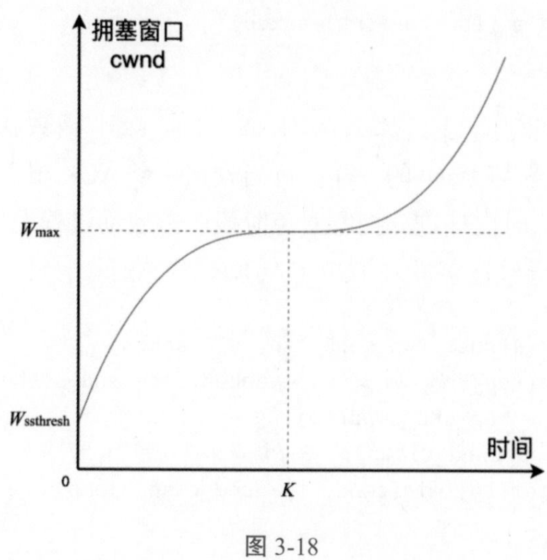

图 3-18

K是W_{cur}按照下面的公式从$W_{ssthresh}$增长到W_{max}的时间，由于每个拥塞避免阶段的$W_{ssthresh}$和W_{max}是变化的，因此每次内核进入拥塞避免阶段都需要根据下面的公式重新计算K的值。

$$K = \sqrt[3]{\frac{\mathrm{SRTT}}{\mathrm{C}} \times (W_{max} - W_{ssthresh})}$$

假设 $W_{ssthresh} = 10 \times \mathrm{MSS} = 10 \times 1460 = 14600$， $W_{max} = \mathrm{0x7FFFFFFF} = 2147483647$，代入上面的公式，计算得到$K \approx 17.23$，$K$的单位规定为1024Hz，通常 Linux 中规定1000Hz等于 1 秒，那么拥塞窗口从$W_{ssthresh}$增长到W_{max}大约需要 17.64 秒。

但是根据当前时间 t 计算出来的拥塞窗口$W(t)$不一定与实际的当前拥塞窗口W_{cur}相同，这也是为什么前面提到$W(t)$是时刻 t 时期望W_{cur}的值。

- 如果$W(t)$大于W_{cur}，那么在一个 RTT 内，补齐W_{cur}到$W(t)$。
- 反之采取非常小的增长速度，W_{cur}每 100 轮 RTT 线性地增加 1。

上述处理过程由 bictcp_update 函数和 tcp_cong_avoid_ai 函数完成，如代码清单 3-6 所示。

3.8 挥手阶段

3.8.1 四次挥手

TCP 四次挥手的过程如图 3-19 所示，由于客户端和服务端都可以先发起终止连接的请求，因此出于严谨和方便描述的目的，我们约定先发起终止连接请求的一端为“主动方”，而另一端为“被动方”。

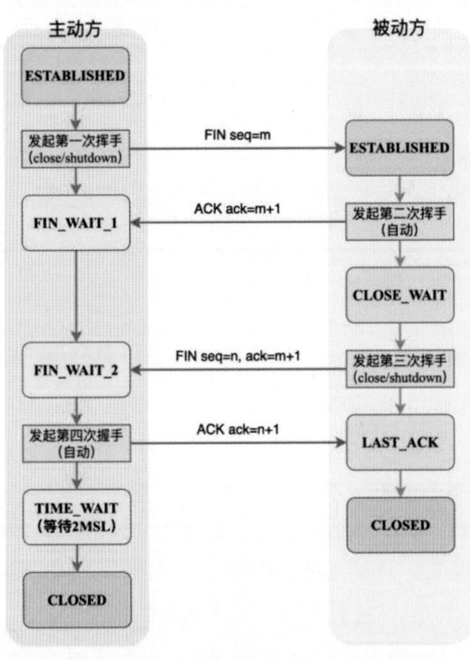

图 3-19

下面通过一次真实四次挥手的抓包结果详细介绍整个挥手过程。

1. 第一次挥手

第一次挥手是“主动方”调用 close 函数或 shutdown 函数向“被动方”发送 FIN 报文，关闭连接的发送方向，也就是写方向。该 FIN 报文的抓包结果如图 3-20 所示，该 FIN 报文的 FIN 标志位被置为 1，通常情况下该报文的 ACK 标志位也会被置为 1，这是因为在关闭连接之前双方进行了数据通信或者刚握手完成，“主动方”需要对“被动方”发送的报文进行确认。该 FIN 报文的序列号被设置

为 m（原始序列号为 1136103847，相对序列号为 18），FIN 报文与 SYN 报文一样都不可以携带数据。FIN 报文发送完成后，“主动方”的底层套接字的状态由 ESTABLISHED 变为 FIN_WAIT_1，即等待 FIN 报文的第一个阶段。

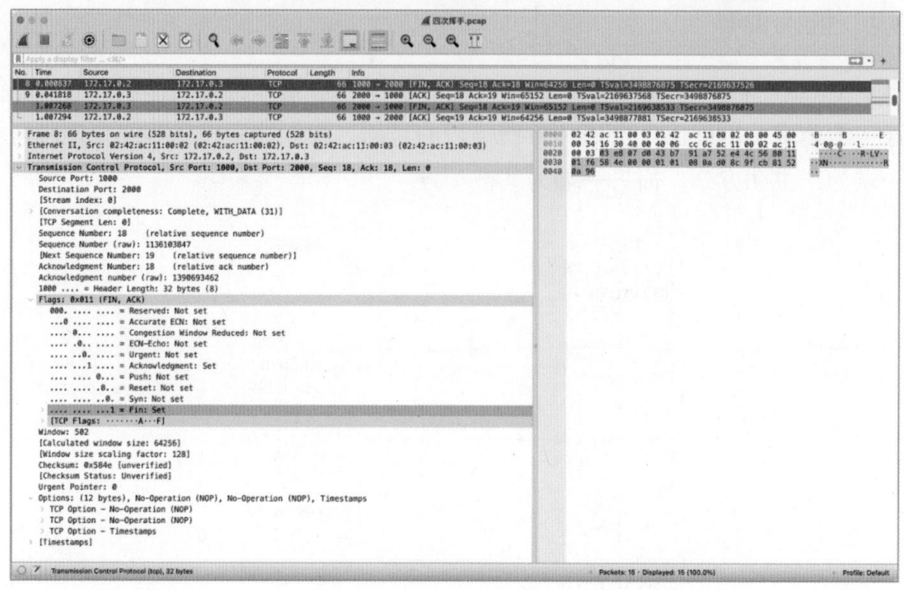

图 3-20

2. 第二次挥手

“被动方”收到第一次挥手后向“主动方”发起第二次挥手，第二次挥手是内核自动发送 ACK 报文，不需要应用程序调用任何函数来触发。该 ACK 报文的抓包结果如图 3-21 所示，它只有 ACK 标志位被置为 1。该 ACK 报文的确认序列号为 m+1，说明 FIN 报文与 SYN 报文一样都占用一个序列号。“被动方”的底层套接字的状态由 ESTABLISHED 变为 CLOSE_WAIT，即等待应用程序调用关闭连接的函数（例如 shutdown）。在应用程序退出之前没有手动关闭连接的情况下，内核在回收应用程序打开的套接字文件描述符时会主动与对端完成四次挥手。

当“主动方”收到第二次挥手的报文后，它的底层套接字的状态变为 FIN_WAIT_2，同样是等待接收 FIN 报文的状态，即等待 FIN 报文的第二个阶段。

3. 第三次挥手

当“被动方”把未发送完成的数据发送出去后，调用关闭函数向“主动方”发送 FIN 报文，即第三次挥手，同样关闭发送方向，表示不再发送数据。该 FIN

报文的抓包结果如图 3-22 所示，与第一次挥手类似，这里不过多介绍，区别在于该 FIN 报文设置的序列号为 *n*（原始序列号为 1390693462，相对序列号为 18）。FIN 报文发送完成后，“被动方”的底层套接字的状态变为 LAST_ACK，即等待最后的 ACK 报文。

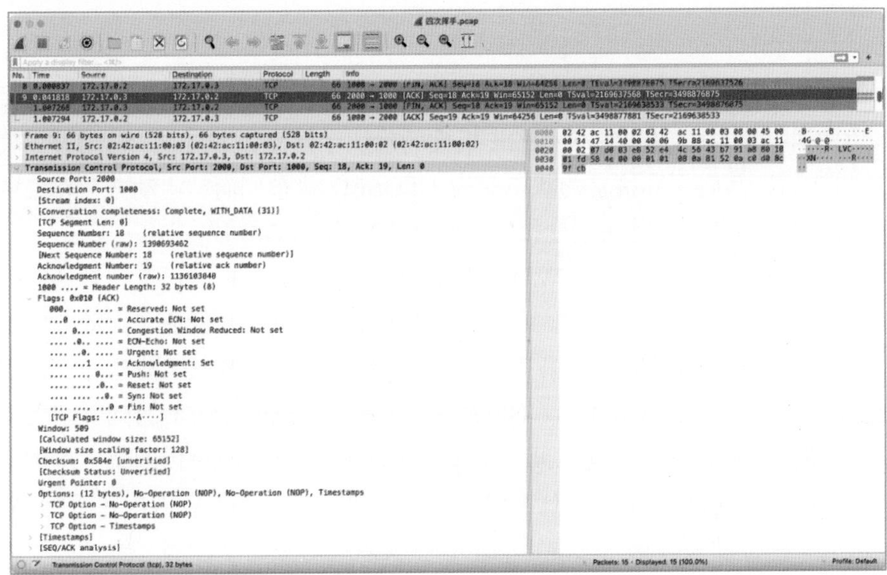

图 3-21

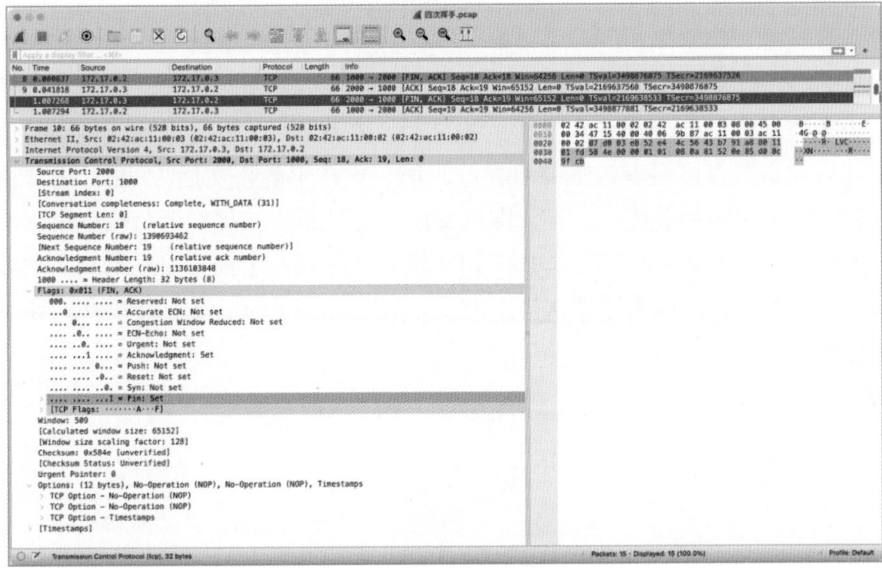

图 3-22

当“主动方”收到第三次挥手的报文后，其底层套接字的状态变为 TIME_WAIT，然后等待 2 个单位的报文最长存活时间（Maximum Segment Lifetime，MSL）。这个 2MSL 在 Linux 中是固定值，由宏 TCP_TIMEWAIT_LEN（大约为 60 秒）定义。

4. 第四次挥手

最后“主动方”向“被动方”发起第四次挥手，第四次挥手与第二次挥手类似，也发送一个 ACK 报文，该 ACK 报文的确认序列号为 n+1。“被动方”收到 ACK 报文后，其底层套接字的状态变为 CLOSED 状态，而“主动方”在 2MSL 时长的计时器超时后，其底层套接字的状态也变为 CLOSED。

“主动方”停留在 TIME_WAIT 状态的时间要足够长，以保证“被动方”可以在收到第四次挥手的 ACK 报文后正常关闭连接，也就是保证“主动方”不会再收到“被动方”超时重传的第三次挥手的 FIN 报文，因为“被动方”收不到 ACK 报文会超时重传 FIN 报文。TIME_WAIT 状态等待的 2MSL 时间一定大于第四次挥手的 ACK 报文的传输时间（最多一个 MSL）与超时重传的第三次挥手的 FIN 报文的传输时间（最多一个 MSL）之和。实际上不用等第四次挥手的 ACK 报文丢失，“被动方”第三次挥手的 FIN 报文就超时重传了。当“主动方”的底层套接字处于 TIME_WAIT 状态时，只要收到 FIN 报文，就会刷新计时器的时间为 2MSL，这也是没必要将 TIME_WAIT 设置成大于 2MSL 的原因。

3.8.2 三次挥手

当“被动方”收到第一次挥手的报文后，在开启 TCP 延迟确认机制的情况下，如果发送缓存区没有数据并且在收到第一次挥手的报文后 200ms 内“被动方”也调用关闭函数关闭了连接，即也发送了 FIN 报文，那么会将原本第二次挥手的 ACK 报文和原本第三次挥手的 FIN 报文合并成一个报文发送给“主动方”。然后“主动方”返回原本第四次挥手的 ACK 报文。一共完成三次挥手，图 3-23 是三次挥手的抓包截图。

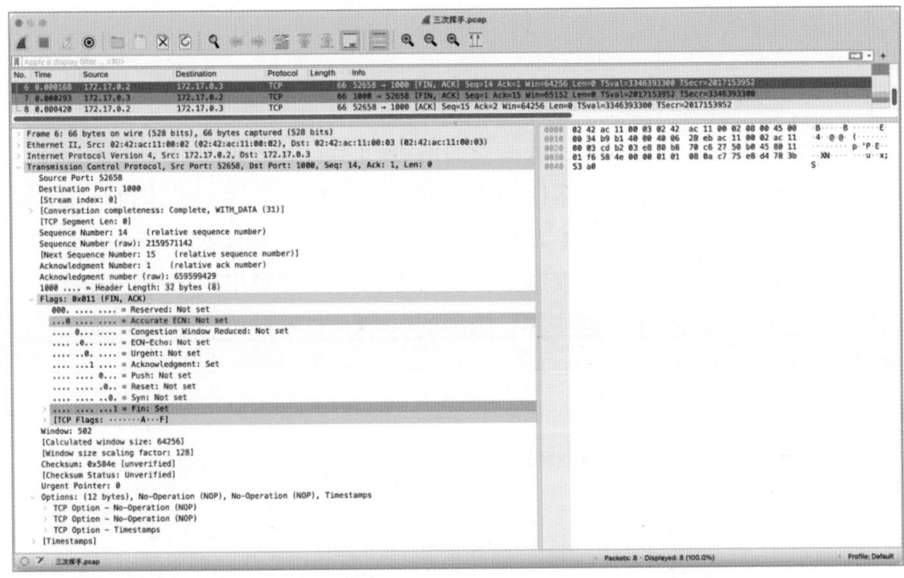

图 3-23

3.8.3　同时挥手

由于没有规定关闭连接时一定是由客户端发起挥手的，因此双方都可以成为“主动方”。有一种极端情况，那就是双方几乎同时调用关闭函数，从而双方都成为“主动方”，然后分别向对方发送第一次挥手的 FIN 报文，随后它们的底层套接字的状态都变为 FIN_WAIT_1 状态，这样都还没等到对方返回的第二次挥手的 ACK 报文就收到了对方的 FIN 报文，那么它们的底层套接字的状态都变为一种新的状态 CLOSING。最后双方都收到了对方发送的 ACK 报文，它们的底层套接字的状态都变成了 TIME_WAIT，当 2MSL 的计时器超时后关闭各自的连接。整体过程如图 3-24 所示。

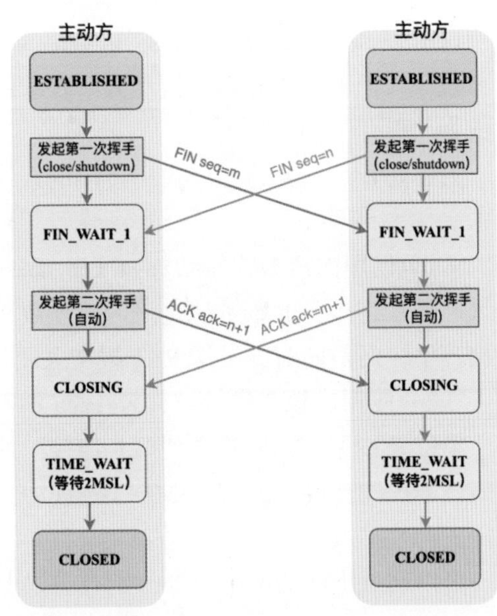

图 3-24

3.8.4 关闭函数

1. close 函数

调用 close 函数关闭后的连接就与当前进程无关了，实际上关闭了一个文件描述符，因此同时禁止了对该文件描述符的读写。对于套接字描述符来说，就是关闭了发送和接收方向，表明本方根本不关心对方是否还有未发送完的数据，本方一概不要了，并且也不发送数据了，就好像该连接被应用程序进程丢弃了一样，所以称它为“孤儿连接”。通过带-p 选项的 netstat 工具可以看到“孤儿连接”的进程 ID/进程名（-），示例如下：

```
$ netstat -pant
Active Internet connections (servers and established)
Proto Recv-Q Send-Q Local Address      Foreign Address    State       PID/Program name
tcp        0      0 0.0.0.0:20000      0.0.0.0:*          LISTEN      5195/./server
tcp        0      1 127.0.0.1:10000    127.0.0.1:20000    FIN_WAIT1   -
tcp     1025      0 127.0.0.1:20000    127.0.0.1:10000    CLOSE_WAIT  5195/./server

$ netstat -pant
Active Internet connections (servers and established)
Proto Recv-Q Send-Q Local Address      Foreign Address    State       PID/Program name
tcp        0      0 0.0.0.0:20000      0.0.0.0:*          LISTEN      5195/./server
tcp        0      0 127.0.0.1:10000    127.0.0.1:20000    FIN_WAIT2   -
tcp     1025      0 127.0.0.1:20000    127.0.0.1:10000    CLOSE_WAIT  5195/./server
```

这里强调一点，调用 close 函数后，“主动方”发送完 FIN 报文后就成了“孤儿”，而不是等收到“被动方”发起的第二次挥手变成 FIN_WAIT_2 状态后才成为“孤儿”的。

为了防止“孤儿连接”占用过多的系统资源，内核使用了两种办法，分别如下：

（1）使用内核参数 net.ipv4.tcp_max_orphans 控制当前“孤儿连接”的数量，如果“孤儿连接”的数量超过该内核参数，那么新产生的“孤儿连接”不会进行四次挥手，而是向对方发送 RST 报文关闭连接。

（2）使用内核参数 net.ipv4.tcp_fin_timeout 控制“孤儿连接”的存活时间（单位是秒），如果一个“孤儿连接”的存活时间超过该内核参数，那么直接关闭该“孤儿连接”，与 TIME_WAIT 状态的连接类似，都是等待 60 秒后直接关闭。

可以通过下面的两个命令分别查看以上两个内核参数。

```
$ sysctl net.ipv4.tcp_max_orphans
```

```
net.ipv4.tcp_max_orphans = 131072
$ sysctl net.ipv4.tcp_fin_timeout
net.ipv4.tcp_fin_timeout = 60
```

“主动方”调用 close 函数关闭连接，然后“被动方”收到 FIN 报文后还给“主动方”发送数据，由于“主动方”已经关闭了套接字文件描述符，也就不能再从该文件描述符读取数据，所以直接给“被动方”回复 RST 报文表示异常，整个过程的抓包结果如图 3-25 所示。如果“被动方”发送给“主动方”的不是数据报文，而是发送第三次挥手的报文，那么“主动方”就不会发送 RST 报文，而是发送第四次挥手的报文。

```
6 0.000107   127.0.0.1  127.0.0.1   TCP       68 10001 → 20001 [FIN, ACK] Seq=21 Ack=1 Win=65536 Len=0 TSval=2706771992 TSecr=2706771992
7 0.045892   127.0.0.1  127.0.0.1   TCP       68 20001 → 10001 [ACK] Seq=1 Ack=22 Win=65536 Len=0 TSval=2706772038 TSecr=2706771992
8 0.205991   127.0.0.1  127.0.0.1   TCP       98 20001 → 10001 [PSH, ACK] Seq=1 Ack=22 Win=65536 Len=30 TSval=2706772198 TSecr=2706771992
9 0.206011   127.0.0.1  127.0.0.1   TCP       56 10001 → 20001 [RST] Seq=22 Win=0 Len=0
```

图 3-25

当应用程序调用 close 函数关闭连接或者应用程序进程退出后内核关闭连接时，对于开启 SO_LINGER 选项的套接字，“主动方”发送的是 RST 报文，而不是 FIN 报文，以直接跳过四次挥手的方式关闭连接。开启 SO_LINGER 选项的示例代码如下：

```
struct linger linger = {
    .l_onoff = 1,
    .l_linger = 0,
};
setsockopt(fd, SOL_SOCKET, SO_LINGER, &linger, sizeof(linger));
```

图 3-26 是一方先使用 close 函数关闭设置 SO_LINGER 选项的套接字的抓包结果。

2. shutdown 函数

shutdown 函数既可以只关闭发送方向（指定参数 SHUT_WR），也可以只关闭接收方向（指定参数 SHUT_RD），还可以同时关闭发送和接收方向（指定参数 SHUT_RDWR），比 close 函数更灵活。

调用 shutdown 函数关闭的连接，实际上没有关闭套接字文件描述符，只是修改了套接字文件描述符的读写状态，所以该连接不是“孤儿连接”，也就不受 `tcp_max_orphans` 最大孤儿数量的限制。调用 shutdown 函数仅关闭发送方向的连接还可以接收数据，但是不知道对方何时会发送第三次挥手的 FIN 报文，所以需要一直处于 FIN_WAIT_2 状态直到对方发送 FIN 报文表示不再发送数据或者本方失去耐心直接关闭连接为止。

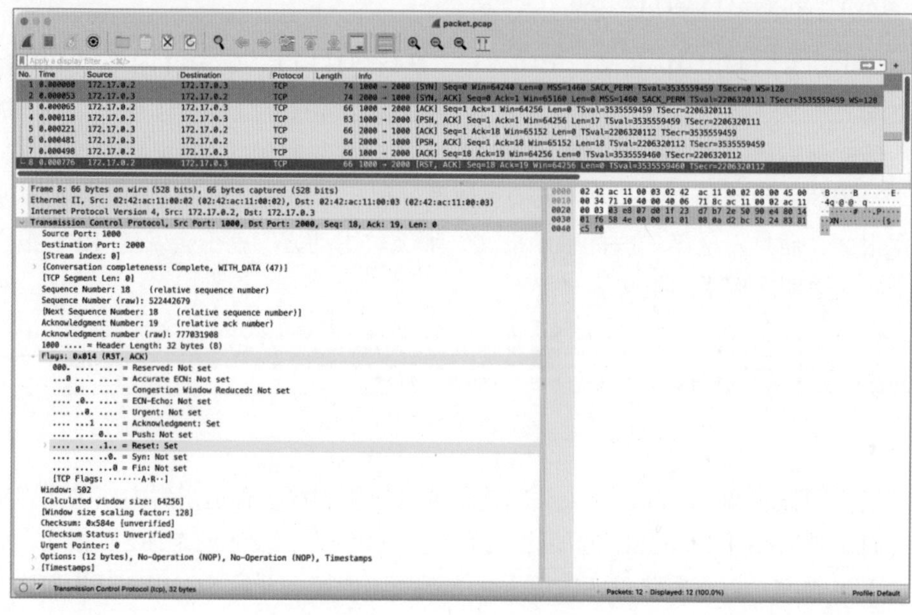

图 3-26

在多进程中，父子进程可能共享一个套接字，那么套接字上的共享计数会大于 0，当父进程或子进程调用 close 函数关闭这个套接字时，仅表示当前进程不再需要该套接字了，先将计数减 1，其他进程仍然可以使用该套接字继续发送和接收数据，当计数等于 0 时才会发生四次挥手，具体例子见代码清单 3-7。同一个进程内的多个线程共享一个计数，当一个线程调用 close 函数关闭了套接字后，其他线程也不能发送和接收数据了，具体例子见代码清单 3-8。而 shutdown 函数不管这些，它会影响共享该套接字的所有进程/线程，具体例子见代码清单 3-9。但它只会关闭该套接字上的读写方向（即使使用 SHUT_RDWR），不会关闭套接字文件描述符，其实最后都需要调用 close 函数关闭并释放文件描述符资源，或者在进程退出后内核帮助其关闭并释放资源。

第4章

CHAPTER 4

UDP

用户数据报协议（User Datagram Protocol，UDP）是一个简单的面向报文的通信协议，位于OSI模型的传输层，在TCP/IP模型中，UDP为网络层以上和应用层以下提供了一个简单的接口。该协议由David P. Reed在 1980 年设计且在RFC 768 中被规范。[1]

4.1 协议体

UDP 协议体如图 4-1 所示，相比于 TCP 头部，UDP 头部显得非常简单，下面详细介绍每个字段的含义。

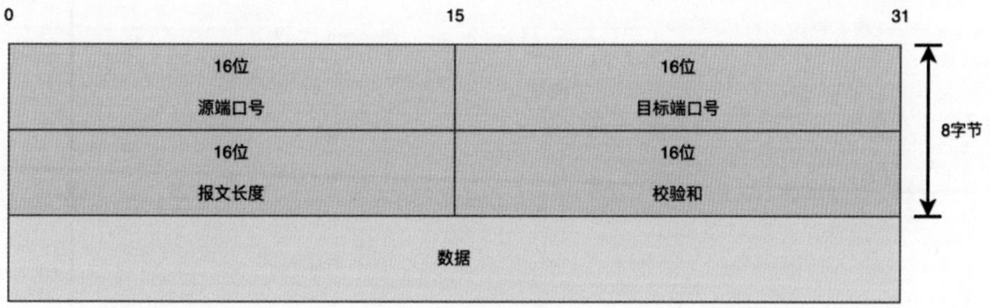

0	15	31
16位 源端口号	16位 目标端口号	8字节
16位 报文长度	16位 校验和	
数据		

图 4-1

- **源端口号**：占 2 字节，表示发送方的端口号，因为 UDP 报文不是必须应答

1　来源于维基百科

的（例如 UDP 没有确认机制，不会返回确认报文），所以该字段可以为零。

- **目标端口号**：占 2 字节，表示接收方的端口号，该字段不可以为零，因为接收方的套接字一定会绑定一个端口号来接收数据。
- **报文长度**：占 2 字节，表示 UDP 头部长度与数据部分长度之和。UDP 报文的最小长度是 8 字节，即没有数据部分；因为该字段占用 2 字节，所以 UDP 报文的最大长度是 65535（$2^{16}-1$）字节，而 UDP 报文的数据部分最大长度是 65507 字节（65535 − 8 字节的 UDP 头部 −20 字节的 IP 头部）。笔者亲试当发送的应用数据长度大于 65507 字节时，会提示“Message too long”错误。通常建议 UDP 报文不要超过 MTU（通常为 1500 字节），避免 IP 报文分片。稍后我们会看到，只要丢失一个 IP 分片，已经到达接收方的 IP 分片也会被舍弃，进而表现为整个 UDP 报文丢失。
- **校验和**：占 2 字节。为了连同 IP 头部的部分字段一起校验，在 UDP 头部前增加了一个“伪头部”，如图 4-2 所示。该“伪头部”包含源 IP 地址、目标 IP 地址、协议名和 UDP 报文长度等信息，一共为 12 字节。该校验和字段是对“伪头部”、UDP 头部和数据部分的校验，用于发现数据传输中的错误。当 UDP 不使用校验和时，该字段为 0。如果 UDP 使用校验和但计算完后的校验和恰好为 0，那么校验和取反码，避免与 0 校验和的逻辑发生冲突。如果 UDP 使用了校验和并且接收方验证校验和失败，那么该 UDP 报文会被丢弃，但通常情况下 UDP 都不关心校验和。

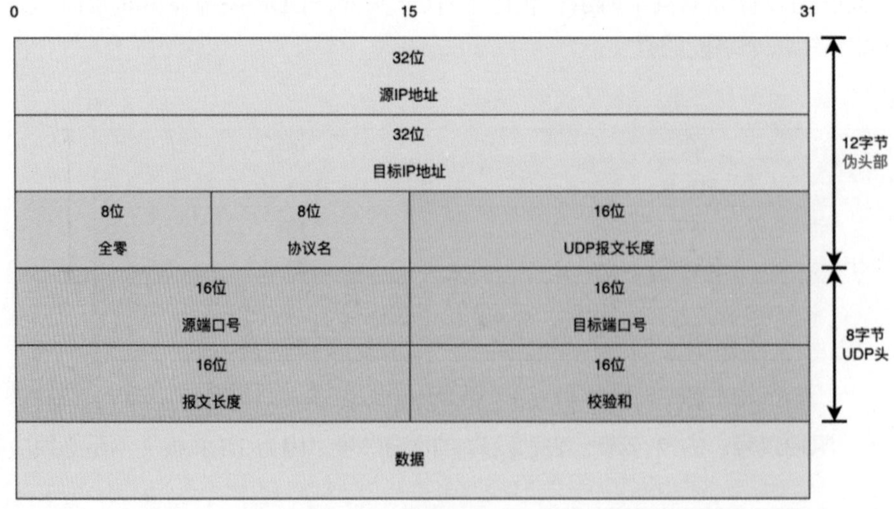

图 4-2

Linux 中 UDP 头结构体的定义如下：

```
truct udphdr {
    __be16  source;
    __be16  dest;
    __be16  len;
    __sum16 check;
};
```

4.2 特点

4.2.1　无连接性

与 TCP 不同，UDP 的一方只要知道对方的 IP 地址和端口号就可以发送 UDP 报文，而不会进行三次握手来建立连接，更不会进行四次挥手来关闭连接。因为不需要建立连接，所以 UDP 支持广播（向所有主机发送数据）和多播（向一组主机发送数据）通信，并且一个 UDP 套接字可以同时与一个或多个 UDP 套接字进行通信。

为了验证 UDP 的无连接性，笔者首先准备 3 个 Docker 容器，在容器 1（IP 地址：172.17.0.2）内创建一个 UDP 套接字，将容器 1 作为客户端。然后在容器 2（IP 地址：172.17.0.3）和容器 3（IP 地址：172.17.0.4）内分别创建一个 UDP 套接字，将容器 2 和容器 3 作为两个服务端。最后使用客户端上唯一的 UDP 套接字分别调用 sendto 函数向两个服务端各发送一个 UDP 报文。图 4-3 是容器 1 内的抓包结果。

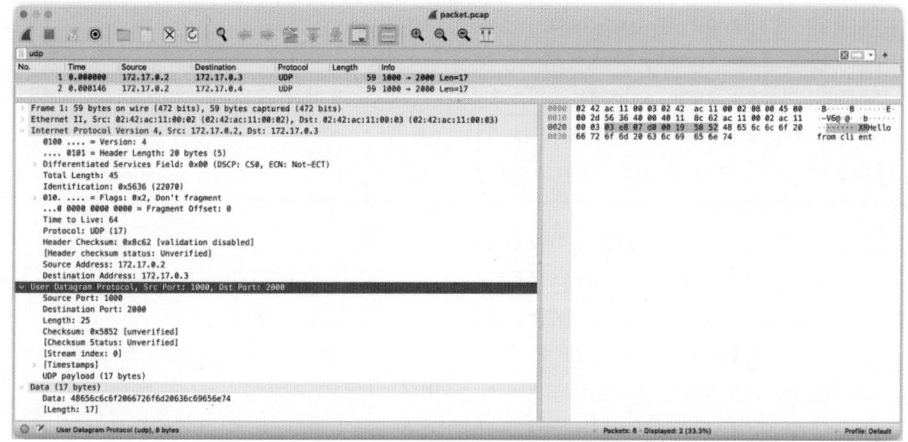

图 4-3

下面是实验期间在 3 个容器内分别执行 netstat -panu 命令的输出结果的汇总。Local Address 表示的是本方套接字所绑定的 IP 地址和端口，而 Foreign Address 都是 0.0.0.0:*，表示对方可以是任何 IP 地址和任何端口，并且 State 都是空的，进一步验证了 UDP 是无连接的。

```
$ netstat -panu # 172.17.0.2
Active Internet connections (servers and established)
Proto Recv-Q Send-Q  Local Address      Foreign Address  State  PID/Program name
udp        0      0  172.17.0.2:1000    0.0.0.0:*               106/./client
$ netstat -panu # 172.17.0.3
Active Internet connections (servers and established)
Proto Recv-Q Send-Q  Local Address      Foreign Address  State  PID/Program name
udp        0      0  172.17.0.3:2000    0.0.0.0:*               71/./server
$ netstat -panu # 172.17.0.4
Active Internet connections (servers and established)
Proto Recv-Q Send-Q  Local Address      Foreign Address  State  PID/Program name
udp        0      0  172.17.0.4:2000    0.0.0.0:*               26/./server
```

我们再看一个多播的例子，还是使用上面的 3 个容器。容器 1 作为客户端执行下面的代码。该代码的大致逻辑是首先向多播地址发送一个消息，然后向容器 2 发送一个单播消息。

```
#include <stdio.h>
#include <string.h>
#include <unistd.h>
#include <arpa/inet.h>
int main() {    /* 编译命令: g++ client.c -o client -g -O0 */
    /* 创建 UDP 套接字 */
    int sockfd = socket(AF_INET, SOCK_DGRAM, 0);
    /* 设置多播地址 */
    struct sockaddr_in servaddr;
    servaddr.sin_family = AF_INET;
    servaddr.sin_addr.s_addr = inet_addr("224.0.0.1");
    servaddr.sin_port = htons(12345);
    socklen_t len = sizeof(servaddr);
    /* 发送多播消息 */
    char buf[1024] = "Hello multicast!";
    sendto(sockfd, buf, strlen(buf), 0, (struct sockaddr *)&servaddr, len);
    printf("Message sent to multicast group 224.0.0.1\n");
    /* 只给 172.17.0.3 发送消息 */
    servaddr.sin_addr.s_addr = inet_addr("172.17.0.3");
    char buf2[1024] = "Hello unicast!";
    sendto(sockfd, buf2, strlen(buf2), 0, (struct sockaddr *)&servaddr, len);
```

```
    printf("Message sent to 172.17.0.3\n");
    return 0;
}
```

容器 2 和容器 3 作为服务端运行下面的代码。该代码的大致逻辑是接收来自多播地址的消息，也可以接收来自绑定本地 IP 地址和端口的单播消息。

```
#include <stdio.h>
#include <string.h>
#include <unistd.h>
#include <arpa/inet.h>
int main() {
    /* 创建 UDP 套接字 */
    int sockfd = socket(AF_INET, SOCK_DGRAM, 0);
    /* 绑定套接字到本地端口，初始化获取客户端地址的结构体 */
    struct sockaddr_in servaddr, cliaddr;
    socklen_t len = sizeof(cliaddr);
    servaddr.sin_family = AF_INET;
    servaddr.sin_addr.s_addr = htonl(INADDR_ANY);
    servaddr.sin_port = htons(12345);
    bind(sockfd, (struct sockaddr *)&servaddr, sizeof(servaddr));
    /* 设置多播地址 */
    struct ip_mreq mreq;
    mreq.imr_multiaddr.s_addr = inet_addr("224.0.0.1");
    mreq.imr_interface.s_addr = htonl(INADDR_ANY);
    setsockopt(sockfd, IPPROTO_IP, IP_ADD_MEMBERSHIP, &mreq, sizeof(mreq));
    /* 接收数据 */
    char buffer[1024];
    while (1) {
        int n = recvfrom(sockfd, (char *)buffer, 1024, 0, (struct sockaddr
    *)&cliaddr, &len);
        buffer[n] = 0;
        printf("Received message: %s from %s\n", buffer,
    inet_ntoa(cliaddr.sin_addr));
    }
    return 0;
}
```

下面是 3 个容器中的运行输出结果的汇总。容器 2 中的套接字既收到了多播消息，也收到了单播消息。而容器 3 中的套接字只收到了多播消息。

```
$ ./client #172.17.0.2
Message sent to multicast group 224.0.0.1
Message sent to 172.17.0.3
$ ./server #172.17.0.3
Received message: Hello multicast! from 172.17.0.2
Received message: Hello unicast! from 172.17.0.2
$ ./server #172.17.0.4
Received message: Hello multicast! from 172.17.0.2
```

4.2.2 不可靠性

UDP 不保证数据的可靠传递，也不保证数据的按序到达。UDP 报文一旦发送出去，不会保留已经发送的数据，因为不需要对方确认是否收到。即使数据报文丢失，应用层也感知不到。因此在传输过程中，数据报文可能丢失、重复或乱序。但是对于某些场景来说是可以接受的，例如实时音视频传输，因为这些应用更关心实时性而非数据的完整性。

关于 UDP 不可靠性，我们在介绍 UDP 面向报文的特点时一起验证。

4.2.3 面向报文

一个 UDP 报文不会与其他 UDP 报文合并，但是可能由于 UDP 报文长度大于 MTU 而被 IP 层分片，当多个 IP 分片到达接收方后会合并为原始的 UDP 报文，然后将这个原始 UDP 报文递交给应用程序。如果有 IP 分片丢失或者有不完整的 IP 报文，那么整个 UDP 报文将被丢掉，交给应用程序的一定是一个完整的原始 UDP 报文。

为了验证 UDP 面向报文的特点，笔者首先准备 2 个 Docker 容器，在容器 1（IP 地址：172.17.0.2）内创建一个 UDP 套接字，将容器 1 作为客户端。然后在容器 2（IP 地址：172.17.0.3）内创建一个 UDP 套接字，将容器 2 作为服务端，并且在 eth0 网卡上挂载一个 XDP 程序（见下面的代码），如果 IP 头部不包含 MF 标志位，那么 XDP 程序会丢掉该 IP 报文。对于 UDP 报文来说，该 XDP 程序会丢掉 UDP 报文的最后一个 IP 分片，如果 UDP 报文没有被 IP 层分片，那么整个 UDP 报文会被丢掉。最后使用客户端上的 UDP 套接字调用 sendto 函数向服务端发送一个 2000 字节数据的 UDP 报文，因为 2 个容器的网卡的 MTU 都是 1500，所以该 UDP 报文肯定会被 IP 层分片，并且可预见地会分为两个 IP 分片。

```
#include <linux/bpf.h>
#include <linux/in.h>
#include <linux/if_ether.h>
#include <linux/ip.h>
```

```
#include <bpf/bpf_helpers.h>
SEC("xdp")
int xdp_proxy(struct xdp_md *ctx)
{
    void *data_end      = (void *)(long)ctx->data_end;
    void *data          = (void *)(long)ctx->data;
    struct ethhdr *eth = data;
    struct iphdr *ip    = data + sizeof(*eth);
    /* 检查以太网帧和 IP 头部是否有效 */
    if (data + sizeof(*eth) + sizeof(*ip) > data_end)
        return XDP_PASS;
    /* 检查是否为 IP 数据包 */
    if (eth->h_proto != __constant_htons(ETH_P_IP))
        return XDP_PASS;
    /* 丢掉最后一个 IP 分片，IP_MF（0x2000）: More Fragments（还有更多分片） */
    if (!(ip->frag_off & __constant_htons(0x2000)))
        return XDP_DROP;
    return XDP_PASS;
}
```

图 4-4 和图 4-5 是在容器 1 内抓到的两个报文。但是在容器 2 内只抓到了 UDP 的一个 IP 分片，如图 4-6 所示。因为第二个 IP 分片已经被 XDP 丢掉了，并且在服务端上始终没有收到一个完整的 UDP 报文。从这个实验我们可以得到两个结论，一个是 UDP 没有确认、重传等机制，验证了 UDP 的不可靠性；另一个是交给应用程序的一定是完整的 UDP 报文，验证了 UDP 面向报文的特点。

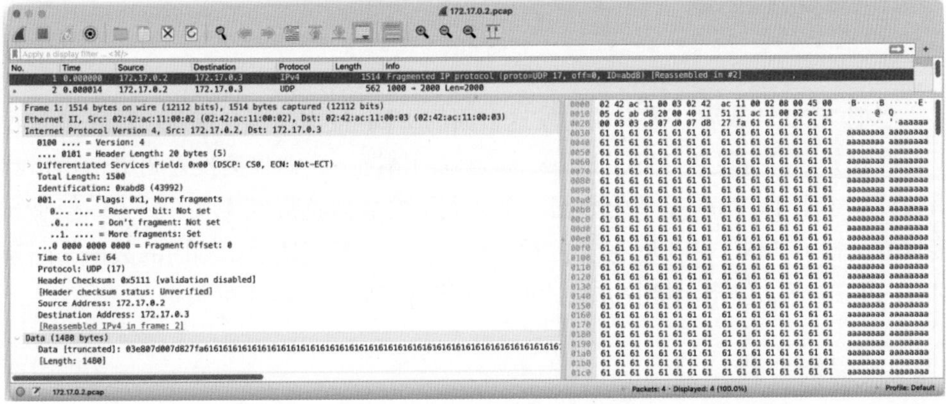

图 4-4

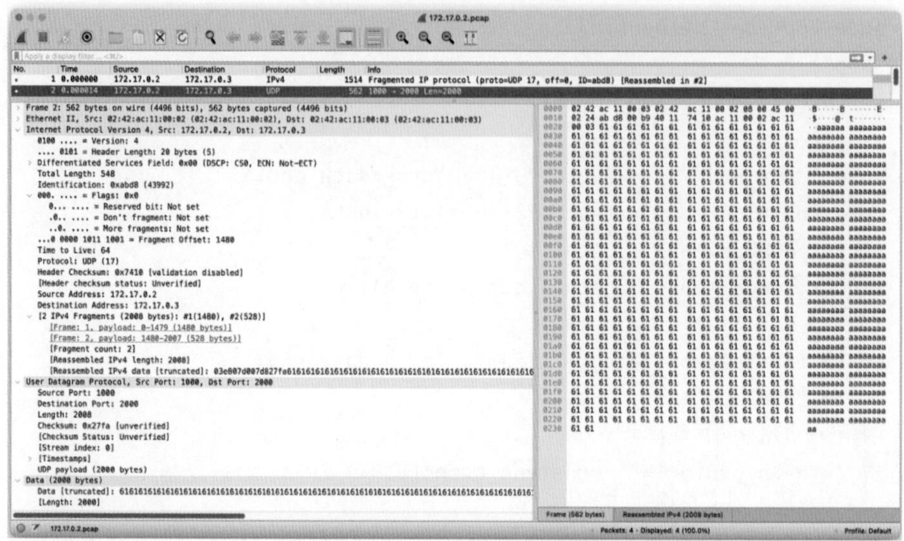

图 4-5

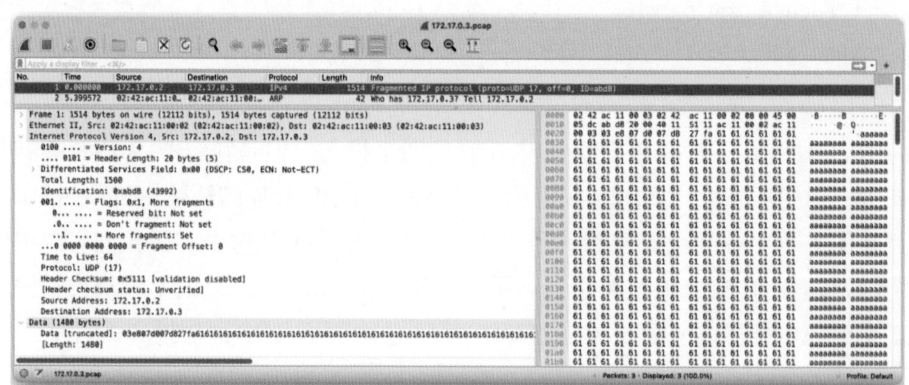

图 4-6

当把 XDP 卸载后，客户端再发送上面的 UDP 报文，服务端就可以正常接收了。在服务端没有设置 MSG_PEEK 标志位的情况下，如果接收方调用 recvfrom 函数读取了小于 3000 字节的数据，那么剩下的数据就再也读取不到了。但是当接收方设置了 MSG_PEEK 标志位时，接收方可以反复读取到相同的数据，因为 MSG_PEEK 标志位指示接收方只读取但不删除接收缓存区中的数据。

4.2.4 最大交付

UDP 没有像 TCP 那样的流量控制和拥塞控制等机制，因此 UDP 可以毫无顾虑地将数据以接近网卡或者带宽的最大发送速率发送，进而数据报文的延时会比较低，适用于对实时性要求非常高的应用场景。

UDP 可能导致网络拥塞，不仅会导致 UDP 本身丢包，还会导致同一网络环境下的其他协议丢包。然而 UDP 丢包了也可以无限制地发送数据，体现了 UDP 缺乏公平性，因此有些网络运营商和路由器会对 UDP 进行限制。

4.2.5　最小开销

根据前面介绍的特点，我们知道 UDP 是无连接的，也就不需要运行像 TCP 那样复杂的有限状态机，并且 UDP 没有确认、重传、流量控制和拥塞控制等复杂机制。这使得 UDP 更加轻量级，开销非常低。

开销低主要表现在两个方面，一是内核维护一个 UDP 所占用的内存资源少，因为没有那么多机制、发送后的数据也不需要保留并等待对方确认，所以分配的内核对象会比较少；二是 UDP 占用的 CPU 资源少，因为不需要维护连接状态，也不需要考虑网络是否发生拥塞等情况，所以发送和接收数据的函数调用链比较简洁。UDP 的这个特点适用于资源受限的环境，如嵌入式系统、传感器网络等。

4.3　应用场景

根据上面介绍的 UDP 特点，UDP 主要有下面几个应用场景：

（1）DNS（域名系统）：由于 DNS 的查询数据报文通常比较小，并且不需要建立持久连接，查询一次就结束，因此 UDP 的无连接性适合域名解析场景。

（2）实时音视频：UDP 常用于实时音频和视频传输，在这类应用中，实时性非常重要，例如谁也不想看到十几秒前的直播画面，而丢失少量数据可能会被接受（例如噪音或者画面不清晰）。因此 UDP 的最大交付特点很适合这类场景。

（3）IoT（Internet of Things）：大多数物联网设备的内存和 CPU 资源比较少，性能差，维护 TCP 的代价太大，并且物联网设备还对实时性的要求比较高，因此 UDP 的最大交付和最小开销特点适合这类场景。

（4）QUIC（Quick UDP Internet Connections，快速 UDP 互联网连接）：这是一种基于 UDP 改进的应用层通信协议，与 Quick（快）谐音。它最初由 Google 设计并在 2013 年首次提出，QUIC 的目标是提供更快的建立连接、更低的延迟和更高的安全性。QUIC 于 RFC9000 中被正式标准化。QUIC 提供了类似 TCP 的一整套完备的网络传输的解决方案，包括握手、挥手、确认、重传、纠错、流量控制和拥塞控制等机制，进而规避了 UDP 的不可靠性，利用了 UDP 的优点。

4.4 可靠性保障

因为 UDP 本身并不提供数据的可靠性和顺序性，所以应用层得对数据可靠性进行额外的处理，包括数据的错误、丢失和重复等情况。那么应用层如何保障数据可靠传输呢？目前主要有两种机制，一种是 ACK 机制（消息确认），另一种是 FEC 机制（Forward Error Correction，前向纠错）。

4.4.1 ACK

TCP 采用的就是 ACK 机制，TCP 的超时重传和快速重传就是基于确认机制的。当接收方收到报文后返回对该报文的确认报文告知发送方报文已经收到。如果发送方等待确认报文超时，就会引发超时重传，即重新发送该报文。

4.4.2 FEC

QUIC 协议既支持 ACK 机制，也支持 FEC 机制。FEC 机制认为网络一定会丢包（悲观主义者），因此它采取多发几个冗余数据报文来应对丢包的发生。FEC 机制在发送方的编码过程如图 4-7 所示。

$$
\begin{bmatrix}
1 & 0 & 0 & \cdots & 0 \\
0 & 1 & 0 & \cdots & 0 \\
0 & 0 & 1 & \cdots & 0 \\
\vdots & \vdots & \vdots & \ddots & \vdots \\
0 & 0 & 0 & \cdots & 1 \\
1 & \alpha_0^1 & \alpha_0^2 & \cdots & \alpha_0^{n-1} \\
1 & \alpha_1^1 & \alpha_1^2 & \cdots & \alpha_1^{n-1} \\
1 & \alpha_2^1 & \alpha_2^2 & \cdots & \alpha_2^{n-1} \\
\vdots & \vdots & \vdots & \ddots & \vdots \\
1 & \alpha_{m-1}^1 & \alpha_{m-1}^2 & \cdots & \alpha_{m-1}^{n-1}
\end{bmatrix}
\times
\begin{bmatrix}
b_0 \\ b_1 \\ b_2 \\ \vdots \\ b_{n-1}
\end{bmatrix}
=
\begin{bmatrix}
b_0 \\ b_1 \\ b_2 \\ \vdots \\ b_{n-1} \\ c_0 \\ c_1 \\ c_2 \\ \vdots \\ c_{m-1}
\end{bmatrix}
$$

图 4-7

为了描述方便，我们将图 4-7 中乘号左侧的矩阵称为矩阵 A，乘号右侧的矩阵称为矩阵 B，计算结果的矩阵称为矩阵 C。矩阵 A 是一个由 N 阶的单位矩阵 $\boldsymbol{I}$ 和 $M\times N$ 的范德蒙德（Vandermonde）矩阵 $\boldsymbol{V}$ 组成的矩阵，如图 4-8 所示。范德蒙德矩阵中的各元素为$\boldsymbol{V}_{ij}=\alpha_i^{j-1}$。

$$
\boldsymbol{I}=\begin{bmatrix}1 & 0 & 0 & \dots & 0\\ 0 & 1 & 0 & \dots & 0\\ 0 & 0 & 1 & \dots & 0\\ \vdots & \vdots & \vdots & \ddots & \vdots\\ 0 & 0 & 0 & \dots & 1\end{bmatrix},\ \boldsymbol{V}=\begin{bmatrix}1 & \alpha_0^1 & \alpha_0^2 & \dots & \alpha_0^{n-1}\\ 1 & \alpha_1^1 & \alpha_1^2 & \dots & \alpha_1^{n-1}\\ 1 & \alpha_2^1 & \alpha_2^2 & \dots & \alpha_2^{n-1}\\ \vdots & \vdots & \vdots & \ddots & \vdots\\ 1 & \alpha_{m-1}^1 & \alpha_{m-1}^2 & \dots & \alpha_{m-1}^{n-1}\end{bmatrix}
$$

图 4-8

矩阵 B 包含 N 个原始数据报文。矩阵 C 的前 N 个数据是原始数据报文，后面 M 个数据报文是生成的冗余数据报文。发送方会将这 $M+N$ 个数据报文发送出去。

这里我们假设 $M=2$ 和 $N=4$，即冗余度为 50%，在实际应用中通常不会设置这么高的冗余度，这里只是为了方便演示，通常情况下冗余度为 10%比较合理。我们还假设传输过程中 b_1 和 c_0 丢失，接收方收到了 b_0、b_2、b_3 和 c_1。恢复过程如图 4-9 所示。

$$
\begin{bmatrix}1 & 0 & 0 & 0\\ 0 & 0 & 1 & 0\\ 0 & 0 & 0 & 1\\ 1 & \alpha_1^1 & \alpha_1^2 & \alpha_1^3\end{bmatrix}\times\begin{bmatrix}b_0\\ b_1\\ b_2\\ b_3\end{bmatrix}=\begin{bmatrix}b_0\\ b_2\\ b_3\\ c_1\end{bmatrix}
$$

图 4-9

为了描述方便，我们将图 4-9 中乘号左侧的矩阵称为矩阵 D，就是将矩阵 A（$M=2$，$N=4$）中丢失数据报文对应的行删除了，乘号右侧的矩阵称为矩阵 E，它与矩阵 B（$N=4$）是一样的，计算结果的矩阵称为矩阵 F，包含成功接收的数据报文。根据 $D\times E=F$，可以得出 $E=D^{-1}\times F$。这样就可以通过矩阵相乘将丢失的 b_1 恢复。其实丢失的数据报文超过 M 个就不能恢复丢失的原始数据报文了。

第5章 CHAPTER 5 端口

5.1 问题

假设有一个服务需要升级，原来仅能处理 TCP 请求，现在又想处理 UDP 请求，为了对外暴露统一的端口，想使用同一个端口处理所有业务请求，那么 TCP 和 UDP 的 Socket 能同时绑定同一个端口吗？这样也引申出了以下两个问题：

（1）多个 UDP 的 Socket 能同时绑定同一端口吗？

（2）多个 TCP 的 Socket 能同时绑定同一端口吗？

上面的三个问题仅提到了绑定同一端口，其实隐含了一个条件，完整地说是绑定同一 IP 地址和端口。我们先介绍相同协议下的多个 Socket 是否可以同时绑定同一 IP 地址和端口，以及具体的应用场景。再介绍不同协议下的多个 Socket 是否可以同时绑定同一 IP 地址和端口。

5.2 地址和端口复用的总结

地址和端口复用主要涉及 Socket 的两个选项，一个是地址复用（SO_REUSEADDR）选项，另一个是端口复用（SO_REUSEPORT）选项。这两个选项开启和关闭的不同组合会对多个 Socket 的绑定产生不同的效果。下面是几种不同组合的效果。

5.2.1　两个选项均关闭

如果多个 Socket 在均关闭地址和端口复用选项的情况下同时绑定相同的<IP:PORT>，那么除第一个绑定的 Socket 外，所有其他绑定的 Socket 都会报出地址已被占用（Address already in use）的错误。如图 5-1 中左侧所示，两个 Socket 都没有开启地址和端口复用选项，后绑定的 Socket 2 会绑定失败。如图 5-1 中右侧所示，0.0.0.0 表示机器上的所有 IP 地址，自然也包括 172.17.0.2，因此后绑定的 Socket 2 也会绑定失败。测试代码见代码清单 5-1。

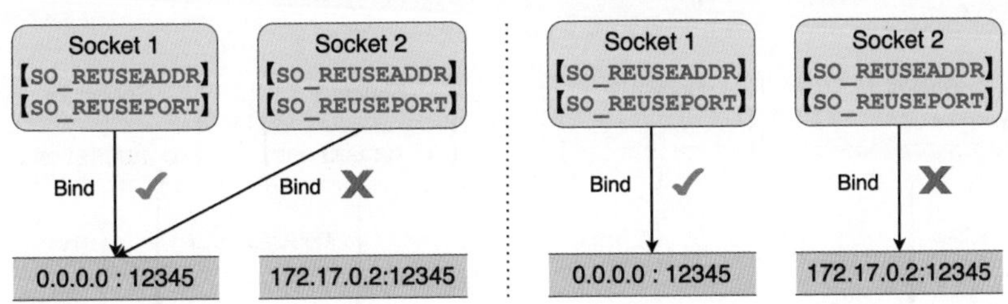

图 5-1

5.2.2　仅开启一个选项

如果多个 Socket 在仅开启地址复用或端口复用选项的情况下同时绑定相同的<IP:PORT>，那么所有绑定的 Socket 都能绑定成功，如图 5-2 所示。测试代码见代码清单 5-1。

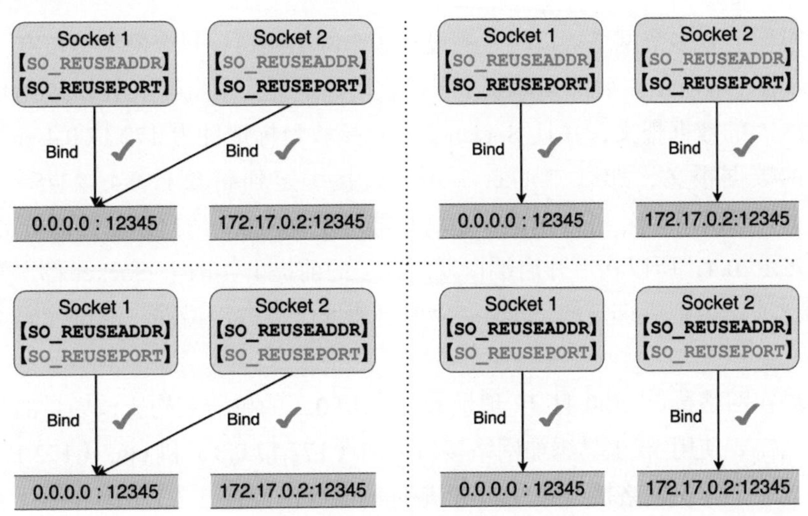

图 5-2

5.2.3 仅开启地址复用选项

如果多个 Socket 在均开启地址复用选项并且均关闭端口复用选项的情况下同时绑定相同的<IP:PORT>，那么只有最后绑定的 Socket 可以收到数据，如图 5-3 中左侧所示。但是当两个 Socket 都开启了地址复用选项（开启或关闭端口复用选项都没有影响）时，并且 Socket 1 绑定 0.0.0.0，Socket 2 绑定 172.17.0.2，那么发送给 172.17.0.2 的数据都会发送给 Socket 2，与两个 Socket 绑定先后顺序无关，如图 5-3 中右侧所示。测试代码见代码清单 5-1。

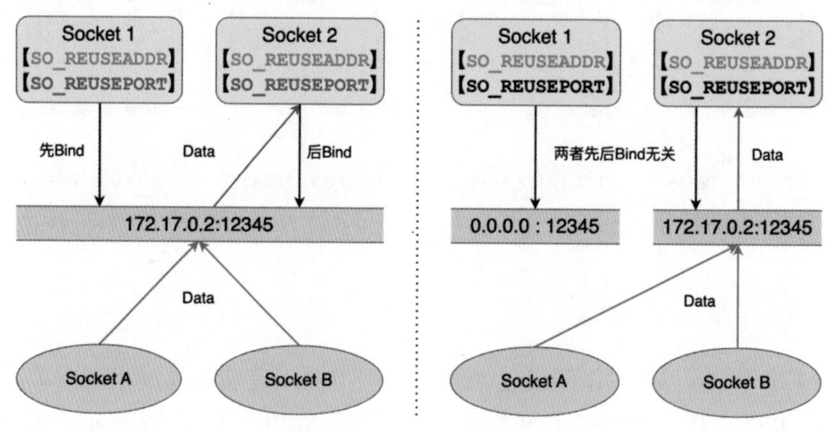

图 5-3

当机器上有多个网络接口时，假设有 3 个网络接口，每个网络接口有一个 IP 地址，如图 5-4 所示。如果 Socket 1 想接收目标地址为本机器上所有 IP 地址和端口为 12345 的数据报文，并且 Socket 2 只想接收目标地址为 172.17.0.4 和端口为 12345 的数据报文，那么 Socket 2 可以直接绑定到<172.17.0.4:12345>，但是 Socket 1 只能调用一次 bind 函数，也就只能绑定<0.0.0.0:12345>。然而 0.0.0.0 包含了 172.17.0.4，所以在不开启端口复用选项的前提下，两个 Socket 都得开启地址复用选项，否则后绑定的 Socket 会报出地址已被占用错误。测试代码见代码清单 5-1。

如果在网络接口 eth0 且 IP 地址为 172.17.0.2 的机器上构造该场景的测试环境，那么需要使用 ip 工具添加网络接口 eth1（172.17.0.3）和 eth2（172.17.0.4）。如何添加一个虚拟网络接口并分配 IP 地址的命令已经在 2.7.3 节中介绍过了，这里不再赘述。

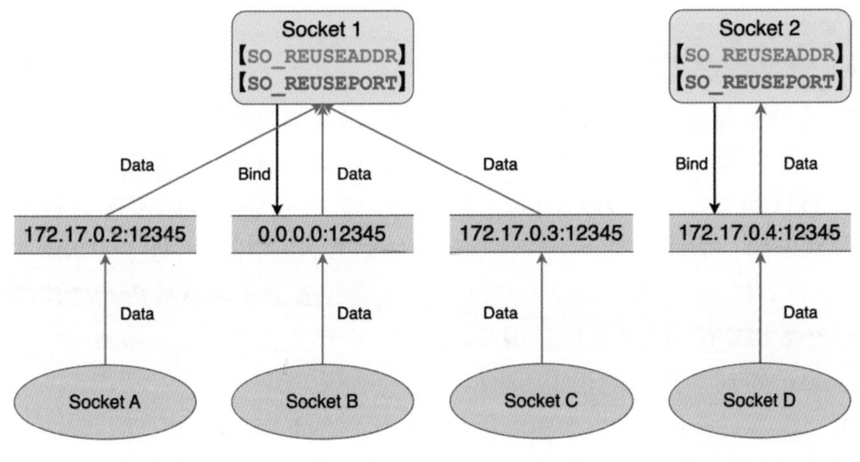

图 5-4

5.2.4 开启端口复用选项

如果多个 Socket 在均开启端口复用选项（开启或关闭地址复用都没有影响）的情况下同时绑定相同的<IP:PORT>，那么内核根据客户端的<IP:PORT>把请求“哈希”到对应的 Socket 上，如图 5-5 左侧所示。但是当两个 Socket 都开启了端口复用选项（开启或关闭地址复用都没有影响）时，并且 Socket 1 绑定 0.0.0.0，Socket 2 绑定 172.17.0.2，那么发送给 172.17.0.2 的数据都会发送给 Socket 2，与两个 Socket 绑定先后顺序无关，如图 5-5 右侧所示。测试代码见代码清单 5-1。

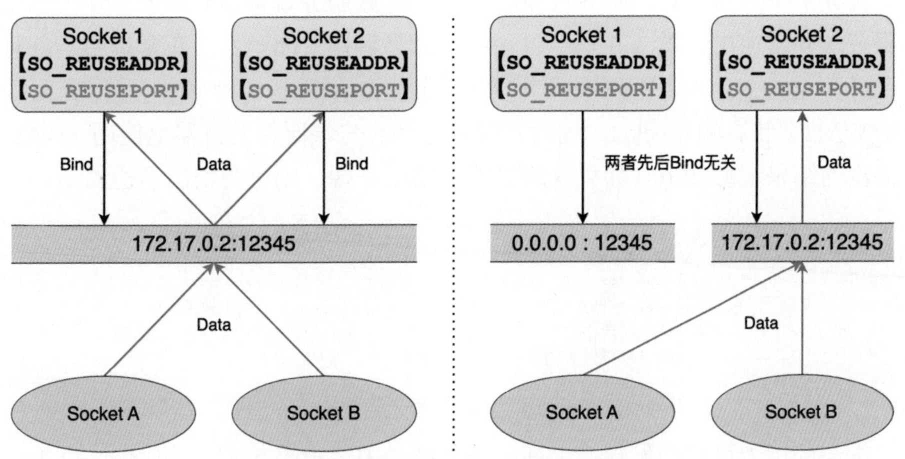

图 5-5

5.3 地址复用的应用场景

如果 TCP 服务端重启时偶尔会报出 5.2.1 节中提到的地址已被占用的错误，那么说明多个 Socket 绑定了相同的<IP:PORT>。重启意味着先关闭再启动两个动作，不过这两个动作的时间间隔很短。为什么服务端都关闭了还会触发多个 Socket 绑定同一个端口呢？这是因为服务端重启时机器上还有处于 TIME_WAIT 或 FIN_WAIT2 状态的 Socket，它（们）还占用着服务端重启后新创建的监听 Socket 想要绑定的<IP:PORT>，因此就报错了。需要注意的是，服务端重启之前监听 Socket 随着服务端关闭而关闭了。

网上很多文章介绍发生上述错误都是由于 TIME_WAIT 状态的 Socket 导致的，这是因为这个场景比较常见。当服务端重启并主动关闭连接时，客户端很配合，收到 FIN 报文后就立刻调用了关闭函数，双方快速完成了四（或三）次挥手，然后服务端上的 1 个或多个 Socket 进入 TIME_WAIT 状态。例如，下面是在服务端所在机器上使用 netstat 命令输出的结果。它（们）将要持续占用<IP:PORT>的时长为 2MSL（Linux 中为 60 秒）。当服务端重启后，新创建的监听 Socket 绑定相同的<IP:PORT>时，就会出现上述的报错。

```
$ netstat -pant # 172.17.0.2
Active Internet connections (servers and established)
Proto Recv-Q Send-Q Local Address           Foreign Address         State       PID/Program name
tcp        0      0 172.17.0.2:2000         172.17.0.3:1000         TIME_WAIT   -
tcp        0      0 172.17.0.2:2000         172.17.0.4:1000         TIME_WAIT   -
```

实际上 FIN_WAIT2 状态的 Socket 也会导致服务端重启时报出上述的错误。在服务端异常退出、被 kill 命令“杀死”或者调用关闭函数后正常退出，并且存在某个（些）客户端还没有调用关闭函数的情况下，服务端上会出现处于 FIN_WAIT2 状态的 Socket，这时在服务端和客户端所在的机器上使用 netstat 命令输出的结果汇总如下。如果这时重新启动服务端，则也会报出上述的错误。

```
$ netstat -pant # 服务端 (172.17.0.2)
Active Internet connections (servers and established)
Proto Recv-Q Send-Q Local Address           Foreign Address         State       PID/Program name
tcp        0      0 172.17.0.2:2000         172.17.0.3:1000         FIN_WAIT2   -
$ netstat -pant # 客户端 (172.17.0.3)
Active Internet connections (servers and established)
Proto Recv-Q Send-Q Local Address           Foreign Address         State       PID/Program name
tcp        1      0 172.17.0.3:1000         172.17.0.2:2000         CLOSE_WAIT  100/./client
```

细心的读者可能会发现，上面的输出结果中客户端 Socket 的 Recv-Q 的值为 1，这个 1 是什么数据呢？它就是 FIN 报文所占用的一个序列号，也就是一个字节，如果这时客户端调用 read 函数读取 Socket，那么不管该 Socket 是否为阻塞的，read 函数都会返回 0，表示对端已经关闭了连接，即收到了 FIN 报文。当客户端调用 read 函数后，再执行上面的 netstat 命令会发现该 Recv-Q 的值变为 0 了。这里提一点，在 Socket 设置了非阻塞的情况下，调用 read 函数没有读取到任何数据（包括 FIN 报文），并且没有任何错误，read 函数返回的是-1。测试用的客户端和服务端程序见代码清单 5-2。

那么如何处理上述的错误呢？答案就是在创建完监听 Socket 之后，开启监听 Socket 的地址复用选项。修改代码清单 5-2 中的服务端代码（即恢复注释掉的代码）后，重启服务端就不会再报出上述的错误了。这时在服务端所在机器上使用 netstat 命令输出的结果如下，可以发现 FIN_WAIT2 状态的 Socket 还在（说明客户端还没有调用关闭函数），而多了一个服务端重启后新创建的监听 Socket。

```
$ netstat -pant # 服务端 (172.17.0.2)
Active Internet connections (servers and established)
Proto Recv-Q Send-Q Local Address           Foreign Address         State       PID/Program name
tcp        0      0 0.0.0.0:2000            0.0.0.0:*               LISTEN      157/./server
tcp        0      0 172.17.0.2:2000         172.17.0.3:1000         FIN_WAIT2   -
```

由于 UDP 是无连接的，因此 UDP 不需要维护像 TCP 那么多状态，UDP 服务重启后立刻就关闭了所使用的 Socket 并释放了端口，所以单纯为了本场景不需要开启 Socket 的地址复用选项。

5.4 端口复用的应用场景

下面我们通过两个实验来证明端口复用对服务端程序性能的提升是巨大的，知道了这一点，就可以提升自己开发高性能服务的能力。

5.4.1 单工作线程

下面看一个单工作线程的 UDP 服务端的例子。服务端代码如下，为了代码复用，笔者定义了一个 WORKER_NUM 宏，这里它等于 1，表示仅有一个工作线程处理一个 Socket 来接收 UDP 报文，服务端的架构如图 5-6 所示。正因为只有一个 Socket，所以代码中的开启端口复用逻辑并没有起作用。为了避免占用过多篇幅，笔者已经对该服务端代码做了高度精简。该服务端程序一共接收 1 百万个 UDP 报文，每当接收一个 UDP 报文后计算一个 10000 的乘阶，目的是模拟服务端的逻辑负载。注意编译该程序时一定要携带-O0 参数，否则该乘阶会被优化掉，因为后面并没有使用该乘阶的结果。当接收完 1 百万个 UDP 报文后，统计耗时，最后计算服务端的处理能力，用 QPS 表示。

```
#define WORKER_NUM 1
uint64_t now_us() {
    struct timespec now = {0, 0};
    clock_gettime(CLOCK_MONOTONIC_RAW, &now);
    return uint64_t(now.tv_sec) * 1000000 + now.tv_nsec / 1000;
}
uint64_t factorial(int n) { /* 计算 n 的乘阶，用来模拟服务端的逻辑负载 */
    if (n == 0) return 1;
    else return n * factorial(n - 1);
}
int main() {
    uint64_t counters[WORKER_NUM+1] = {0};
    std::vector<std::thread*> workers;
    uint64_t begin = now_us();
    for (int i = 0; i < WORKER_NUM; ++i) {
        std::thread *worker = new std::thread([i, &counters]() {
            int sockfd = socket(AF_INET, SOCK_DGRAM, IPPROTO_UDP);
            int p = 1; /* 端口复用 */
            int ret = setsockopt(sockfd, SOL_SOCKET, SO_REUSEPORT, &p,
    sizeof(p));
            struct sockaddr_in addr;
            addr.sin_family = AF_INET;
            addr.sin_addr.s_addr = htonl(INADDR_ANY);
            addr.sin_port = htons(12345);
            ret = bind(sockfd, (struct sockaddr *)&addr, sizeof(addr));
            printf("Worker %d is running, sockfd=%d\n", i, sockfd);
            char buf[1024];
            for (int j = 0; ret == 0 && j < 1000000; ++j, ++counters[i]) {
                int n = recvfrom(sockfd, (char *)buf, 99, 0, NULL, NULL);
                n = factorial(10000); /* 增加负载 */
            }
        });
        workers.push_back(worker);
    }
    for (int i = 0; i < WORKER_NUM; ++i) workers[i]->join();
    uint64_t sub = (now_us() - begin) / 1000;
    for (int i = 0; i < WORKER_NUM; ++i) counters[WORKER_NUM] +=
    counters[i];
```

```
    printf("QPS: %d, Elapsed: %dms\n", counters[WORKER_NUM] * 1000 / sub,
    sub);
    return 0;
}
```

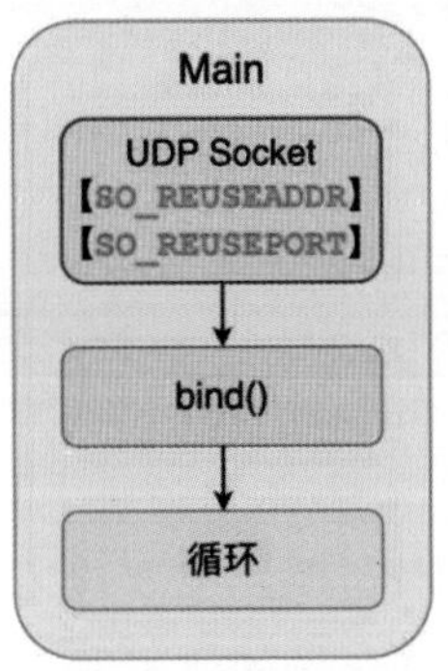

图 5-6

下面是客户端的代码，用来向服务端发送稳定 QPS 的 UDP 报文。在客户端的代码中笔者定义了一个 QPS 宏，这里它等于 10 万，即每秒发送 10 万个 UDP 报文给目标 IP 地址和端口。这个客户端稍后还会用到，该程序也经过了高度精简。

```
#define QPS 100000
uint64_t now_us(); /* 与服务端代码中定义的一致，这里省略函数实现 */
uint64_t begin = 0, counter = 0;
void sigint_handler(int signum) { /* 信号处理函数 */
    uint64_t sub = (now_us() - begin) / 1000;
    printf("Send QPS: %d, Elapsed: %dms\n", counter * 1000 / sub, sub);
    exit(signum);
}
int main(int argc, char *argv[]) {
    if (argc != 3) {
        fprintf(stderr, "Usage: %s <server_ip> <server_port>\n", argv[0]);
        return 1;
    }
    if (signal(SIGINT, sigint_handler) == SIG_ERR) return 1; /* 注册 SIGINT
    的处理函数 */
    char *buf = "1234567890abcdefghij";
    int sockfd = socket(AF_INET, SOCK_DGRAM, IPPROTO_UDP);
    struct sockaddr_in addr;
    addr.sin_family = AF_INET;
    addr.sin_addr.s_addr = htonl(INADDR_ANY);
```

```
    int ret = inet_pton(AF_INET, argv[1], &addr.sin_addr);
    addr.sin_port = htons(atoi(argv[2]));
    begin = now_us();
    while (sockfd) {
        int n = sendto(sockfd, buf, 20, 0, (struct sockaddr *)&addr,
    sizeof(addr));
        int64_t sub = int64_t(++counter * 1000000 / QPS) - int64_t(now_us()
    - begin);
        if (sub > 0) usleep(sub);
    }
    return 0;
}
```

这里涉及稳定 QPS 的具体实现，笔者没有采用每次循环调用 sleep（或 usleep）函数等待固定时间的方式，例如要实现 10 万的发送 QPS，那么每次循环等待 10 微秒。如果这么实现了，那么通常发送的 QPS 达不到 10 万。原因有两个：一个是每次循环除了等待 10 微秒还有其他开销也耗时；另一个是 usleep 函数会发生线程/进程的上下文切换，切换本身的耗时可能就大于 10 微秒了。笔者亲试在 Docker 容器（Fedora 31，Linux 5.10，Intel Core i7 2.6GHz）内每次循环调用 usleep 函数等待 1 微秒，最大一次发送 QPS 为 7215，如果我们忽略发送 UDP 报文的时间，那么平均每次循环等待时间约为 139 微秒。部分读者可能想到了更极端的情况，那就是每次循环调用 usleep 函数等待 0 微秒，笔者为这部分读者做了实验，最大一次发送 QPS 为 8079，效果基本与等待 1 微秒一样。

笔者采用了"多退少补"的方式，即每次循环计算一下当前发送的 UDP 报文数量的期望时间与实际流逝时间的差值。如果差值大于 0，则说明发送快了，需要等待差值的时间；如果差值小于 0，则说明发送慢了，需要加快发送速度。需要注意的是，提供稳定 QPS 的方式可以是一道面试题。

笔者准备了 4 个 Docker 容器（配置同上）。容器 1（IP 地址为 172.17.0.2）执行服务端程序。容器 2（IP 地址为 172.17.0.3）、容器 3（IP 地址为 172.17.0.4）和容器 4（IP 地址为 172.17.0.5）分别执行客户端程序同时给容器 1 上的服务端发送 UDP 报文，发送 QPS 一共为 30 万。

下面是 4 个容器中输出结果的汇总，从结果中我们可以看到服务端的接收 QPS 为 34683。这里提一下，虽然 3 个客户端发送 QPS 的总和是 30 万，但是服务端接收 QPS 只有 3 万多，多出来的 UDP 报文要么被缓存在接收队列中了，要么接收队列满后被丢掉了。在这里我们并不关心 UDP 报文是否丢失，只关心服务端的接收性能。

```
$ ./server # 172.17.0.2
Worker 0 is running, sockfd=3
QPS: 34683, Elapsed: 28832ms
$ ./client 172.17.0.2 12345 # 172.17.0.3
Send QPS: 99999, Elapsed: 32449ms
$ ./client 172.17.0.2 12345 # 172.17.0.4
Send QPS: 99999, Elapsed: 33999ms
$ ./client 172.17.0.2 12345 # 172.17.0.5
Send QPS: 100000, Elapsed: 36953ms
```

5.4.2　多工作线程

我们将上面服务端代码中的 WORKER_NUM 宏修改为 3，表示启用 3 个工作线程，3 个工作线程的 Socket 同时调用 bind 函数绑定同一个<IP:PORT>，并且各自独立接收 UDP 报文和计算 10000 的乘阶，这样可以充分发挥多核的性能。前提是每个 Socket 都要开启端口复用选项。服务端的架构如图 5-7 所示。根据 5.2.4 节中的结论，我们知道当客户端发送数据到达服务端时，内核会根据客户端的 <IP:PORT> 将请求“哈希”映射到对应工作线程的 Socket 上。这就是笔者要使用 3 个容器分别执行客户端的原因，但有时 3 个容器上的客户端发送给服务端的 UDP 报文可能会发送给服务端上 3 个 Socket 中的 1 个或者 2 个，出现哈希不均匀的情况，可能需要多实验几次。

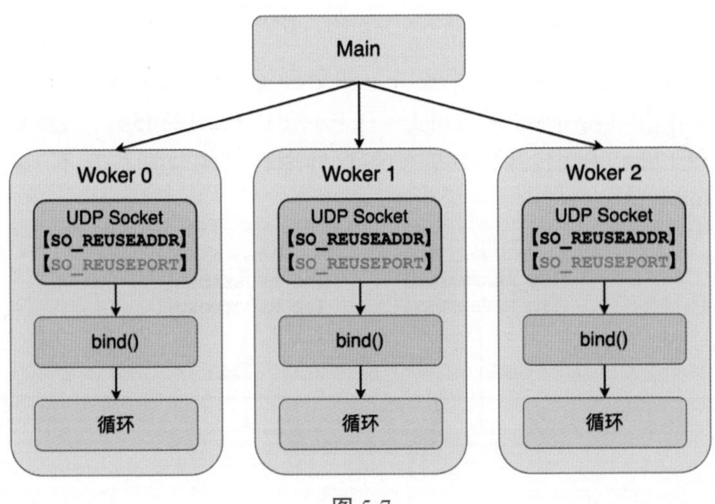

图 5-7

下面是 4 个容器中输出结果的汇总，从结果中我们可以看到服务端的接收 QPS 为 101392，相比前面输出结果中的 34683，服务端处理性能提升了近 2 倍，与工作线程数量成正比。

```
$ ./server # 172.17.0.2
Worker 0 is running, sockfd=3
Worker 1 is running, sockfd=4
Worker 2 is running, sockfd=5
QPS: 101392, Elapsed: 29588ms
$ ./client 172.17.0.2 12345 # 172.17.0.3
Send QPS: 99998, Elapsed: 35091ms
$ ./client 172.17.0.2 12345 # 172.17.0.4
Send QPS: 99999, Elapsed: 36601ms
$ ./client 172.17.0.2 12345 # 172.17.0.5
Send QPS: 99999, Elapsed: 38162ms
```

笔者之前写的一个服务就是采用的这种方式，服务处理性能发生了质变，由原来的 10 万 QPS（图 5-6 的方式）提升到了 50 万 QPS（图 5-7 的方式）。

5.5 TCP 和 UDP 绑定同一端口

回到本章开头的问题，通常情况下，TCP 和 UDP 的 Socket 本来就可以同时绑定相同的<IP:PORT>，都不需要开启地址复用选项和端口复用选项。

实际上每个 Socket 在绑定端口前都设置了具体的协议，TCP Socket 和 UDP Socket 创建的函数和参数分别如下：

```
int sockfd1 = socket(AF_INET, SOCK_STREAM, IPPROTO_TCP);
int sockfd2 = socket(AF_INET, SOCK_DGRAM, IPPROTO_UDP);
```

所以 Socket 不是绑定<IP:PORT>，而是绑定了<PROTOCOL:IP:PORT>。如图 5-8 所示，TCP 的 Socket 绑定的是<TCP:172.17.0.2:12345>，UDP 的 Socket 绑定的是<UDP:172.17.0.2:12345>，它们各自处理自己的数据，互不干扰。测试代码见代码清单 5-1。

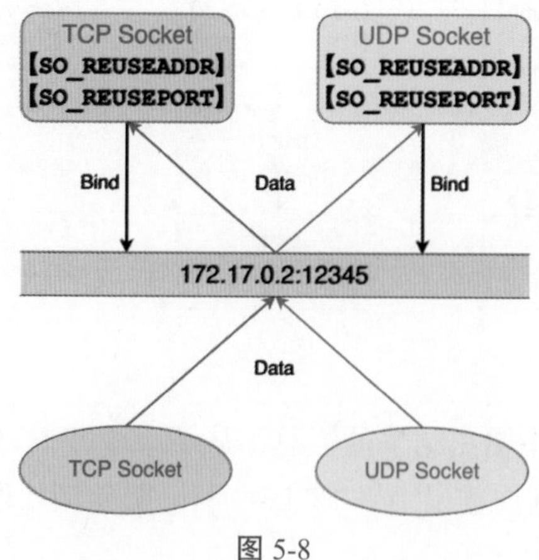

图 5-8

第6章 CHAPTER 6 收包

网卡是计算机的通信工具，在网络收发数据包之前，内核需要进行网卡的准备过程。本章先介绍网卡的准备过程，再详细介绍网络收包过程，第 7 章会详细介绍网络发包过程。

本章内容基于 Linux 6.0 内核、64 位系统和 Intel 网卡驱动程序 igb（下文简称 igb）的环境。本章涉及的大部分内核代码及注释都放在了附加的代码文件中，建议读者结合代码文件阅读本章。

6.1 网卡的准备过程

网卡的准备过程包括内核启动时对网卡驱动程序（下文简称网卡驱动）的加载和初始化，以及网卡的启用过程，如图 6-1 所示。

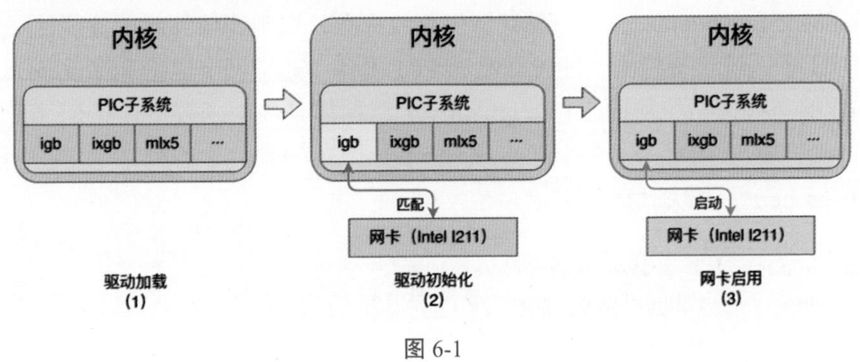

图 6-1

6.1.1 网卡驱动的加载

网卡为了与 CPU 协同工作，需要安装一个被称为网卡驱动的软件模块。这个网卡驱动就像桥梁一样，连接网卡和 CPU。

igb 通过 module_init 宏注册了一个加载函数（igb_init_module），这意味着当内核启动时，内核会自动调用 igb_init_module 函数完成 igb 的加载，相关代码见代码清单 6-1。

igb_init_module 函数的主要逻辑被封装在 pci_register_driver 宏定义中调用的 __pci_register_driver 函数中。后者的代码如下：

```
int __pci_register_driver(struct pci_driver *drv, struct module *owner,
                          const char *mod_name)
{
    /* 初始化通用驱动字段 */
    drv->driver.name = drv->name;
    drv->driver.bus = &pci_bus_type;
    drv->driver.owner = owner;
    drv->driver.mod_name = mod_name;
    drv->driver.groups = drv->groups;
    drv->driver.dev_groups = drv->dev_groups;

    spin_lock_init(&drv->dynids.lock);
    INIT_LIST_HEAD(&drv->dynids.list);

    return driver_register(&drv->driver);
}
```

__pci_register_driver 函数最后调用 driver_register 函数把网卡驱动实例 igb_driver（struct pci_driver）注册到 PCI 子系统中。PCI 的全称是 Peripheral Component Interconnect，是一种计算机总线标准，用于连接外部设备到计算机主板。PCI 子系统负责检测、配置和驱动 PCI 设备（通常网卡也是 PCI 设备），使它们能够与操作系统协同工作。igb_driver 结构体是一个函数指针集合，其中就包含网卡驱动初始化时用到的该驱动支持的 PCI 设备列表和探测函数（igb_probe），相关代码如下：

```
static struct pci_driver igb_driver = {
    .name     = igb_driver_name, // 驱动程序名称
    .id_table = igb_pci_tbl,     // 支持的 PCI 设备列表
    .probe    = igb_probe,       // 探测函数
```

```
    /*…*/
};
```

6.1.2　网卡驱动的初始化

一个网卡驱动通常可以支持同一个系列下的多种型号的网卡。驱动程序将其支持的所有设备类型保存在一个元素为 struct pci_device_id 的列表中。igb 支持的部分 PCI 设备列表（igb_pci_tbl）见代码清单 6-2。

内核根据网卡设备 ID（例如，Intel I211 网卡设备 ID 为 0x1539）与网卡驱动所支持的设备列表进行匹配，找到合适的网卡驱动来控制该网卡，一旦某个网卡被某个驱动程序成功占用，其他驱动程序将不再尝试操作或管理该设备，避免多个驱动程序操作和控制同一设备造成冲突。内核调用之前注册到 PCI 子系统的探测函数（probe）完成网卡驱动的初始化。

1. igb_probe 函数

在 igb 中，probe 探测函数指向 igb_probe 函数，其部分代码如下：

```
static int igb_probe(struct pci_dev *pdev, const struct pci_device_id *ent)
{
    /* 设置网卡的 DMA 掩码 */
    err = dma_set_mask_and_coherent(&pdev->dev, DMA_BIT_MASK(64));
    /* 网卡的内存区域的保留 */
    err = pci_request_mem_regions(pdev, igb_driver_name);
    /* 创建一个网络设备，并完成初始化*/
    netdev = alloc_etherdev_mq(sizeof(struct igb_adapter),
    IGB_MAX_TX_QUEUES);
    /* net_device_ops 结构体 */
    netdev->netdev_ops = &igb_netdev_ops;
    /* 注册驱动支持的 ethtool 工具的函数集合 */
    igb_set_ethtool_ops(netdev);
    /* 初始化网络设备的私有结构，其中注册 poll 函数到 NAPI 实例中 */
    err = igb_sw_init(adapter);
}
```

该函数主要逻辑如下：

（1）设置网卡的 DMA 掩码，并为网卡保留使用的物理内存区域。

（2）完成网络设备结构体（struct net_device）的创建和初始化。可以认为

net_device 是网卡在内核中的描述符。为了避免名称混淆，本章约定“网卡设备”或“网络设备”表示网卡在内核中的描述符，而“网卡”表示网卡硬件。

（3）将 igb 支持的函数集合（igb_netdev_ops，见代码清单 6-3）赋值给刚创建的 net_device 实例中的 netdev_ops 字段。函数集合 igb_netdev_ops 包含了启用网卡、停用网卡、设置 MAC 地址、更改 MTU 和发送数据包等函数。其中，igb_open 函数用来启用网卡，igb_xmit_frame 函数用来发送数据包，我们将在 7.6.5 节中详细介绍它。

（4）注册 igb 支持 ethtool 工具的函数集合。ethtool 工具通过 ioctl 系统调用来使用各种网卡驱动注册的函数。可以认为 ethtool 工具是一个工具箱，里面的具体工具都是网卡驱动提供的函数。然而，不是所有种类的网卡驱动都会实现 ethtool 工具需要的全部函数。

（5）调用 igb_sw_init 函数初始化网卡设备（net_device）的私有数据结构（struct igb_adapter）。

2. igb_sw_init 函数

该函数的定义见代码清单 6-4，主要逻辑如下：

（1）设置网卡设备的发送队列数量（adapter->tx_ring_count）和接收队列数量（adapter->rx_ring_count）分别为 IGB_DEFAULT_TXD（8）和 IGB_DEFAULT_RXD（8）。

（2）设置网卡设备的最大网络帧的大小（adapter->max_frame_size）和最小网络帧大小（adapter->min_frame_size）分别为 1526（基于 MTU 等于 1500）和 18 字节（只有以太头和 FCS，以太头占 14 字节，FCS 占 4 字节）。

（3）设置网卡设备的标志（adapter->flags）包含 IGB_FLAG_HAS_MSIX，表示可以使用 MSI-X 中断模式，稍后会在网卡启用时选择使用哪种硬中断模式。

（4）调用 igb_init_interrupt_scheme 函数完成网卡设备的硬中断向量的创建和初始化。网卡设备的每个硬中断向量（struct igb_q_vector）有一个 NAPI 实例，一个硬中断向量可能对应一个或多个队列（Ring Buffer），但在 igb 中，一个硬中断向量只对应一个队列（Ring Buffer）。网卡设备中的硬中断向量结构体 igb_q_vector 的定义见代码清单 6-5。igb_init_interrupt_scheme 函数经过多层函数调用，最后在 igb_alloc_q_vector 函数（部分代码见代码清单 6-6）中循环调用 netif_napi_add 函数对硬中断向量中的 NAPI 实例进行初始化，其中包括向该 NAPI 实例注册一个 poll 函数（igb 实现的是 igb_poll 函数）和设置该 NAPI 实例的运行权重（weight），weight 表示该 NAPI 实例在轮询处理数据包时最多处理的数据包数量，在 igb 中，它是一个固定值 64。

（5）调用 igb_irq_disable 函数屏蔽该网卡上触发的硬中断，然后设置网卡设备状态（adapter->state）包含__IGB_DOWN 标志位，表示没有启用该网卡。

3. NAPI 机制

NAPI（New API）是一种用于处理网络中断的机制，旨在提高网络性能。它是 Linux 内核网络子系统的一部分，通过减少中断开销和采用轮询方式来更有效地处理网络数据包。

（1）**中断减少**：运行 NAPI 实例期间屏蔽网卡的硬中断请求，进而减少中断处理的频率来降低系统开销。

（2）**轮询方式**：运行 NAPI 实例期间周期性地轮询网络数据包，一次中断处理多个数据包，提升吞吐量。

通过一次硬中断运行 NAPI 实例，在随后硬中断触发的软中断处理函数中循环调用 poll_list 链表中的 NAPI 实例的 poll 函数来从接收队列获取数据包，这样可以防止产生频繁硬中断造成的性能开销。当然，NAPI 也有缺陷，即系统不能及时接收一些数据包，也就增加了这部分数据包的延时。

6.1.3　启用网卡

到这里，网卡已经初始化完成了，当系统管理员使用相关命令启用网卡时，内核会调用对应网卡驱动操作函数集合（net_device_ops）中启用网卡设备的函数指针（ndo_open）所指向的具体函数。下面的两个命令分别用于启用和停用一个网卡（eth0）：

```
$ ip link set eth0 up     # 启用网卡 eth0
$ ip link set eth0 down   # 停用网卡 eth0
```

在 igb 中，ndo_open 函数指针指向 igb_open 函数，而 igb_open 函数只调用了__igb_open 函数，后者的部分代码见代码清单 6-7，其主要逻辑有以下几点。

1. 创建发送队列和接收队列

目前大部分网卡设备都采用基于环形缓存区的队列（Ring Buffer）进行数据包的收发。在__igb_open 函数中，igb_setup_all_rx_resources 函数会循环调用 igb_setup_rx_resources 函数 num_rx_queues（接收队列数量）次，每次创建一个接收队列（RX Ring Buffer），其元素是 struct igb_rx_buffer 结构体，并且通过 DMA 申请连续内核空间，用来存放每个 igb_rx_buffer 对应的 e1000_adv_rx_desc 结构体，这两个结构体就是后面说的描述符，部分代码见代码清单 6-8。

发送队列（TX Ring Buffer）的创建过程与接收队列（RX Ring Buffer）类似，感兴趣的读者可以阅读相关内核源码。

2. 配置发送队列和接收队列

创建完发送队列和接收队列后，需要把它们关联到网卡，关联方式是通过把发送队列和接收队列的首元素写入网卡寄存器等操作实现的。最后需要申请“接收队列长度减 1”个 igb_rx_buffer 描述符对应的内存，并映射到 DMA 地址（总线地址）空间，便于网卡将收到的数据包通过 DMA 机制写入这些内存。接收队列的配置过程由 igb_configure 函数和 igb_alloc_rx_buffers 函数完成，它们的部分代码见代码清单 6-9。

3. 注册硬中断处理函数

通常网卡设备可以采用的中断模式有三种，分别是 MSI-X、MSI 和 Legacy（传统）中断模式。

（1）MSI-X（Message Signaled Interrupts-Extended）是一种高级中断模式，专为多核处理器和多队列网卡设计。在这种模式下，每个接收队列都有内核为其分配的特定的硬中断号，硬中断号可以与固定 CPU 绑定，绑定后硬中断都由固定的 CPU 处理，也就是我们平时说的硬中断的 CPU 亲和性。这允许每个 CPU 核心可以独自处理各自的接收队列，而不需要与其他 CPU 核心共享中断，从而减少了中断的竞争，提高了网络数据包处理的效率。

（2）MSI（Message Signaled Interrupts） 是一种比 Legacy 模式更高级的中断模式，它允许每个设备使用单个中断向量，而不是为每个中断类型使用一个引脚。MSI 减少了中断引脚的数量，提供了更高的可扩展性，但它仍然不如 MSI-X 灵活，因为它不允许为每个队列分配独立的硬中断号。

（3）Legacy 模式是一种传统的中断模式，其中每个设备都使用独立的物理中断引脚。在早期的系统中，这是唯一的中断模式。然而，随着多核处理器和多队列网卡的出现，Legacy 模式变得不再高效，因为它无法提供足够的中断向量来满足每个队列的需求。此外，Legacy 中断在多个 CPU 核心之间共享，可能导致中断竞争和性能下降。

igb 在 igb_request_irq 函数（其部分代码见代码清单 6-10）中按照 MSI-X→MSI→Legacy 的顺序从高优先级到低优先级依次尝试为接收队列注册中断处理函数，这三种中断模式对应的中断处理函数分别是 igb_msix_ring、igb_intr_msi 和 igb_intr，注册一种中断模式即可。

6.1.2 节介绍过 igb_sw_init 函数设置的网卡设备的标志（adapter->flags）包含 IGB_FLAG_HAS_MSIX，因此这里的 igb 采用了 MSI-X 中断模式，然后调用 igb_request_msix 函数将 igb_msix_ring 函数设置为硬中断处理函数，其部分代码见代码清单 6-11。当 CPU 收到网卡由于有数据包到达而触发的硬中断后，CPU 会执行 igb_msix_ring 函数处理收包流程。

4. 清除关闭标志

清除网卡设备状态（adapter->state）中的__IGB_DOWN 标志位，表示启用了该网卡设备，这个标志位是在 6.1.2 节介绍的 igb_sw_init 函数中设置的。

5. 启用 NAPI 实例

6.1.2 节介绍了驱动程序如何创建和初始化网卡设备中的硬中断向量的 NAPI 实例，但要使其工作还得将其启用。在__igb_open 函数中，循环调用 napi_enable 函数将网卡设备中的所有硬中断向量的 NAPI 实例启用。注意“启用”NAPI 实例是后面“执行”NAPI 实例的前提。

6. 启用网卡硬中断

在 6.1.2 节中也是 igb_sw_init 函数屏蔽了该网卡触发的硬中断，即使网卡有数据触发了硬中断，CPU 也不会理会它。网卡准备过程的最后一步就是在__igb_open 函数中调用 igb_irq_enable 函数（见代码清单 6-12）启用该网卡的硬中断，然后 CPU 就可以响应网卡触发的硬中断来收发数据了。

6.2 收包过程总览

前面介绍了网卡收发数据包前的准备过程，接下来介绍网络的详细收包过程，从网络接口层、网络层、传输层、套接字层再到应用层的整个 TCP/IP 四层协议栈的收包过程如图 6-2 所示。

从硬中断到协议栈的调用链如图 6-3 所示。调用链的关键路径上的函数都在图 6-3 中，读者可以对照图 6-3 理解函数间的调用关系。

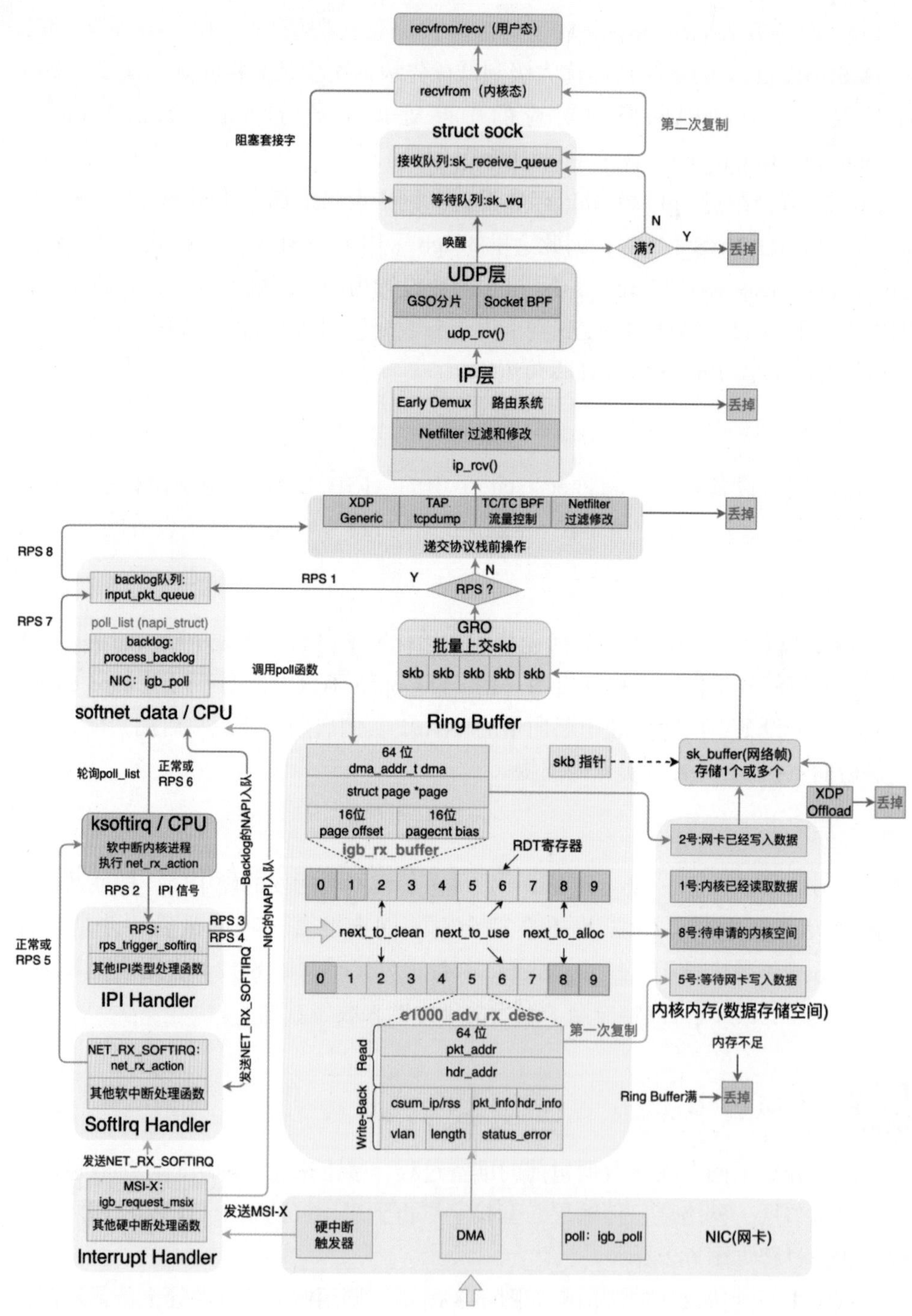
recvfrom/recv（用户态）
recvfrom（内核态）
阻塞套接字
第二次复制
struct sock
接收队列:sk_receive_queue
等待队列:sk_wq
唤醒
满?
N
Y
丢掉
UDP层
GSO分片
Socket BPF
udp_rcv()
IP层
Early Demux
路由系统
Netfilter 过滤和修改
ip_rcv()
丢掉
XDP Generic
TAP tcpdump
TC/TC BPF 流量控制
Netfilter 过滤修改
丢掉
递交协议栈前操作
RPS 8
backlog队列: input_pkt_queue
RPS 1
RPS ?
RPS 7
poll_list (napi_struct)
backlog: process_backlog
NIC：igb_poll
调用poll函数
GRO
批量上交skb
skb skb skb skb skb
softnet_data / CPU
Ring Buffer
轮询poll_list
正常或 RPS 6
64 位 dma_addr_t dma
struct page *page
16位 page offset
16位 pagecnt bias
igb_rx_buffer
skb 指针
sk_buffer(网络帧) 存储1个或多个
XDP Offload
丢掉
Backlog的NAPI入队
ksoftirq / CPU
软中断内核进程
执行 net_rx_action
RDT寄存器
2号:网卡已经写入数据
1号:内核已经读取数据
RPS 2
IPI 信号
RPS 3
RPS 4
RPS：rps_trigger_softirq
其他IPI类型处理函数
IPI Handler
next_to_clean
next_to_use
next_to_alloc
8号:待申请的内核空间
5号:等待网卡写入数据
内核内存(数据存储空间)
正常或 RPS 5
发送NET_RX_SOFTIRQ
NIC的NAPI入队
e1000_adv_rx_desc
第一次复制
64 位 pkt_addr
hdr_addr
Read
Write-Back
csum_ip/rss
pkt_info
hdr_info
vlan
length
status_error
内存不足
Ring Buffer满
丢掉
NET_RX_SOFTIRQ：net_rx_action
其他软中断处理函数
SoftIrq Handler
发送NET_RX_SOFTIRQ
MSI-X：igb_request_msix
其他硬中断处理函数
Interrupt Handler
发送MSI-X
硬中断触发器
DMA
poll：igb_poll
NIC(网卡)

图 6-2

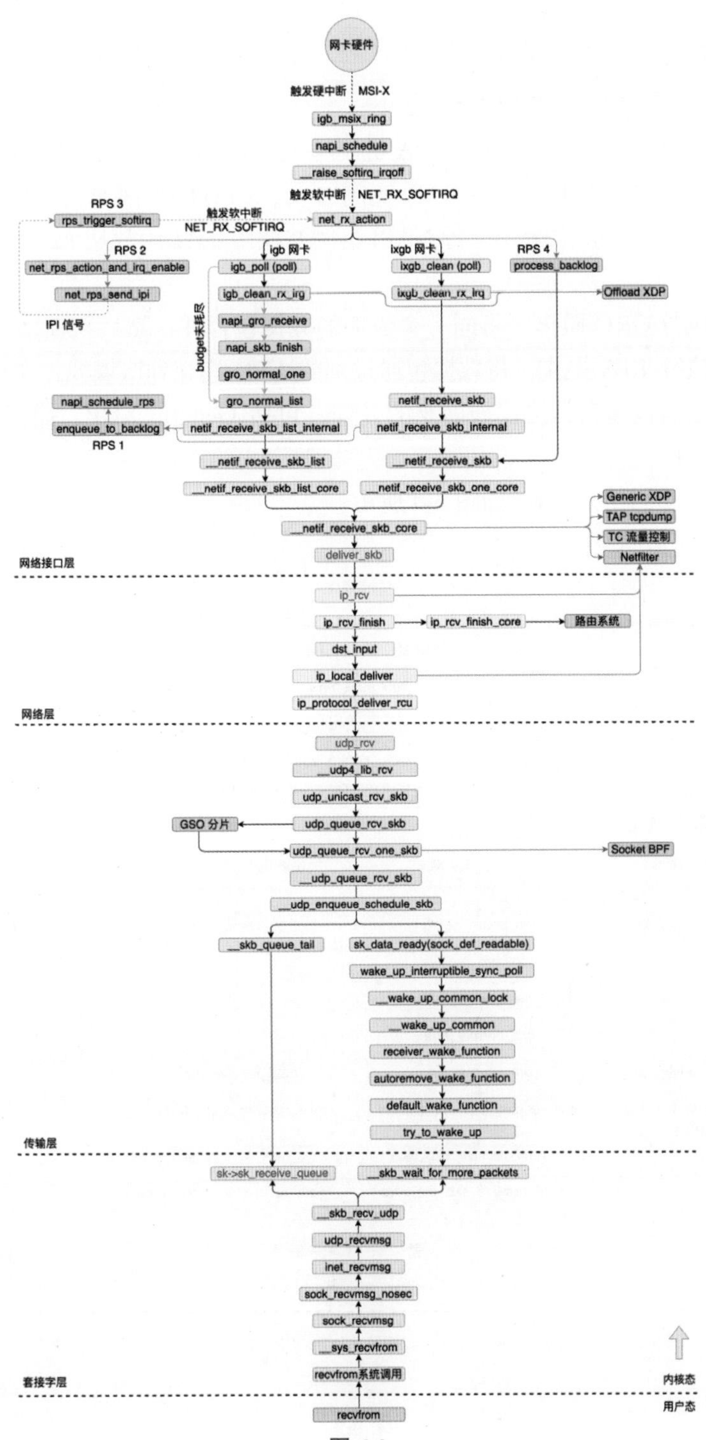

网卡硬件
触发硬中断
MSI-X
igb_msix_ring
napi_schedule
__raise_softirq_irqoff
触发软中断
NET_RX_SOFTIRQ
RPS 3
rps_trigger_softirq
触发软中断
NET_RX_SOFTIRQ
net_rx_action
RPS 2
net_rps_action_and_irq_enable
net_rps_send_ipi
IPI 信号
igb 网卡
igb_poll (poll)
igb_clean_rx_irq
napi_gro_receive
napi_skb_finish
gro_normal_one
gro_normal_list
budget未耗尽
ixgb 网卡
ixgb_clean (poll)
ixgb_clean_rx_irq
RPS 4
process_backlog
Offload XDP
napi_schedule_rps
enqueue_to_backlog
RPS 1
netif_receive_skb_list_internal
netif_receive_skb
netif_receive_skb_internal
__netif_receive_skb_list
__netif_receive_skb
__netif_receive_skb_list_core
__netif_receive_skb_one_core
__netif_receive_skb_core
Generic XDP
TAP tcpdump
TC 流量控制
Netfilter
deliver_skb
网络接口层
ip_rcv
ip_rcv_finish
ip_rcv_finish_core
路由系统
dst_input
ip_local_deliver
ip_protocol_deliver_rcu
网络层
udp_rcv
__udp4_lib_rcv
udp_unicast_rcv_skb
udp_queue_rcv_skb
GSO 分片
udp_queue_rcv_one_skb
Socket BPF
__udp_queue_rcv_skb
__udp_enqueue_schedule_skb
__skb_queue_tail
sk_data_ready(sock_def_readable)
wake_up_interruptible_sync_poll
__wake_up_common_lock
__wake_up_common
receiver_wake_function
autoremove_wake_function
default_wake_function
try_to_wake_up
传输层
sk->sk_receive_queue
__skb_wait_for_more_packets
__skb_recv_udp
udp_recvmsg
inet_recvmsg
sock_recvmsg_nosec
sock_recvmsg
__sys_recvfrom
recvfrom系统调用
套接字层
内核态
用户态
recvfrom

图 6-3

6.3 网络接口层

数据包在本层的主要处理流程如下：

（1）网卡收到数据包，以 DMA 机制写入 `Ring Buffer`，并触发硬中断。

（2）内核收到硬中断，将 NAPI 实例加入本 CPU 的轮询列表，并触发软中断。

（3）内核收到软中断，运行 NAPI 实例并调用 `poll` 函数从 `Ring Buffer` 中取出数据包。

（4）执行 GRO 操作，将同一个流上的数据包合并，然后积攒多个数据包。

（5）执行 RPS 操作，将数据包通过别的 CPU 递交到协议栈，实现负载均衡。

（6）数据包递交到协议栈前夕的处理，包括 Generic XDP、捕获点、TC 和 Netfilter。

网络接口层上的调用链如图 6-4 所示。

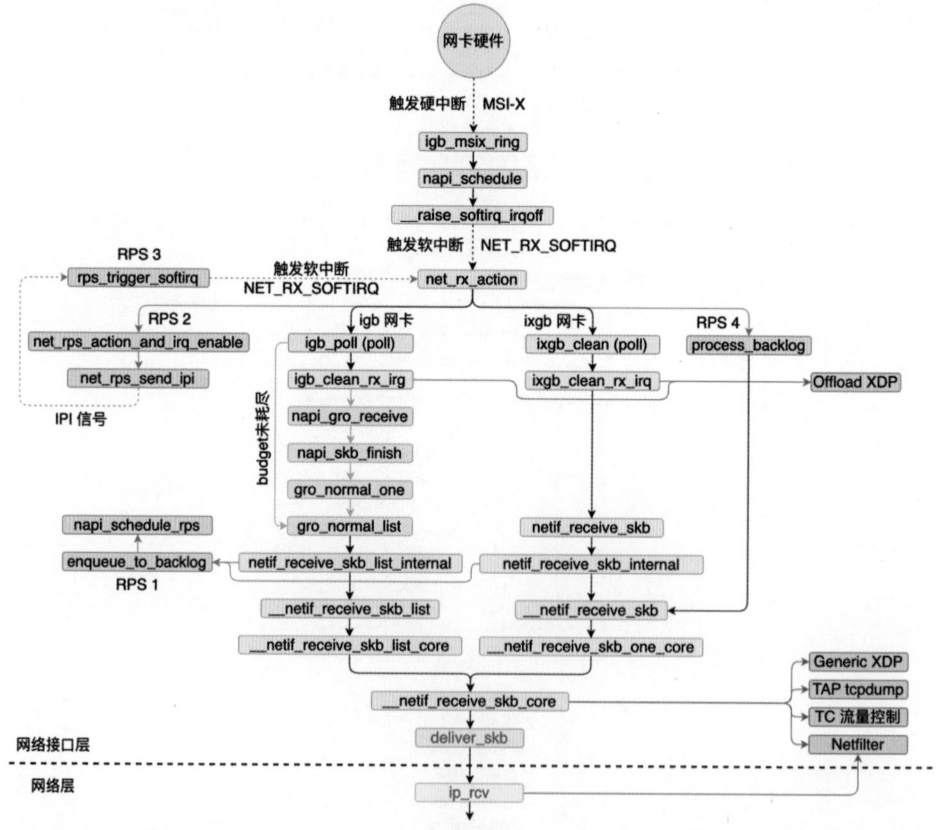

图 6-4

这一层中有一个大名鼎鼎的数据结构 Ring Buffer，它也被称为环形缓冲区，它实际上有两个环形队列，一个是 CPU 使用的 rx_buffer_info 数组，数组元素是 rx_buffer，另一个是网卡使用的 desc 数组，数组元素是 rx_desc，它们都存储在主内存上的内核空间中。igb 中的 rx_buffer 是 igb_rx_buffer，rx_desc 是 e1000_adv_rx_desc。

6.3.1　网卡收到数据包

网卡收到数据包后，通过 DMA 机制将数据包的内容写入 Ring Buffer（rx_ring）内 rx_buffer_ info 数组的下一个可用元素（igb_rx_buffer）的 dma 字段指向的内存，dma 字段实际上是网卡可以访问的总线地址，一个网络数据包可能占用一个或多个 igb_rx_buffer，稍后会详细介绍。

这是收包过程中第一次数据包的复制，即数据包从网卡到 Ring Buffer 的复制。当数据包复制完后，网卡会触发一个硬中断 MSI-X，硬中断号对应具体接收数据的接收队列（Ring Buffer）。

DMA（Direct Memory Access，直接内存访问）是一种计算机系统中用于实现高速数据传输的技术。通常 CPU 负责控制数据传输，但在某些特殊情况下，使用 DMA 可以让外设直接与系统内存交互，从而减轻 CPU 的负担，提高数据传输效率。

6.3.2　内核收到硬中断

如果网卡的硬中断没有被关闭，那么 CPU 就会响应网卡触发的 MSI-X 硬中断，进而执行 igb_msix_ring 函数。

1. 硬中断处理函数

igb_msix_ring 函数的定义见代码清单 6-13，其主要逻辑如下：

（1）首先调用 igb_write_itr 函数更新硬中断向量的 itr_val 字段（q_vector->itr_val），然后将该 q_vector->itr_val 写入 ITR（Interrupt Throttling Rate）硬件寄存器，该寄存器用于调节硬中断触发的频率。在 2.7.1 节中，使用 ethtool 工具修改硬中断合并策略，就是通过修改 q_vector->itr_val 的值实现的，从而调整硬中断触发的频率。在 igb_alloc_q_vector 函数中，初始化硬中断向量时将 q_vector->itr_val 设置为 IGB_START_ITR（648），即默认情况下允许该 igb 每秒触发约 6000 个硬中断事件。

（2）调用 napi_schedule 函数来调度 NAPI 实例。

2. 调度 NAPI

napi_schedule 函数（见代码清单 6-14）首先调用 napi_schedule_prep 函数判断 napi_schedule 函数参数列表中的 NAPI 实例是否已经被启用及是否在运行，以确保该 NAPI 实例不会重复出现在 CPU 的 NAPI 调度列表中，如果该 NAPI 实例已经被启用并且没有运行（“启用”是“运行”的前提），那么调用__napi_schedule 函数（见代码清单 6-15）调度该 NAPI 实例，后者的主要逻辑被封装在__napi_schedule 函数（见代码清单 6-16）中，只不过在调用__napi_schedule 函数的前后调用了关闭和开启硬中断的函数，目的是保护内核在执行__napi_schedule 函数时不被硬中断打断。

__napi_schedule 函数的主要逻辑如下：

（1）把 napi_schedule 函数参数列表中的 NAPI 实例插入当前 CPU 的 NAPI 调度列表的尾部，该 NAPI 调度列表是 CPU 关联的 `softnet_data` 结构体中 `poll_list` 双向链表。在内核启动时，net_dev_init 函数（其部分代码见代码清单 6-17）会给每个 CPU 分配一个 softnet_data 结构体（见代码清单 6-18），该结构体包含很多数据结构，其中包括：

- 注册到该 CPU 的 NAPI 实例列表（poll_list）。
- backlog（NAPI 实例），用于轮询处理 backlog 队列（后备队列）中的数据包。
- backlog 队列（input_pkt_queue 和 process_queue），用于 RPS 机制。

（2）调用__raise_softirq_irqoff 函数触发 `NET_RX_SOFTIRQ` 软中断。

6.3.3 内核收到软中断

因为通常硬中断被打断后不可恢复，所以 CPU 在执行硬中断处理函数期间可能临时关闭硬中断，当执行完成后再打开硬中断。如果硬中断处理函数很复杂，那么执行时间就很长，进而错过其他硬中断的概率就很大。为了避免这个问题，硬中断处理函数应该越简单越好，将复杂的工作交给软中断处理，这样硬中断函数就可以尽快执行完成。

系统中所有类型的软中断的处理函数都由 ksoftirq 内核进程执行，与硬中断不在一个层面，软中断被硬中断打断后可以恢复执行，而硬中断被打断后就不能恢复执行了。每个 CPU 负责执行一个 ksoftirq 内核进程，例如 CPU1 负责执行 ksoftirqd/1 内核进程。

一个重要知识点：执行一个硬中断处理函数的 CPU，也会执行该硬中断触发的后续软中断处理函数，也就是同一个中断事件的软/硬中断处理函数会被同一个 CPU 执行。

在内核启动时，net_dev_init 函数会调用 open_softirq 函数注册发送和接收数据包软中断类型的处理函数。net_dev_init 函数的部分代码如下：

```
static int __init net_dev_init(void)
{
    open_softirq(NET_TX_SOFTIRQ, net_tx_action); // 发送数据软中断类型及处理
    函数
    open_softirq(NET_RX_SOFTIRQ, net_rx_action); // 接收数据软中断类型及处理
    函数
}
```

1. 软中断处理函数

内核收到 `NET_RX_SOFTIRQ` 软中断后，ksoftirq 内核进程会执行 net_rx_action 函数，该函数的部分代码见代码清单 6-19，其主要逻辑如下：

（1）调用 this_cpu_ptr 函数获取当前 CPU 关联的 `softnet_data` 结构体对象并保存在变量 sd 中。

（2）在 net_rx_action 函数的开头分别设置本次软中断可以处理的数据包的总预算和总运行时间，它们分别由 net.core.netdev_budget（默认为 300）和 net.core.netdev_budget_usecs 内核参数（默认为 2ms）控制，目的是防止当前进程/线程占用过多 CPU 资源，进而导致其他进程/线程没有机会被调度。

（3）循环遍历 sd->`poll_list` 双向链表（NAPI 实例列表），依次取出列表中的 NAPI 实例并对其进行 napi_poll 操作，即运行该 NAPI 实例轮询接收数据包。然后总预算扣除每次运行 NAPI 实例接收的数据包数量。当总预算耗尽或者总运行时间耗尽时，抑或所有数据包均接收完成时，循环退出。由于没有处理完成所有数据包而终止的次数会记录在 `softnet_data` 结构体的 time_squeeze 字段中，对应/proc/net/softnet_stat 文件的第 3 列计数。

（4）检查 sd->`poll_list` 是否为空，如果不为空，那么说明还有数据包未完成接收，进而调用__raise_softirq_irqoff 函数触发 `NET_RX_SOFTIRQ` 软中断，在下一次软中断处理函数 net_rx_action 中接着处理，如果不触发这个软中断，那么只能等网卡下次再触发硬中断才能继续处理数据包。

2. napi_poll 函数

napi_poll 函数的主要逻辑被封装在__napi_poll 函数中，后者主要逻辑如下：

（1）将参数中的 NAPI 实例（struct napi_struct）从 sd->poll_list 摘除。

（2）调用__napi_poll 函数继续处理该 NAPI 实例。__napi_poll 函数的部分代码见代码清单 6-20，该函数先获取 NAPI 实例的权重（weight）并调用 NAPI 实例中注册的 poll 函数，该权重控制调用一次 poll 函数最多处理的数据包数量。6.1.2 节中介绍过，在 igb 中，poll 函数指针指向的是 igb_poll 函数，设置的权重（weight）是固定值（64）。

（3）根据__napi_poll 函数返回的结果判断该 NAPI 实例是否加回 sd->poll_list。如果一次 poll 函数调用接收的数据包数量小于这里的权重（weight），那么无须将该 NAPI 实例加回 sd->poll_list，因为数据包都已经接收完成了；否则还需要满足其他条件才可以将该 NAPI 实例加回 sd->poll_list。

3. igb_poll 函数

该函数的部分代码见代码清单 6-21，其主要逻辑如下：

（1）调用 igb_clean_tx_irq 函数处理数据包发送完成之后的清理工作，这个会在 7.6.7 节中详细介绍。

（2）调用 igb_clean_rx_irq 函数循环处理数据包，直到所有数据包处理完毕或者预算（budget）耗尽，这里的预算就是前面提到的权重（weight），由于 igb_clean_rx_irq 函数非常复杂，所以笔者稍后会单独介绍它。

（3）判断是否所有的收发工作已经完成。如果不是，则返回原始预算的值，表示还有数据包未处理，稍后可能将 NAPI 实例重新放回 sd->poll_list 链表，在后续的软中断中继续处理数据包；否则调用 napi_complete_done 函数及时把多个数据包一起发送到协议栈，并关闭该 NAPI 实例（也就是从 sd->poll_list 链表中摘除它）和启用硬中断，最后返回已经处理的数据包数量（小于 64 的值）。

6.3.4　清理接收队列

igb_clean_rx_irq 函数的部分代码见代码清单 6-22，其主要用来清理接收队列上的描述符对应的内存中的数据，所谓清理就是接收数据包。该函数的逻辑非常复杂，主要有以下几部分。

1. 获取未使用的位置数量

声明和初始化 igb_clean_rx_irq 函数开头的一些变量，其中调用 igb_desc_unused 函数获取接收 Ring Buffer 中尚未使用的描述符数量并保存到变量 cleaned_count 中，即接收 Ring Buffer 的下一个可用位置（next_to_use）与下一个可清理位置（next_to_clean）之间未使用的位置数量。每个位置对应前面介绍的两种接收描述符各一个。

接下来收包流程进入一个 while 循环，每次循环清理一个数据包，也就是接收一个数据包。每次循环的处理流程如下（2～11）。

2. 批量申请内存

每当驱动读取一个描述符对应的内存就应该申请一个描述符对应的内存（因为驱动读取数据操作不是复制，而是直接将描述符对应的内存拿走了，所以需要重新申请内存），以便网卡将收到的数据存放到描述符对应的内存中，避免接收 Ring Buffer 变满。但是读取一次申请一个描述符对应的内存的效率太低了，所以当变量 cleaned_count 大于 IGB_RX_BUFFER_WRITE（16）时，调用 igb_alloc_rx_buffers 函数批量申请 16 个描述符对应的内存，然后将变量 cleaned_count 设置为 0。随后每清理一个描述符，cleaned_count 就会加 1。当 cleaned_count 再次大于 16 时，还会批量申请内存。

在 igb_alloc_rx_buffers 函数调用链中，处理流程大致概括为以下几点：

（1）判断接收 Ring Buffer 中下一个可用位置（next_to_use）的描述符对应的内存是否已经存在，如果存在，则说明有复用的内存，即接收 Ring Buffer 中下一个可分配位置（next_to_alloc）领先于 next_to_use，否则调用 dev_alloc_pages 函数申请新的物理页并保存到 rx_buffer->page 中，然后通过 dma_map_page_attrs 将 page 映射结果保存到 rx_buffer->dma 中。

（2）修改 rx_desc->read.pkt_addr（rx_buffer->dma+rx_buffer->page_offset），方便网卡将收到的数据包通过 DMA 机制写到 rx_desc->read.pkt_addr 地址中，这就是 6.3.2 节中提到的第一次复制。

（3）将 next_to_use 和 next_to_alloc 加上处理描述符的个数（即向后移动的位数）。

（4）调用 writel 函数将 next_to_alloc 写入接收 Ring Buffer 的 tail 字段（RDT 寄存器）来告知网卡有新的内存可以写入收到的数据和停止写入的位置（next_to_alloc），因为 next_to_alloc 之后的位置对应的内存还没有被分配。在 Intel 的网卡驱动中，RDT 是指 Receive Descriptor Tail（接收描述符尾部），它是网卡上的一个寄存器。为了控制网卡的行为，驱动程序需要与网卡进行通信，而网卡上的寄存器就是驱动程序用来与硬件进行交互的接口。

在 igb_clean_rx_irq 函数的最后，如果 cleaned_count 大于 0，那么还会调用 igb_alloc_rx_buffers 函数分配 cleaned_count 个描述符对应的内存，使清理的描述符数量与申请内存的描述符数量保持平衡。

3. 获取原始数据包

从接收 Ring Buffer 中获取下一个可读位置（next_to_clean）的描述符 rx_desc，然后获取描述符 rx_desc 对应的内存大小 size（rx_desc->wb.upper.length），也就是网卡通过 DMA 机制写入内存的原始数据包。通过 igb_get_rx_buffer 函数获取下一个可读位置（next_to_clean）的描述符 rx_buffer。计算原始数据包的起始地址并保存到变量 pktbuf 中，即 page_address(rx_buffer->page)+rx_buffer->page_offset。通过原始数据包的起始地址（pktbuf）和长度（size）就可以确定一个原始数据包的存储范围。

4. 执行 XDP（eXpress Data Path）程序

如果接收 Ring Buffer 中缓存的 skb 指针是空的，则说明本次循环处理的描述符对应的是一个数据包的第一个分片或者是一个完整的数据包，那么首先调用 xdp_prepare_buff 函数根据原始数据包（pktbuf）来构造 XDP 的数据包（struct xdp_buff），这个操作不涉及数据复制，只是设置该 XDP 数据包中的一些地址变量。xdp_prepare_buff 函数的定义如下：

```
static __always_inline void
xdp_prepare_buff(struct xdp_buff *xdp, unsigned char *hard_start,
     int headroom, int data_len, const bool meta_valid)
{
    unsigned char *data = hard_start + headroom;
    xdp->data_hard_start = hard_start;
    xdp->data = data;
    xdp->data_end = data + data_len;
    xdp->data_meta = meta_valid ? data : data + 1;
}
```

然后执行 igb_run_xdp 函数将该 XDP 数据包交给事先挂载到接收 Ring Buffer 上的 XDP 程序（rx_ring->xdp_prog）继续处理。该 XDP 程序是通过函数集合 igb_netdev_ops 中 ndo_bpf 函数指针指向的 igb_xdp 函数挂载到每个接收 Ring Buffer 的 rx_ring->xdp_prog 字段上的。如果没有挂载 XDP 程序，即 rx_ring->xdp_prog 为空，那么 igb_run_xdp 函数直接返回，反之继续执行。最后根据执行该 XDP 程序的 bpf_prog_run_xdp 函数返回的结果做如下处理：

（1）如果返回 XDP_PASS，那么表示 XDP 程序允许该数据包通过，正常执行后续收包流程。

（2）如果返回 XDP_TX，那么调用 igb_xdp_xmit_back 函数将该数据包通过 igb_xmit_xdp_ring 函数直接映射到相同网络接口（例如 eth0）的发送 Ring Buffer 上，直接发送出去，而无须经过网络协议栈。XDP 程序中可能已经修改了数据包的目标 IP 地址或目标端口。这种方式可以显著降低网络处理的延迟，并提高网络性能。igb_xmit_xdp_ring 函数与 7.6.5 节中介绍的发送数据包的 igb_xmit_frame_ring 函数非常相似。稍后在 igb_clean_rx_irq 函数中会调用 writel 函数将发送 Ring Buffer 中的下一个可用位置（next_to_use）写入发送 Ring Buffer 的 tail 字段（TDT 寄存器）来告知网卡有新的待发送数据和停止读取的位置（next_to_use）。

（3）如果返回 XDP_REDIRECT，那么调用 xdp_do_redirect 函数将该数据包重定向到指定的不同网络接口并发送出去，而不经过协议栈的处理，还可以将数据包交给其他 CPU 处理后续收包流程。

（4）如果返回 XDP_DROP 或 XDP_ABORTED 等其他值，那么表示 XDP 程序不允许该数据包通过，随后会丢弃该数据包，并增加相应统计计数。

除了没有挂载 XDP 程序或者挂载了并允许数据包通过的情况，while 循环都会退出。

5. 创建数据包（struct sk_buff skb）

如果接收 Ring Buffer 中缓存的 skb 指针是空的，则说明本次循环处理的描述符对应的是一个数据包的第一个分片或者是一个完整的数据包，并且 XDP 程序（如果有）允许其通过，那么需要构造一个数据包 skb，作为原始数据包完成后续收包流程的载体。为了减少复制次数，每层尽量使用相同的 skb，当上层处理完后才会调用__kfree_skb 函数将 skb 回收。

数据包（struct sk_buff skb）的创建有两种情况，如果网卡的标志中包含 IGB_FLAG_RX_LEGACY 标志位（即网卡采用了 Legacy 硬中断模式），那么调用 igb_construct_skb 函数创建 skb 对象；否则调用 igb_build_skb 函数创建 skb 对象。通常网卡采用的都是 MSI-X 硬中断模式，所以这里主要介绍 igb_build_skb 函数的处理过程，构建好的 skb 如图 6-5 所示。igb_build_skb 函数的主要逻辑如下：

（1）首先调用 napi_build_skb 函数从当前 CPU 的 Slab 对象池中分配一个 sk_buff 对象并保存到变量 skb 中，然后根据前面基于原始数据包构建的 XDP 数据包完成对该 skb 的初始化，这个过程只是一些字段的赋值，不涉及数据的复制。

（2）调用 skb_reserve 函数构建 skb 的头部空间（headroom），通过向后移动指针 skb->data 和 skb->tail 完成。

（3）调用__skb_put 函数构建 skb 的数据部分（data），通过向后移动指针 skb->tail 完成，并增加数据包大小（skb->len）。

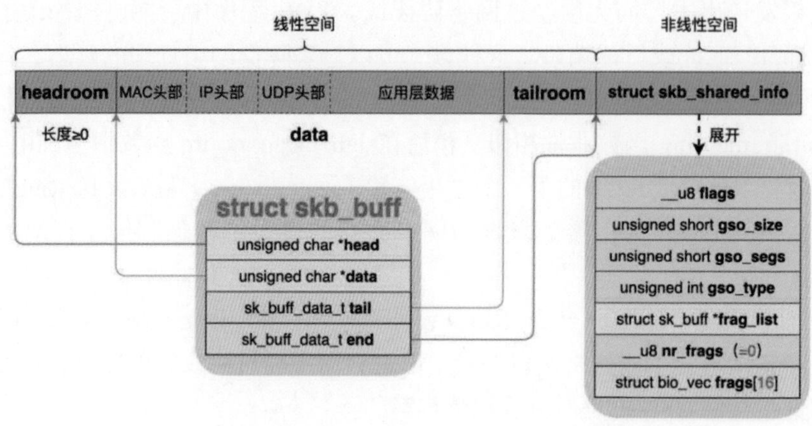

图 6-5

如果接收 Ring Buffer 中缓存的 skb 指针不为空，则说明本次循环处理的描述符对应的是 rx_ring->skb 的一个分片，调用 igb_add_rx_frag 函数将 rx_buffer->page（物理页）和 rx_buffer->page_offset 等信息作为一个分片添加到 rx_ring->skb 的分片数组中，这个过程也只是一些地址的赋值，不涉及内存复制。添加完一个分片后的 skb 如图 6-6 所示。

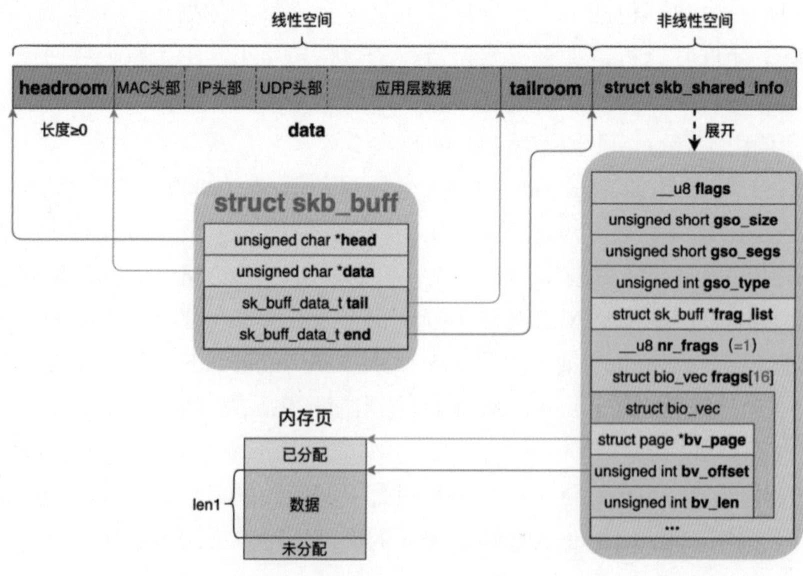

图 6-6

6. 复用描述符对应的内存

首先通过 igb_put_rx_buffer 函数调用 igb_can_reuse_rx_page 函数判断描述符 rx_buffer 对应的内存是否可以复用，如果可以复用（必须满足接收 Ring Buffer 是这个 page 的唯一拥有者等条件），则调用 igb_reuse_rx_page 函数将当前位置的描述符对应的内存移交给接收 Ring Buffer 中下一个可以分配（next_to_alloc）位置的描述符（igb_rx_buffer）。在这种情况下会出现前面提到的 next_to_alloc 领先于 next_to_use 的现象；反之解除 DMA 映射。

然后将当前位置的描述符 rx_buffer 的 page 设置为 NULL，表示该描述符对应的内存被网卡驱动摘除了。

7. 结束描述符

通过 igb_is_non_eop 函数检查描述符 rx_desc 的状态（wb.upper.status_error）是不是包含 E1000_RXD_STAT_EOP，它表示一个数据包的结束位置。如果包含，则说明该 skb 中已经收录了一个完整的网络数据包（包括所有分片）；反之需要获取下一个描述符 rx_buffer 的 page 并添加到该 skb 的分片数组中，直到描述符 rx_desc 的状态包含 E1000_RXD_STAT_EOP。也就是说，1 个 skb 对应 1 个或多个 Ring Buffer 队列中连续的元素。

8. 检查数据包

调用 igb_cleanup_headers 函数检查数据包（skb）是否有错误，例如数据包头部损坏或丢失，以及在某些情况下，如果数据包的长度不足 60 字节（ETH_ZLEN），这 60 字节中不包含 4 字节的 FCS，则需要对数据包进行填充，使其达到最小的以太网帧大小。如果最终该函数返回 true，则说明遇到了错误并且已释放了 skb；如果返回 false，则表示处理过程没有遇到错误。

9. 填充 skb 部分信息

调用 igb_process_skb_fields 函数依据接收 Ring Buffer 和当前描述符 rx_desc 来填充 skb 中的哈希值、校验和、VLAN（Virtual Local Area Network，虚拟局域网）、时间戳、协议等字段。

10. 递交网络协议栈

将上面构建好的 skb 通过 napi_gro_receive 函数递交到网络协议栈，稍后在 6.3.5 节中会详细介绍。

11. 循环退出条件

累计处理的数据包数量 total_packets，用于消耗预算（budget）。继续执行 while 循环直到没有待处理的数据包或者预算（budget）耗尽退出。

12. 更新统计信息

在上面 while 循环中会把每次处理的数据包（skb）的长度累计到变量 total_bytes 中，把处理的数据包数量累计到变量 total_packets 中，然后在函数的末尾将两个信息累计到接收 Ring Buffer 和硬中断向量对象（q_vector）中，以便用户通过相关工具可以了解网卡接收数据包的情况。

前面的收包流程都是由内核、网卡和驱动程序配合完成的，不同网卡收包的具体流程可能不尽相同，但在大体上思路是一样的，都用到了 Ring Buffer、DMA、硬中断和软中断。后面的收包流程就是由内核和用户程序完成的，与网卡没有关系了。对于不同的网卡来说，后面的收包流程使用的内核代码基本是一样的。

6.3.5 GRO

GRO 的概念已经在 2.8.2 节中讲过了，这里只从内核源码层面介绍 GRO 的处理过程。

1. napi_gro_receive 函数

该函数是 GRO 机制的入口函数，其定义见代码清单 6-23，其主要逻辑如下：

（1）调用 skb_mark_napi_id 函数将硬中断向量中的 NAPI 实例的 NAPI ID 赋值给 skb->napi_id，6.6.3 节中介绍的 Busy Loop 机制会用到这个 NAPI ID。

（2）调用 dev_gro_receive 函数完成同一个流上多个数据包的合并。

（3）调用 napi_skb_finish 函数（见代码清单 6-24）根据上一步返回的结果做如下处理：

- 如果结果是 GRO_MERGED_FREE，则说明 skb 已经被同一个数据流的 GRO 数据包合并了，所以可以释放该 skb 对象了。
- 如果结果是 GRO_NORMAL，则表示一个 GRO 数据包已经合并完成或者由于网卡不支持 GRO 功能（NETIF_F_GRO）等原因而没有进行数据包的合并，然后会调用 gro_normal_one 函数继续处理。
- 其他结果的情况下，napi_skb_finish 函数直接返回，什么也不做。

2. gro_normal_one 函数

该函数的定义见代码清单 6-25。该函数会增加 napi->rx_count 的值（通常加 1），它表示积攒的合并后或未合并的数据包的数量，napi->rx_count 的阈值由内核参数 net.core.gro_normal_batch 控制，其默认值为 8，即攒够 8 个数据包时调用一次 gro_normal_list 函数把这些数据包递交到网络协议栈。

3. gro_normal_list 函数

该函数的定义见代码清单 6-26。到这里 GRO 的工作就完成了，然后调用 netif_receive_skb_list_internal 函数经过多层函数调用（见图 6-4），最终调用 __netif_receive_skb_core 函数把数据包递交网络协议栈。

4. napi_complete_done 函数

该函数的部分代码见代码清单 6-27。6.3.3 节中提到过，在 poll 函数（igb_poll）中检查是否已经将现有的所有数据包处理完成，如果完成了，则通过 napi_complete_done 函数直接调用 gro_normal_list 函数及时把 dev_gro_receive 函数处理过的多个数据包一起发送到网络协议栈。

6.3.6 RPS

RPS 的概念已经在 2.8.4 节中讲过了，这里只从内核源码层面介绍 RPS 的处理过程。

1. 选择 CPU

netif_receive_skb_list_internal 函数和 netif_receive_skb_internal 函数均有类似的代码（见代码清单 6-28）。下面以 netif_receive_skb_list_internal 函数为例，该函数根据 Linux 内核是否开启了 RPS 配置（CONFIG_RPS）对数据包进行如下处理：

（1）如果没有开启 RPS 配置（默认关闭），那么该函数跳过 RPS 机制直接将数据包递交到网络协议栈。

（2）反之该函数调用 get_rps_cpu 函数根据数据包的哈希值或 sk->sk_rxhash 查询 rps_sock_flow_table 哈希表（前提是开启了 RFS 配置，6.6.3 节和 7.2.2 节中介绍了如何更新这个哈希表）等方式选择一个最佳处理该数据包的目标 CPU，并调用 enqueue_to_backlog 函数将该数据包压入目标 CPU 关联的 softnet_data 结构体中的 backlog 队列。

2. 压入 backlog 队列

enqueue_to_backlog 函数的定义见代码清单 6-29，其主要逻辑如下：

（1）如果目标 CPU 关联的 softnet_data 结构体（sd）中的 input_pkt_queue 队列（即 backlog 队列）的长度不超过 net.core.netdev_max_backlog（默认为 1000）并且没有被 Flow Limit 机制（默认关闭）所限流（简单地讲就是每个数据流的接收速率不能过大，避免造成“旱的旱死，涝的涝死”），那么将该数据包（skb）压入 input_pkt_queue 队列；否则将该数据包丢掉，并增加目标 CPU 关联的 softnet_data 结构体中的 dropped 字段的值，对应/proc/net/softnet_stat 文件的第 2 列计数。当被 Flow Limit 机制限流时会增加当前 CPU 关联的 softnet_data 结构体中的 flow_limit->count 的值，它表示被限流的次数，对应/proc/net/softnet_stat 文件的第 11 列计数。

（2）如果在压入该数据包之前 input_pkt_queue 队列为空，并且目标 CPU 关联的 softnet_data 结构体中的 backlog（NAPI 实例）没有运行（注意不是 6.1.3 节中提到的“启用”），那么调用 napi_schedule_rps 函数将目标 CPU 关联的 softnet_data 结构体挂载到当前 CPU 关联的 softnet_data 结构体中的 rps_ipi_list 单向链表上，便于后续向目标 CPU 发送 IPI（Inter-processor Interrupt，处理器间中断）信号，并为该 backlog（NAPI 实例）的状态设置 NAPI_STATE_SCHED 标志位，表示该 backlog（NAPI 实例）正在运行。如果在压入本次数据包之前 input_pkt_queue 队列不为空，则将本次数据包压入 input_pkt_queue 队列即可。目标 CPU 收到 IPI 信号后会增加其关联的 softnet_data 结构体中的 received_rps 字段的值，它表示该 CPU 收到 IPI 信号的次数，对应/proc/net/softnet_stat 文件的第 10 列计数。

（3）当收包流程返回到 net_rx_action 函数中后，经过调用链 net_rps_action_and_irq_enable→net_rps_send_ipi→smp_call_function_single_async 触发当前 CPU 关联的 softnet_data 结构体的 rps_ipi_list 单向链表中其他 CPU 的 IPI，使目标 CPU 执行在网络子系统初始化时（net_dev_init 函数）注册的 IPI 中断函数 sd->csd->func = rps_trigger_softirq 来处理数据包。

（4）目标 CPU 执行 rps_trigger_softirq 函数，将自己的 backlog（NAPI 实例）加入自己的 poll_list，然后发出软中断信号 NET_RX_SOFTIRQ。

（5）当在目标 CPU 中使用软中断函数 net_rx_action 处理 poll_list（NAPI 实例列表）时，根据 backlog（NAPI 实例）在网络子系统初始化时（net_dev_init 函数）注册的 poll 函数（process_backlog 函数）和设置的权重（默认为 64，可以通过 net.core.dev_weight 内核参数修改）来消费当前 CPU 关联的 softnet_data

结构体的 process_queue 队列中的数据包，默认情况下调用一次 process_backlog 函数最多处理 64 个数据包。process_queue 队列的数据包是由 input_pkt_queue 队列的导入的，经过__netif_receive_skb 函数的多层调用，与关闭 RPS 机制相同，最终也调用__netif_receive_skb_core 函数把数据包递交网络协议栈。/proc/net/softnet_stat 文件的第 12 列记录了当前 CPU 关联的 softnet_data 结构体的 input_pkt_queue 队列与 process_queue 队列的长度之和，也就是其他 CPU 通过 RPS 机制发送给该 CPU 的待处理的数据包数量，即 backlog 队列（后备队列）的总长度。

6.3.7 数据包进入协议栈之前

如图 6-4 所示，netif_receive_skb_list_internal 函数经过多层调用，最后会执行__netif_receive_skb_core 函数，这是数据包进入网络协议栈之前的重要函数，负责数据包进入协议栈之前的处理并决定如何传递给上层协议。

有的网卡驱动（例如 ixgb）会在 poll 函数里调用 netif_receive_skb 函数，然后经过多层函数调用，最后也会调用__netif_receive_skb_core 函数，后者的定义见代码清单 6-30，它的主要逻辑有以下几点。

1. 准备工作

（1）设置数据包的 skb_iif 字段，它表示该数据包是从哪个网络接口收取的。

（2）增加当前 CPU 关联的 softnet_data 结构体中的 processed 字段的计数，对应/proc/net/softnet_stat 文件的第 1 列计数，它表示对应的 CPU 处理的网络数据包数量，不管是否接收成功，计数都增加。

2. Generic XDP

如果启用了 Generic XDP（通用 XDP），则调用 do_xdp_generic 函数执行 XDP 通用程序（skb->dev->xdp_prog）的处理，如果该程序返回的结果不是 XDP_PASS，则将返回值设置为 NET_RX_DROP，稍后该数据包将被丢弃，反之继续执行。Generic XDP 是软件层面实现的 XDP，也就是说，任何网卡都可以使用 Generic XDP。我们在 6.3.4 节中介绍的 XDP 实际上是 Offload XDP，避免了后面很多流程，所以效率很高。相比 Offload XDP，Generic XDP 的效率就低一些，因为它做了很多无用功，即使这样也比后面介绍的其他 BPF 程序高效。如果网卡支持 Offload XDP，那么还是建议优先使用 Offload XDP。

下面是使用 XDP 的一个简单的例子，将收到的 UDP 数据包交换源 MAC 地址和目标 MAC 地址，以及交换源 IP 地址和目标 IP 地址，然后返回 XDP_TX，将修改后的数据包给发送方转发回去。

```
#include <linux/bpf.h>
#include <linux/in.h>
#include <linux/if_ether.h>
#include <linux/ip.h>
#include <bpf/bpf_helpers.h>
SEC("xdp")
int xdp_proxy(struct xdp_md *ctx)
{
    void *data_end = (void *)(long)ctx->data_end;
    void *data = (void *)(long)ctx->data;
    struct ethhdr *eth = data;
    struct iphdr *ip = data + sizeof(*eth);
    struct udphdr *udp = data + sizeof(*eth) + sizeof(*ip);
    if (data + sizeof(*eth) + sizeof(*ip) > data_end) /* 检查以太网帧和 IP
    头部是否有效 */
        return XDP_PASS;
    if (eth->h_proto != __constant_htons(ETH_P_IP)) /* 检查是否为 IPv4 数据
    包 */
        return XDP_PASS;
    if (ip->protocol == IPPROTO_UDP) { /* 检查是否为 UDP 数据包 */
        /* 交换数据包的源地址和目标 MAC 地址 */
        char mac[ETH_ALEN];
        __builtin_memcpy(mac, eth->h_source, ETH_ALEN);
        __builtin_memcpy(eth->h_source, eth->h_dest, ETH_ALEN);
        __builtin_memcpy(eth->h_dest, mac, ETH_ALEN);
        /* 交换数据包的源地址和目标 IP 地址 */
        int tmp   = ip->daddr;
        ip->daddr = ip->saddr;
        ip->saddr = tmp;
        /* 重新计算 IP 校验和 */
        ip->check = 0;
      __u64 csum = bpf_csum_diff(0, 0, (__u32 *)ip, sizeof(struct iphdr),
    0);
#pragma unroll /* 告诉编译器循环展开 */
        for (int i = 0; i < 4; i++)
            if (csum >> 16)
```

```
                csum = (csum & 0xffff) + (csum >> 16);
        ip->check = ~csum;
        return XDP_TX; /* 发送修改后的数据包到原始接口，例如 eth0 */
    }
    return XDP_PASS; /* 其他协议的数据包直接通过 */
}
char _license[] SEC("license") = "GPL";
```

3. 捕获数据包

在数据包进入协议栈之前，__netif_receive_skb_core 函数会检查是否安插了数据包捕获点，我们平时使用的 tcpdmup 抓包工具依赖 libpcap 库（Packet Capture Library），而 libpcap 库的底层采用 AF_PACKET 地址族的 SOCK_RAW 类型的套接字来安插捕获点。根据捕获条件将捕获点安插在全局 `ptype_all` 链表、全局 ptype_base 数组链表、网络设备（例如 eth0）的 `ptype_all` 链表或者网络设备的 ptype_specific 链表中。捕获点的数据类型为 packet_type 结构体，其中主要有三个数据成员：以太网类型（type）、入口函数（func）和接收该数据包的网络设备（dev）。假如全局 `ptype_all` 链表中有多个捕获点，那么在收包流程中会遍历该链表为每个捕获点调用一次 deliver_skb 函数，将数据包递交到捕获点的入口函数（即 packet_type.func）继续执行。

例如，如果要捕获所有以太网数据包，那么在创建 AF_PACKET 地址族的 SOCK_RAW 类型的套接字时，将该套接字中的捕获点 prot_hook 对象（packet_type 结构体）的 type 设置为 `ETH_P_ALL` 类型，将它的 func 函数指针指向 packet_rcv 函数，然后通过 dev_add_pack 函数将捕获点安插到全局 `ptype_all` 链表中。如果想捕获具体网络设备（例如 eth0）上收到的所有以太网数据包，那么可以在前面操作的基础上通过 dev_add_pack 函数将该捕获点安插到指定网络设备的 `ptype_all` 链表中。

为了更直观地了解捕获点的作用，我们用前面的 XDP 程序做一个实验，笔者准备了两个 Docker 容器（Fedora 31，Linux 5.10），它们的网络接口 eth0 的 IP 地址分别为 172.17.0.3 和 172.17.0.4。

首先在 IP 地址为 172.17.0.3 的容器内编译该 XDP 程序，以通用方式将该 XDP 程序挂载到 eth0 网络接口上：

```
# clang -g -O2 -target bpf -c xdp-tx.c -o xdp-tx.o
# ip link set dev eth0 xdpgeneric object xdp-tx.o sec xdp
```

然后在 IP 地址为 172.17.0.4 的容器上执行下面的命令，向 IP 地址为 172.17.0.3 的容器发送一个 UDP 数据包：

```
$ echo "hello" | nc -u 172.17.0.3 10000
```

在 IP 地址为 172.17.0.4 和 172.17.0.3 的容器内使用 tcpdump 抓取数据包的截图分别如图 6-7 和 6-8 所示（由 Wireshark 工具展示）。

No.	Time	Source	Destination	Protocol	Length	Info
1	0.000000	02:42:ac:11:00:04	Broadcast	ARP	42	Who has 172.17.0.3? Tell 172.17.0.4
2	0.000100	02:42:ac:11:00:04	Broadcast	ARP	42	Who has 172.17.0.3? Tell 172.17.0.4
3	0.000122	02:42:ac:11:00:03	02:42:ac:11:00:04	ARP	42	172.17.0.3 is at 02:42:ac:11:00:03
4	0.000125	172.17.0.4	172.17.0.3	UDP	48	50383 → 10000 Len=6
5	0.000270	172.17.0.3	172.17.0.4	UDP	48	50383 → 10000 Len=6
6	0.000378	172.17.0.4	172.17.0.3	ICMP	76	Destination unreachable (Port unreachable)

图 6-7

No.	Time	Source	Destination	Protocol	Length	Info
1	0.000000	02:42:ac:11:00:04	Broadcast	ARP	42	Who has 172.17.0.3? Tell 172.17.0.4
2	0.000011	02:42:ac:11:00:03	02:42:ac:11:00:04	ARP	42	172.17.0.3 is at 02:42:ac:11:00:03
3	0.000288	172.17.0.4	172.17.0.3	ICMP	76	Destination unreachable (Port unreachable)

图 6-8

从图 6-7 中可以看到，IP 地址为 172.17.0.4 的容器发送了一个 UDP 数据包，也收到了 IP 地址为 172.17.0.3 的容器转发回来的数据包，但是 IP 地址为 172.17.0.4 的容器的端口 10000 没有开启，所以返回给 IP 地址为 172.17.0.3 的容器一个目标端口不可达的 ICMP 报文（Type=3，Code=3）。有趣的是，从图 6-8 中没有看到 IP 地址为 172.17.0.3 的容器转发给 IP 地址为 172.17.0.4 的容器的 UDP 数据包，这是因为转发的动作是在捕获点之前发生的。

如果在 IP 地址为 172.17.0.4 的容器内使用 nc 命令监听本地 IP 地址的 10000 端口接收 UDP 数据包，那么实验期间就不会出现上面的 ICMP 报文。

```
$ nc -ul 0.0.0.0 10000 > 1.txt &
```

4. Ingress（入口）处理

如果内核开启了 CONFIG_NET_INGRESS 配置，那么数据包需要进行 Ingress 处理，即在数据包进入网络协议栈之前进行一些额外处理。这里要做 TC Ingress 和 Netfilter Ingress 两种 Ingress 处理。

（1）TC Ingress。

TC（Traffic Control）是 Linux 系统中用于流量控制的一种机制。它允许系统管理员对网络流量进行管理和控制，以便在网络中实现各种策略，如过滤、限速和分类等。TC Ingress 指的是处理进入网络接口方向的流量（即进入主机或路由器的流量）。

sch_handle_ingress 是 TC Ingress 的入口函数，该函数的主要逻辑如下：

- 调用 tcf_classify 将数据包经过系统管理员事先使用 tc 命令添加到网络接口上的排队规则的过滤器链的处理。
- 根据 tcf_classify 函数返回的“动作标识”，通常情况下“动作标识”是 TC_ACT_OK，表示允许该数据包通过。

过滤器有很多种，TC BPF（Berkeley Packet Filter）就是其中之一，下面是使用 TC BPF 的一个简单的例子：

```
#include <linux/bpf.h>
#include <linux/in.h>
#include <linux/if_ether.h>
#include <linux/ip.h>
#include <bpf/bpf_helpers.h>
#include <linux/pkt_cls.h>
SEC("tc-bpf")
int tc_filter(struct __sk_buff *skb)
{
    void *data = (void *)(long)skb->data;
    void *data_end = (void *)(long)skb->data_end;
    struct ethhdr *eth = data;
    struct iphdr *ip = data + sizeof(*eth);
    /* 检查以太网帧和 IP 头部是否有效 */
    if (data + sizeof(*eth) + sizeof(*ip) > data_end)
        return TC_ACT_OK;
    /* 检查是否为 IPv4 数据包 */
    if (eth->h_proto != __constant_htons(ETH_P_IP))
        return TC_ACT_OK;
    /* 检查是否为 TCP 数据包，如果是则丢弃 */
    if (ip->protocol == IPPROTO_TCP)
        return TC_ACT_SHOT;
    /* 检查是否为 UDP 数据包 */
    if (ip->protocol == IPPROTO_UDP) {
        /* 重定向数据包到 eth1 网卡 */
        bpf_redirect(3, 0); /* 3 不是固定值，可以通过 ip link 命令查看 */
        return TC_ACT_REDIRECT;
    }
```

```
    return TC_ACT_OK; /* 其他情况允许通过 */
}
char _license[] SEC("license") = "GPL";
```

在笔者的容器内，先编译上面的 TC BPF 程序，然后给 eth0 网络接口添加一个 clsact 类型的排队规则，最后将编译好的 TC BPF 挂载到刚添加的排队规则的 Ingress。执行的命令如下：

```
# clang -g -O2 -target bpf -c tc-bpf.c -o tc-bpf.o # 编译 TC BPF
# tc qdisc add dev eth0 clsact # 添加排队规则
# tc filter add dev eth0 ingress bpf da obj tc-bpf.o sec tc-bpf # 挂载 TC BPF
```

该 TC BPF 会将 eth0 收到的 TCP 数据包全部丢掉，还会修改 eth0 收到的 UDP 数据包并重定向到 eth1 网卡，当流程返回到__netif_receive_skb_core 函数中后，会修改数据包的接收网络接口（skb->skb_iif）为 eth1，就像从 eth1 接收该数据包一样重新执行 Generic XDP、捕获点和 TC Ingress 等处理流程。当网卡 eth0 收到一个 UDP 数据包时，使用 tcpdump 会抓取到两条 UDP 数据包记录，如图 6-9 所示。

No.	Time	Source	Destination	Protocol	Length	Info
2	11.356252	02:42:ac:11:00:04		ARP	44	Who has 172.17.0.3? Tell 172.17.0.4
3	11.356263	02:42:ac:11:00:03		ARP	44	172.17.0.3 is at 02:42:ac:11:00:03
4	11.356313	172.17.0.4	172.17.0.3	UDP	50	47641 → 10000 Len=6
5	11.356315	172.17.0.4	172.17.0.3	UDP	50	47641 → 10000 Len=6

图 6-9

（2）Netfilter Ingress。

Netfilter 是一个在 Linux 内核中提供的过滤和操作网络数据包的框架。它允许用户在数据包通过网络栈时对其进行处理，可以实现各种功能，包括防火墙、网络地址转换（NAT）、数据包过滤、流量控制等。系统管理员可以使用 iptables 工具配置 Netfilter 规则。后面的收包流程中还会多次看到 Netfilter 的身影。

Netfilter Ingress 是 Netfilter 框架的一部分，用于处理进入网络协议栈的数据包。nf_hook_ingress 是 Netfilter Ingress 的入口函数，该函数的主要逻辑是执行用户事先挂载到 NFPROTO_NETDEV（网络设备层）的 NF_NETDEV_INGRESS 钩子上的钩子函数。这个钩子通常用于实现流量拦截、流量镜像、流量监控、流量过滤和流量重定向等功能。

下面是使用 NF_NETDEV_INGRESS 钩子的一个简单的例子，它会捕获进入网络设备的数据包并打印其源 IP 地址和目标 IP 地址，使用 dmesg -c 命令可以查看内核打印的最新日志。在这个例子中，打印完日志后返回了 NF_ACCEPT，它表示允许该数据包通过。

```
#include <linux/module.h>
#include <linux/kernel.h>
#include <linux/netfilter_ipv4.h>
#include <linux/ip.h>
static struct nf_hook_ops nfho;
unsigned int hook_func(void *priv, struct sk_buff *skb,
                                const struct nf_hook_state *state) {
    struct iphdr *ip_header = ip_hdr(skb);
    printk(KERN_INFO "Look, King, saddr:%x, daddr:%x\n",
                               ip_header->saddr, ip_header->daddr);
    return NF_ACCEPT;
}
static int __init nf_init(void) {
    nfho.hook = hook_func;
    nfho.hooknum = NF_NETDEV_INGRESS;
    nfho.pf = NFPROTO_NETDEV;
    nfho.priority = NF_IP_PRI_FIRST;
    nf_register_net_hook(&init_net, &nfho);
    return 0;
}
static int __init nf_init(void) {
    nfho.hook      = hook_func;
    nfho.hooknum   = NF_NETDEV_INGRESS;
    nfho.pf        = NFPROTO_NETDEV;
    nfho.priority = NF_IP_PRI_FIRST;
    nfho.dev       = dev_get_by_name(&init_net, "eth0");
    int ret        = nf_register_net_hook(&init_net, &nfho);
    printk(KERN_INFO "Hi, King, ret: %d\n", ret);
    return 0;
}
static void __exit nf_exit(void) {
    nf_unregister_net_hook(&init_net, &nfho);
}
module_init(nf_init);
module_exit(nf_exit);

MODULE_LICENSE("GPL");
```

5. 将数据包递交协议栈

前面提到__netif_receive_skb_core 函数会将数据包递交到数据包的捕获点，实际上，基础以太网类型的数据包，例如 IPv4、IPv6 和 ARP 数据包，也是通过 dev_add_pack 函数将它们各自的捕获点对象（packet_type 结构体）安插在了 ptype_base 数组链表中，ptype_base 数组的索引就是以太网类型（例如 IPv4 对应的 ETH_P_IP）。只不过，这些捕获点安插的时间点是在内核启动时，例如在 inet_init 函数（见代码清单 6-31）的末尾处调用 dev_add_pack 函数将 IPv4 对应的捕获点 ip_packet_type 对象（packet_type 结构体）安插到 ptype_base 数组链表中。这里补充一点，使用 AF_PACKET 地址族的 SOCK_RAW 类型的套接字指定捕获 IPv4 数据包的捕获点也会被安插到 ptype_base 数组链表中。

IPv4、IPv6 和 ARP 协议类型的捕获点对象的定义如下，细心的读者可能会发现 IPv4 和 IPv6 协议中都有一个 list_func 函数指针，它是批量数据包的入口函数，而 func 函数指针是单个数据包的入口函数。

```
static struct packet_type ip_packet_type __read_mostly = {
    .type = cpu_to_be16(ETH_P_IP), /* IPv4 */
    .func = ip_rcv, /* IPv4 的单个数据包的入口函数 */
    .list_func = ip_list_rcv, /* IPv4 的批量数据包的入口函数 */
};
static struct packet_type ipv6_packet_type __read_mostly = {
    .type = cpu_to_be16(ETH_P_IPV6), /* IPv6 */
    .func = ipv6_rcv,  /* IPv6 的单个数据包的入口函数 */
    .list_func = ipv6_list_rcv,  /* IPv6 的批量数据包的入口函数 */
};
static struct packet_type arp_packet_type __read_mostly = {
    .type = cpu_to_be16(ETH_P_ARP), /* ARP */
    .func = arp_rcv,  /* ARP 数据包的入口函数 */
};
```

__netif_receive_skb_core 函数根据数据包的以太网类型遍历 ptype_base 数组链表中对应的捕获点链表，逐一通过 deliver_skb 函数（见代码清单 6-32）调用捕获点的入口函数（func）把数据包（skb）递交到对应的协议栈。

6.4 网络层（IP）

上一节中 ip_rcv 把数据包（skb）递交到了协议栈，接下来继续跟踪数据包

（skb）的去向。

数据包在本层的主要处理流程如下：

（1）数据包进入协议栈入口，接受检查，以及执行 Netfilter 的过滤和修改等操作。

（2）通过 Early Demux（早期解复用）和 Routing System（路由系统）为数据包找到**目标条目**（dst_entry）。

（3）如果**目标条目**不在本机器，则需要将数据包转发给目标主机；反之根据协议类型将数据包递交到传输层的不同协议入口。

网络层接收数据包的调用链如图 6-10 所示。

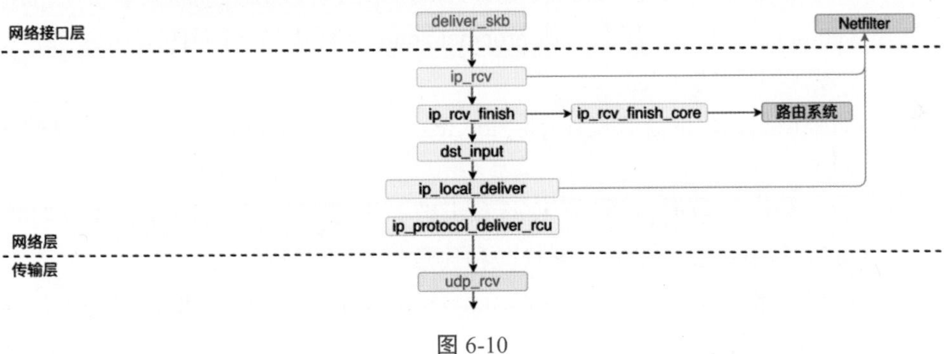

图 6-10

6.4.1　网络协议栈入口

ip_rcv 函数的定义见代码清单 6-33，该函数是 IPv4 协议的入口函数，其主要逻辑有以下两点。

1. IP 数据包的检查和统计

ip_rcv_core 函数主要对数据包（skb）进行检查和统计，其主要逻辑如下：

（1）丢弃不是发给本机器的数据包。

当网络接口处于混杂模式时，收到的数据包的包类型（skb->pkt_type）可能是 PACKET_OTHERHOST，表示这个数据包不是发送给本机器的（即数据包的目标 MAC 地址不是本机器的 MAC 地址，也不是广播、多播和组播的 MAC 地址），而是发送给其他主机的，所以要丢弃这类数据包，不要试图进行分析。

可以使用下面的命令开启和关闭网络接口（例如 eth0）的混杂模式，通常用于网络监控或数据包捕获。

```
$ sudo ip link set eth0 promisc on
```

```
$ sudo ip link set eth0 promisc off
```

（2）统计收到的数据包数量和字节数量。

分别增加/proc/net/snmp 文件中 IP 行 InRequests 列（接收的数据包数量）和/proc/net/netstat 文件中 IpExt 行 InOctets 列（接收的字节数量）的计数。每次接收数据包，这两个计数都会增加，无论是否成功。

（3）校验 IP 头部信息。

如果满足下面任意一个条件，那么随后丢弃该数据包，并增加相应的统计计数。

- 如果该数据包的 IP 头部长度为 20 字节或者该数据包的版本号（iph->version）不是 4，那么增加/proc/net/snmp 文件中 IP 行 InHdrErrors（IP 头部错误）列的计数。
- 如果该数据包的总长度（iph->tot_len）小于 IP 头部长度，那么处理过程同上。
- 如果验证该数据包的 IP 校验和失败，那么增加/proc/net/netstat 文件中 IpExt 行 InCsumErrors（IP 校验和失败）列的计数。
- 如果该数据包的总长度（iph->tot_len）大于 skb->len，即该数据包发生了截断，那么增加/proc/net/netstat 文件中 IpExt 行 InTruncatedPkts 列（IP 数据包被截断）的计数。

如果数据包没有通过所有检查，则将该数据包丢弃，最后 ip_rcv 函数返回 NET_RX_DROP 错误码给调用者。

2. NF_INET_PRE_ROUTING 钩子

如果数据包通过了 ip_rcv_core 函数的所有检查，那么 ip_rcv 函数调用 NF_HOOK 函数（见代码清单 6-34）将数据包传递给 Netfilter 模块，并执行 NFPROTO_IPV4（IPv4 网络层）的 NF_INET_PRE_ROUTING 钩子上的钩子函数对该数据包进行过滤或修改，具体操作由 nf_hook 函数完成。

- 如果 nf_hook 函数的返回值不为 1，则将 nf_hook 函数返回的错误码直接返回给 ip_rcv 函数。
- 如果 nf_hook 函数的返回值为 1，则表示该数据包已经通过 Netfilter 模块的过滤或修改，然后将数据包交由 ip_rcv_finish 函数继续处理，最后将 ip_rcv_finish 函数的处理结果返回给 ip_rcv 函数。

我们将 6.3.6 节中 NF_NETDEV_INRESS 钩子的例子做如下修改：

```
static int __init nf_init(void) {
    nfho.hook      = hook_func;
    nfho.hooknum   = NF_INET_PRE_ROUTING;
    nfho.pf        = NFPROTO_IPV4;
    nfho.priority = NF_IP_PRI_FIRST;
    nfho.dev       = dev_get_by_name(&init_net, "eth0"); /* 可以不指定网络接
    口 */
    int ret        = nf_register_net_hook(&init_net, &nfho);
    printk(KERN_INFO "Hi, King, ret: %d\n", ret);
    return 0;
}
```

修改后，它会捕获刚进入网络协议栈的数据包并打印它们的源 IP 地址和目标 IP 地址，hook_func 函数打印完日志后返回了 NF_ACCEPT，它表示允许该数据包通过。

6.4.2　数据包的流向

由 ip_rcv_finish 函数决定数据包的去向——是由本机器的从设备发送给主设备、由主设备进入网络协议栈的更上层，还是转发给其他机器。该函数的定义见代码清单 6-35，其主要逻辑有以下几点。

1. 从设备将数据包交给主设备处理

如果接收数据包的网络接口从属于一个 L3 主设备（master device），则调用 l3mdev_ip_rcv 函数将 skb 传递给其处理程序进行处理。可以使用 ip link 命令根据一个网络接口（例如 eth1）的输出结果中是否包含 master 字段判断其设备类型，如果有则表示它是一个从设备，并且 master 字段之后的名字就是其从属的主设备名字；反之它可能是一个独立的主设备或未配置的从设备。

2. 设置数据包的目标条目

ip_rcv_finish 函数调用 ip_rcv_finish_core 函数完成对数据包的目标条目 skb->dst（struct dst_entry）和底层套接字（skb->sk）的设置。该函数的定义见代码清单 6-36，其主要逻辑如下：

（1）如果开启了 Early Demux 机制，即 net.ipv4.ip_early_demux 内核参数等于 1，那么 TCP 和 UDP 数据包尝试提前根据它们的头部信息分别从已连接套接字表和全局 UDP 套接字表（udp_table）中寻找对应的底层套接字。如果可以找到

底层套接字，则把底层套接字中缓存的目标条目赋值给数据包的目标条目（skb->dst），以及将底层套接字缓存到数据包中（skb->sk），避免当数据包到达传输层时重复查找该底层套接字。

（2）如果开启了 Early Demux 机制但没有找到底层套接字或者根本没有开启 Early Demux 机制，那么 ip_rcv_finish_core 函数就需要调用 ip_route_input_noref 函数将数据包传递给路由系统（Routing System），根据源 IP 地址和目标 IP 地址等信息寻找路由条目，如果没有找到路由条目，则调用 rt_dst_alloc 函数创建一个路由条目，最后将路由条目中的目标条目缓存到该数据包中（skb->dst）。

3. 使用数据包的目标条目

ip_rcv_finish 函数调用 dst_input 函数（见代码清单 6-37）将数据包送入该数据包中缓存的目标条目（skb->dst）的输入函数指针（skb->dst.input）继续处理。

（1）如果该数据包是发送给其他机器的，那么 skb->dst.input 函数指针指向的是 ip_forward 函数。

（2）如果该数据包是发送给本机器的，那么 skb->dst.input 函数指针指向的是 ip_local_deliver 函数。

下面分别介绍这两种情况。

6.4.3 数据包的转发

在介绍本节的主要路径（ip_local_deliver 函数）之前，我们先来了解一下数据包的转发流程，也就是 ip_forward 函数的执行过程，其主要逻辑有以下几点。

1. 转发数据包的检查和统计

（1）判断该 IP 数据包的 TTL 字段（iph->ttl）是否小于 1，如果是，那么增加/proc/net/snmp 文件中 IP 行 InHdrErrors（IP 头部错误）列的计数，并发送一个 TTL 超时的 ICMP 报文（Type=11，Code=0）给发送方；否则，iph->ttl 减 1，并更新该 IP 数据包的校验和（iph->check）。

（2）判断该 IP 数据包的大小是否超过 MTU，如果是，并且不允许分片，那么增加/proc/net/snmp 文件中 IP 行 FragFails（分片失败）列的计数，并发送一个目标不可达需要分片的 ICMP 报文（Type=3，Code=4）。

2. NF_INET_FORWARD 钩子

调用 NF_HOOK 函数将数据包传递给 Netfilter 模块，并执行 NFPROTO_IPV4

的 NF_INET_FORWARD 钩子上的钩子函数对该数据包进行过滤或修改，如果允许该数据包转发，那么调用 ip_forward_finish 函数继续转发数据包。

3. 转发出去

首先 ip_forward_finish 函数增加/proc/net/snmp 文件中 IP 行 ForwDatagrams（转发的数据包数）列的计数和/proc/net/netstat 文件中 IpExt 行 OutOctets（发送的字节数量）列的计数。

然后 ip_forward_finish 函数调用 dst_output 函数将数据包传递给目标条目（dst_entry）的输出函数（output）。实际上在前面初始化 `skb->dst.input` 函数指针的同时，也初始化了 `skb->dst.output` 函数指针，将其指向了 ip_output 函数，因此 dst_output 函数实际上调用了 ip_output 函数继续发送该数据包。读者要想继续了解发送数据包的过程，直接跳到 7.4.2 节即可，可以无缝衔接。

6.4.4　数据包进入传输层之前

本章主要讲解收包过程，因此我们沿着 ip_local_deliver 函数（见代码清单 6-38）继续介绍后续的收包过程，该函数的主要逻辑有以下几点。

1. IP 数据包分片重组

ip_local_deliver 函数首先调用 ip_is_fragment 函数检查 IP 数据包是否为一个 IP 数据包的分片（即 IP 头部包含 MF 标志位或者片偏移量大于 0）。如果是，则调用 ip_defrag 函数将该数据包放入一个“不完整数据包”的队列，然后尝试将队列里的数据包重新组合成一个完整的 IP 数据包。

2. NF_INET_LOCAL_IN 钩子

ip_local_deliver 函数调用 NF_HOOK 函数将数据包传递给 Netfilter 模块，并执行 NFPROTO_IPV4 的 NF_INET_LOCAL_IN 钩子上的钩子函数对该数据包进行过滤或修改。

如果 Netfilter 模块没有丢弃该数据包，那么调用 ip_local_deliver_finish 函数继续处理该数据包。

3. 将数据包递交传输层

ip_local_deliver_finish 函数的定义见代码清单 6-39，其主要逻辑如下：

（1）调用__skb_pull 函数将数据指针（skb->data）向后移动 IP 头部长度，使其指向 IP 数据部分的开始地址，也就是传输层头部的开始地址，如图 6-11 所示。

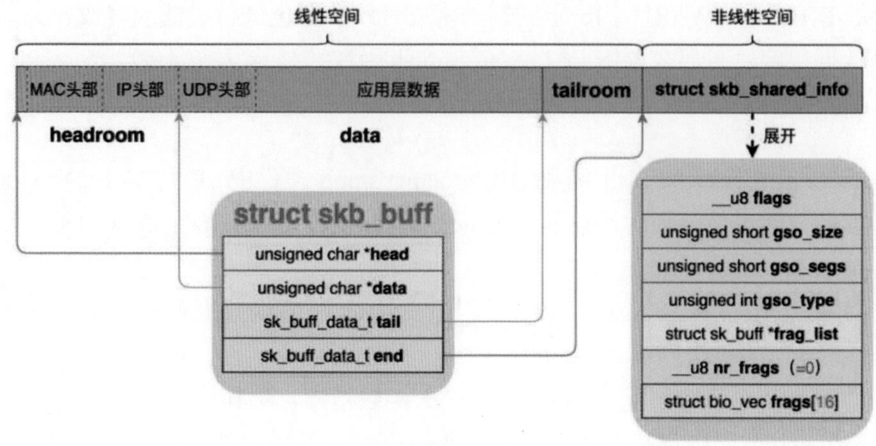

图 6-11

（2）调用 ip_protocol_deliver_rcu 函数（见代码清单 6-40）先将该数据包 IP 头部中的协议类型（`ip_hdr(skb)->protocol`）作为 `inet_protos` 数组（定义见代码清单 6-41）的索引来获取对应的 net_protocol 结构体对象。`inet_protos` 数组的索引就是协议类型，而 `inet_protos` 数组的元素就是协议类型对应的 net_protocol 结构体对象，net_protocol 结构体包含具体协议接收数据包的入口函数。然后将该数据包传递给这个入口函数继续处理。当内核启动时，在 inet_init 函数中将 ICMP、TCP 和 UDP（协议）与它们各自的 net_protocol 结构体对象（定义见代码清单 6-42）的映射关系保存到 inet_protos 数组中，其中 icmp_rcv、tcp_v4_rcv 和 udp_rcv 函数分别是 ICMP、TCP 和 UDP（协议）接收数据包的入口函数。

（3）当成功将数据包递交到传输层后，会增加/proc/net/snmp 文件中 IP 行 InDelivers 列的计数。

6.5 传输层（UDP）

假如 6.4 节中的 skb 的协议类型是 UDP，那么 ip_protocol_deliver_rcu 函数中的 ipprot->handler 函数指针指向 udp_rcv 函数，由 udp_rcv 函数继续处理该数据包（skb），该数据包（skb）正式进入 UDP 层。

数据包在本层的主要处理流程如下：

（1）数据包进入传输层（UDP）入口，接受检查，以及获取对应的 Socket。

（2）根据消息类型选择广播/多播的处理函数，或者单播的处理函数。

（3）检查 UDP 数据包是否为 GSO（Generic Segmentation Offload）数据包，如果不是则跳过，反之需要把 skb 进行分片处理。

（4）处理特殊类型的套接字（比如封装套接字）和挂载的 Socket BPF 程序。

（5）检查套接字的接收队列是否满了，如果满了则丢弃 skb，如果没满则把 skb 放入接收队列。

（6）唤醒等待接收套接字上数据的进程/线程。

这一层（UDP）接收数据的调用链如图 6-12 所示。

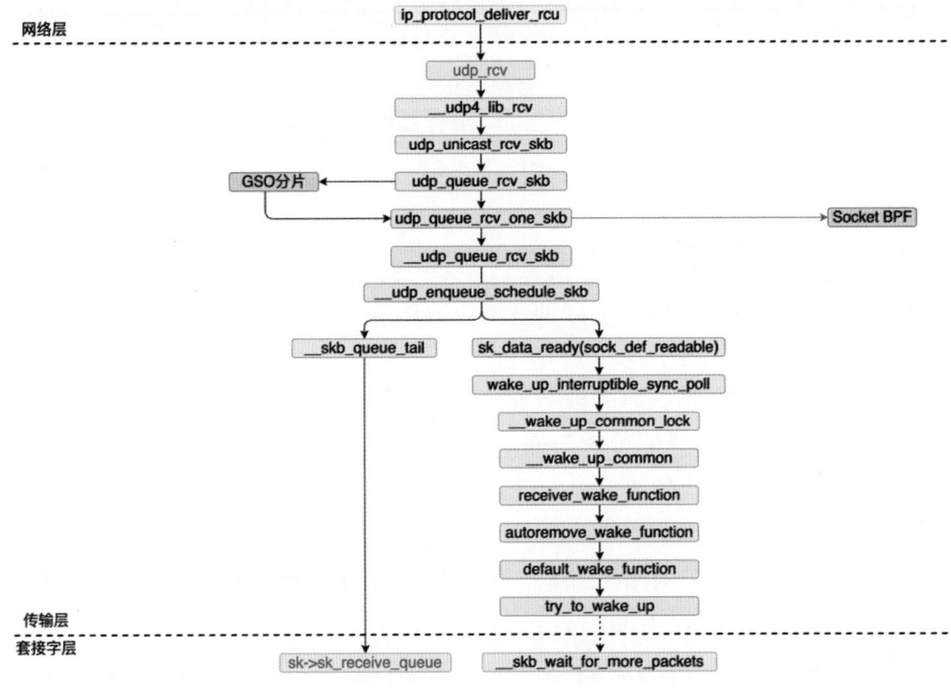

图 6-12

6.5.1　UDP 协议入口

udp_rcv 函数的定义见代码清单 6-43，它唯一的逻辑就是调用__udp4_lib_rcv 函数并指定三个参数：数据包（skb）、UDP 套接字表（udp_table）和协议类型（IPPROTO_UDP）。__udp4_lib_rcv 函数的定义见代码清单 6-44，其主要逻辑有以下几点。

1. UDP 数据包的检查和统计

首先根据 skb 获取 UDP 头部指针并保存到变量 uh 中，然后检查 UDP 头部信息，如果满足下面任意一个条件，那么随后丢弃该数据包，并增加相应的统计计数。

（1）如果该 UDP 数据包的总长度（uh->len）大于 skb->len，即该数据包发生了截断，那么增加/proc/net/snmp 文件中 UDP 行 InErrors 列的计数。

（2）如果该 UDP 数据包的总长度（uh->len）小于 UDP 头部长度，即数据包无效，那么处理过程同上。

（3）如果验证该 UDP 数据包的校验和失败，那么增加/proc/net/snmp 文件中 UDP 行 InCsumErrors 列的计数。

2. 获取套接字和目标条目

（1）首先尝试调用 skb_steal_sock 函数获取数据包（skb）中缓存的底层套接字（struct sock），如果该底层套接字有效，那么获取数据包（skb）中缓存的目标条目（dst_entry）。如果在 IP 层通过 udp_v4_early_demux 函数获取到了该数据包对应的底层套接字和目标条目（dst_entry），那么这里就节省了对 UDP 套接字表（udp_table）的再次查询，直接调用 udp_unicast_rcv_skb 函数继续处理该数据包。

（2）如果在 IP 层没有提前获取底层套接字，那么先判断数据包（skb）中缓存的路由条目的类型是否为广播或多播，如果是，则调用_udp4_lib_mcast_deliver 函数处理广播或多播工作，然后调用 udp_queue_rcv_skb 函数将数据包发送给每个监听者。如果路由条目的类型是单播类型，则调用__udp4_lib_lookup_skb 函数根据该数据包的四元组等信息在 UDP 套接字表（udp_table）中查找底层套接字，如果找到了，则同样调用 udp_unicast_rcv_skb 函数继续处理，否则增加/proc/net/snmp 文件中 UDP 行 NoPorts 列的计数，并发送一个目标端口不可达的 ICMP 报文（Type=3，Code=3）给发送方，稍后丢弃该数据包。

不管广播或多播还是单播，最后都调用 udp_queue_rcv_skb 函数来接收一个 UDP 数据包。

6.5.2 数据包的特殊处理

udp_queue_rcv_skb 函数的定义见代码清单 6-45，它涉及 GSO 分片、封装套接字和套接字过滤器的处理。

1. GSO 分片

如果该 UDP 数据包（skb）是 GSO 数据包，那么首先调用 udp_rcv_segment

函数将该 UDP 数据包进行分片处理，然后遍历每个分片，逐一调用 udp_post_segment_fix_csum 函数修复每个分片的**校验和**，并逐一调用 udp_queue_rcv_one_skb 函数继续处理每个分片。

否则，直接调用 udp_queue_rcv_one_skb 函数继续处理该 UDP 数据包。

udp_queue_rcv_one_skb 函数的定义见代码清单 6-46，其中包括封装套接字和套接字过滤器的处理。

2. 封装套接字

将前面获取的底层套接字（struct sock）通过 udp_sk 函数转换成 UDP 套接字（struct udp_sock）并保存到变量 up 中，如果该 UDP 套接字的封装类型的字段（up->encap_type）不为 0，即它是一个 Encapsulation Socket（封装套接字），那么将该数据包发送给对应的封装接收函数（up->encap_rcv）继续处理，如果封装接收函数返回的值小于或等于 0，则表示该数据包已经被处理过了，无须继续往下执行，直接将处理结果返回给调用者并增加/proc/net/snmp 文件中 UDP 行 InDatagrams 列的计数（当应用程序使用 recvmsg 读取数据包时也增加该计数），否则将数据包交给 UDP 协议继续处理。

封装套接字是一种特殊类型的套接字，其主要作用是在网络通信中对数据包进行封装和解封装的操作。这意味着它能够将一个协议的数据包包裹在另一个协议的数据包中传输，并在接收端将其还原为原始协议的数据包。例如，可以使用 UDP 来封装 ESP 协议（Encapsulating Security Payload），ESP 是 IPsec（Internet Protocol Security）协议套件中的一个重要协议，ESP 用于在 IP 网络上提供机密性和数据完整性的协议。

应用程序可以开启 UDP 套接字的 UDP_ENCAP 选项，并指定参数为 UDP_ENCAP_ESPINUDP（即使用 UDP 封装 ESP），随后在系统调用中会设置 UDP 套接字的封装类型（up->encap_type）为 UDP_ENCAP_ESPINUDP 和设置 UDP 套接字的封装接收函数（up->encap_rcv）为 xfrm4_udp_encap_rcv。

```
/* 设置 UDP_ENCAP 选项为 ESP */
int encap_type = UDP_ENCAP_ESPINUDP; /* 封装类型为 ESP in UDP */
setsockopt(sockfd, IPPROTO_UDP, UDP_ENCAP, &encap_type,
    sizeof(encap_type));
```

3. 套接字过滤器

如果套接字上挂载了过滤器（即 sk->sk_filter 不为空），那么在 sk_filter_trim_cap

函数中该数据包会经过套接字过滤器的处理，如果数据包被过滤了，那么增加/proc/net/snmp 文件中 UDP 行 InErrors 列的计数，然后接收流程终止。这里的过滤器通常是 Socket BPF 程序，应用程序可以通过 setsockopt 函数设置套接字的 SO_ATTACH_BPF 选项将 Socket BPF 程序挂载到套接字上，挂点是 sk->sk_filter->prog。

```
struct sk_filter {
    refcount_t refcnt;
    struct rcu_head rcu;
    struct bpf_prog *prog;
};
```

如果数据包通过了所有过滤器，那么调用__udp_queue_rcv_skb 函数继续处理该数据包（skb）。

6.5.3 将数据包放入接收队列

1. __udp_queue_rcv_skb 函数

该函数的定义见代码清单 6-47，其主要逻辑如下：

（1）如果套接字的目标 IP 地址存在，那么先调用 sock_rps_save_rxhash 函数判断是否开启了 RPS 机制，如果是，那么使用 sk->hash（数据包的哈希值）更新 sk->sk_rxhash（用于 RPS 机制选择 CPU 的哈希值）。然后更新套接字的 Incoming CPU（sk->sk_incoming_cpu）为当前 CPU ID，应用程序可以通过套接字的 SO_INCOMING_CPU 选项得知最近一次处理该套接字的 CPU ID。

（2）调用 sk_mark_napi_id 函数将数据包携带的 NAPI ID（skb->napi_id）赋值给套接字的 NAPI ID（sk->sk_napi_id），用于后面的 Busy Loop 机制。

（3）调用__udp_enqueue_schedule_skb 函数将数据包放入底层套接字的接收队列（sk->sk_receive_queue），如果返回值小于 0，则表示数据包放入底层套接字的接收队列失败，增加/proc/net/snmp 文件中 UDP 行 InErrors 列的计数等信息并丢弃数据包；反之数据包成功放入接收队列。

2. __udp_enqueue_schedule_skb 函数

该函数的定义见代码清单 6-48，其主要逻辑如下：

（1）判断套接字的接收缓存区（sk->sk_rcvbuf）是否已满，如果是则丢弃数据包并增加/proc/net/snmp 文件中 UDP 行 RcvbufErrors 列的计数；反之调用

__skb_queue_tail 函数将数据包放入底层套接字的接收队列尾部。

（2）如果套接字不是关闭状态（SOCK_DEAD），那么调用套接字中的 sk_data_ready 函数将该套接字上有可读事件通知给等待接收套接字上的数据的进程/线程（struct task_struct）。

6.5.4　唤醒等待数据的进程/线程

在后面 6.6.1 节介绍的套接字创建过程中，将套接字中的 sk_data_ready 函数指针指向了 sock_def_readable 函数，后者的定义见代码清单 6-49，其主要逻辑如下：

（1）获取该套接字上的等待队列（sk->sk_wq），它的数据类型是 struct socket_wq，其定义如下：

```
struct socket_wq {
    wait_queue_head_t    wait; // 同步（阻塞）队列
   struct fasync_struct  *fasync_list; // 异步队列
   unsigned long     flags; /* %SOCKWQ_ASYNC_NOSPACE, etc */
   struct rcu_head       rcu;
} ____cacheline_aligned_in_smp;
```

（2）调用 skwq_has_sleeper 函数判断等待队列中的同步（阻塞）队列（sk->sk_wq->wait，简称同步等待队列）是否为空，如果不为空，那么调用 wake_up_interruptible_sync_poll 函数唤醒同步等待该套接字上的数据的进程/线程。

（3）调用 sk_wake_async 函数唤醒异步等待该套接字上的数据的进程/线程。

下面分别详细介绍这两种唤醒进程/线程的方式。

1. 通知同步等待的进程/线程

wake_up_interruptible_sync_poll 函数的定义见代码清单 6-50，它是一个宏定义，实际上调用的是__wake_up_sync_key 函数，只不过这里指定了该函数的三个参数，第一个参数为同步等待队列，第二个参数 mode 设置为 TASK_INTERRUPTIBLE（可中断睡眠状态，可以被信号中断而唤醒），作为唤醒条件，即仅唤醒状态为 TASK_INTERRUPTIBLE 的进程/线程，第三个参数 key 设置为 EPOLLIN 等事件，用来通知进程/线程该套接字上发生了哪些事件。在该函数中，再一次检查同步等待队列是否为空，如果为空，则直接返回；否则，调用__wake_up_common_lock 函数继续执行。

在__wake_up_common_lock 函数的参数列表中，参数 nr_exclusive 表示要唤

醒多少个进程/线程，如果 nr_exclusive 小于或等于 0，则唤醒所有进程/线程，参数 wake_flags 表示唤醒标志，这里设置为 WF_SYNC，这意味着当前进程/线程唤醒其他进程/线程后进入睡眠状态。__wake_up_common_lock 函数的主要逻辑被封装在__wake_up_common 函数中，后者会从同步等待队列中从头到尾遍历每个等待队列条目（wait_queue_entry）并调用其中的回调函数（func），直到遍历完所有等待队列条目或者已经成功唤醒了 nr_exclusive 个进程/线程为止。同步等待队列的数据类型是 struct wait_queue_head，后者包含一个自旋锁和一个双向链表头，自旋锁用来保持双向链表的数据一致性，而双向链表用来挂载等待队列条目。在 6.6.2 节中提到了，UDP 对应的等待队列条目中的回调函数（func）实际上是 receiver_wake_function 函数。

```
struct wait_queue_entry {
    unsigned int        flags;
    void                   *private; /* 阻塞的进程/线程对象 */
    wait_queue_func_t   func; /*回调函数 */
    struct list_head    entry;
};
struct wait_queue_head {
    spinlock_t        lock;
    struct list_head  head;
};
```

receiver_wake_function 函数的定义见代码清单 6-51，该函数先判断套接字上是否有 EPOLLIN 或 EPOLLERR 事件，如果没有，则唤醒流程直接返回；反之（前面提到有 EPOLLIN 等事件）调用 autoremove_wake_function 函数继续执行。在 autoremove_wake_function 函数中先调用 default_wake_function 函数继续执行唤醒操作，如果成功唤醒当前等待队列条目对应的进程/线程，那么将该等待队列条目从同步等待队列中移除。

在 default_wake_function 函数中调用 try_to_wake_up 函数尝试唤醒当前等待队列条目中 private（task_struct）字段指向的进程/线程对象。try_to_wake_up 函数的主要逻辑如下：

（1）调用 preempt_disable 函数禁止高优先级的进程/线程抢占当前进程/线程的 CPU。在 try_to_wake_up 函数的最后调用了 preempt_enable 函数允许抢占当前进程/线程的 CPU。

（2）判断待唤醒的进程/线程的状态是否满足参数 state 的唤醒条件，即本次仅唤醒处于 TASK_INTERRUPTIBLE 状态的进程/线程。如果不满足则返回。

（3）判断待唤醒的进程/线程是否为当前进程/线程，如果是，则修改进程/线程的状态为 TASK_RUNNING，唤醒成功并返回；否则，判断待唤醒的进程/线程是否已经在一个 CPU 的运行队列中，如果是，则调用 ttwu_runnable 函数修改待唤醒进程/线程的状态为 TASK_RUNNING，然后使其抢占那个运行队列所属的 CPU，最后流程返回。

（4）将待唤醒的进程/线程的状态设置为 TASK_WAKING，然后选择一个合适的目标 CPU。调用 ttwu_queue_wakelist 函数将待唤醒的进程/线程放到目标 CPU 的唤醒队列（wake_list）中，然后在必要时通过 IPI 信号通知目标 CPU 调用 sched_ttwu_wakeup 函数来唤醒其唤醒队列中的进程/线程。

2. 通知异步等待的进程/线程

sk_wake_async 函数的定义见代码清单 6-52，该函数首先判断套接字的标志（sk->sk_flags）中是否包含 SOCK_FASYNC 标志位，应用程序可以通过 fcntl 系统调用开启套接字描述符的 FASYNC 选项，来设置套接字的 SOCK_FASYNC 标志位，如果不包含则直接返回；反之调用 sock_wake_async 函数继续执行。

在 sock_wake_async 函数中，首先判断等待队列中的异步队列（`sk->sk_wq->fasync_list`，简称异步等待队列）是否为空，如果为空则直接返回，反之调用 kill_fasync 函数并指定信号为 SIGIO 和事件为 POLL_IN（它是由 sk_wake_async 函数一路传下来的）。kill_fasync 函数的主要逻辑被封装在 kill_fasync_rcu 函数中。

在 kill_fasync_rcu 函数中循环遍历异步等待队列（`sk->sk_wq->fasync_list`）中的每个对象（struct fasync_struct），首先检查对象的有效性，然后获取套接字的拥有者（struct fown_struct，其中封装了进程的部分信息）并保存到变量 fown 中，最后调用 send_sigio 函数并指定拥有者（fown）、文件描述符（`fa_fd`）和事件（POLL_IN）三个参数。

```
struct fasync_struct {
    rwlock_t      fa_lock;
    int           magic; /* 魔法数字 */
    int           fa_fd; /* 文件描述符 */
    struct fasync_struct  *fa_next; /*链表指针 */
    struct file       *fa_file; /* 文件指针 */
    struct rcu_head    fa_rcu;
};
```

在 send_sigio 函数中通过拥有者（fown）对象获取对应的进程号（Pid），如果应用程序没有指定套接字的拥有者，那么这里的进程号是 0，因此要想使用异步等待数据的功能，就必须在应用程序中使用 fcntl 系统调用指定套接字的拥有者的进程号。然后调用 send_sigio_to_task 函数将 SIGIO 信号发送给拥有者进程。

在 send_sigio_to_task 函数中会设置 siginfo_t 对象，以便返回给应用程序监听信号的回调函数。这里需要注意的是，要想 siginfo_t 对象中包含套接字描述符（si_fd），那么应用程序必须事先使用 fcntl 系统调用为该套接字描述符设置 SIGIO 信号，否则，回调函数只能获取信号类型等基本信息。

下面是使用这种异步等待方式编写的一个 UDP 服务端程序，为了减少篇幅，笔者省去了异常检查和头文件等代码。

```
void handle_sigio(int signo, siginfo_t *info, void *context) {
    if (signo == SIGIO) {
        char buffer[2048];
        ssize_t n = recvfrom(info->si_fd, buffer, sizeof(buffer), 0, NULL,
    0);
        if (n < 0) return;
        buffer[n] = '\0';
        printf("signo:%d, sockfd:%d, event:%d, message: %s",
                signo, info->si_fd, info->si_code, buffer);
    }
}
int main() {
    struct sockaddr_in serv_addr;
    int sockfd = socket(AF_INET, SOCK_DGRAM, 0); /* 创建 UDP 套接字 */
    int flags = fcntl(sockfd, F_GETFL, 0);
    flags |= FASYNC | O_NONBLOCK;
    fcntl(sockfd, F_SETFL, flags);
    fcntl(sockfd, F_SETOWN, getpid()); /* 设置套接字拥有者进程 */
    memset(&serv_addr, 0, sizeof(serv_addr));
    serv_addr.sin_family = AF_INET;
    serv_addr.sin_addr.s_addr = INADDR_ANY; /* 监听地址 */
    serv_addr.sin_port = htons(12345); /* 监听端口 */
    int res = bind(sockfd, (struct sockaddr *)&serv_addr,
    sizeof(serv_addr));
    struct sigaction sa;
    sa.sa_sigaction = handle_sigio;
```

```
    sigemptyset(&sa.sa_mask);
    sa.sa_flags = SA_SIGINFO; /* 设置 SA_SIGINFO 标志 */
    if (sigaction(SIGIO, &sa, NULL) == -1) exit(EXIT_FAILURE);
    fcntl(sockfd, F_SETSIG, SIGIO); /* 为文件描述符设置 SIGIO 信号 */
    while (1) /* 主循环，等待 SIGIO 信号 */
        pause(); /* 暂停进程直到收到信号 */
    close(sockfd);
    return 0;
}
```

从 6.3.3 节到目前为止，收包过程一直处在软中断中，所以这条路径占用的是用户进程的 CPU 软中断时间（top 命令结果中的 si）

6.6 套接字层

应用程序是通过套接字实现网络编程的，即通过套接字接收和发送数据，本节先介绍一个 UDP 套接字的创建过程，然后介绍套接字的绑定过程，最后介绍使用这个套接字接收数据的过程。

使用套接字接收数据的调用链如图 6-13 所示。

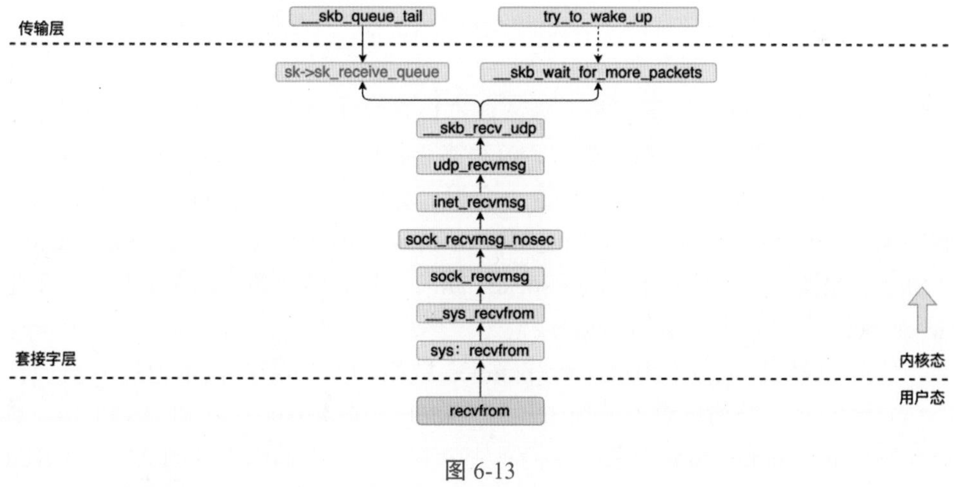

图 6-13

6.6.1 创建套接字

1. 用户调用 socket 函数创建套接字（用户态）

创建 UDP 套接字的代码如下：

```
int sockfd = socket(AF_INET, SOCK_DGRAM, 0); /* 创建 UDP 套接字 */
```

上面的 socket 函数会执行 socket 系统调用。这里强调一下，AF_INET（地址族）通常与 PF_INET（协议族）是等价的。实际上，在很多情况下，它们可以互换使用。AF_INET 用于指定套接字的地址族，而 PF_INET 用于指定协议族，但由于历史原因，它们的值通常是相同的，相关代码如下：

```
#define PF_INET AF_INET
```

2. socket 系统调用（内核态）

该系统调用（见代码清单 6-53）仅调用了__sys_socket 函数（见代码清单 6-54）并透传所有参数。__sys_socket 函数首先通过函数调用链__sys_socket_create→sock_create→__sock_create 根据地址族和套接字类型等参数创建一个套接字。然后调用 sock_map_fd 函数将刚创建的套接字映射到当前进程范围内一个尚未使用的文件描述符。最后给应用程序返回与该套接字关联的文件描述符。应用程序收发数据包都使用这个文件描述符，而不直接使用套接字。

3. 用户套接字（struct socket）

前面提到的套接字实际上是用户套接字，用户套接字的创建过程被封装在__sock_create 函数（见代码清单 6-55）中，其主要逻辑如下：

（1）对地址族和套接字类型等参数进行有效性和安全性的检查，如果未通过检查，那么创建用户套接字失败，流程终止。

（2）调用 sock_alloc 函数创建一个用户套接字（struct socket）对象及其关联的 struct inode 对象。本质上是使用 sock_alloc_inode 函数从 sock_inode_cachep（Slab 对象池）中获取一个 struct socket_alloc 对象，该对象有两个成员，一个是 struct socket，另一个是 struct inode。

（3）将地址族参数作为 net_families 数组的索引来查找该地址族对应的 net_proto_family 结构体对象。例如，AF_INET 地址族（也就是 PF_INET 协议族）对应的是 inet_family_ops 对象（见代码清单 6-56），而前面提到的 AF_PACKET 地址族对应的是 packet_family_ops 对象。在内核启动时，每种地址族通过调用 sock_register 函数将地址族类型与 net_proto_family 结构体对象的映射关系保存到 net_families 数组中。

（4）调用刚找到的 net_proto_family 结构体对象中的 create 函数指针。由于本次创建套接字使用的是 AF_INET 地址族，所以调用 inet_family_ops->create 函数指针指向的 inet_create 函数对刚创建的用户套接字做与协议族相关的初始化操作，以及创建底层套接字并完成初始化。

4. 底层套接字（struct sock）

inet_create 函数的部分定义见代码清单 6-57，其主要逻辑如下：

（1）将套接字类型（例如 SOCK_DGRAM）作为 inetsw 链表数组的索引以获取对应的 inet_protosw 对象链表（例如 inetsw[SOCK_DGRAM]），再根据协议类型（例如 IPPROTO_UDP）遍历这个链表查找对应的 inet_protosw 对象。inetsw 链表数组的初始化过程是在内核启动时调用的 inet_init 函数中进行的，inet_init 函数将 AF_INTE 地址族上的所有协议（例如 UDP 和 TCP）对应的 inet_protosw 对象通过 inet_register_protosw 函数（部分代码见代码清单 6-58）插入 inetsw 链表数组中的正确位置，完成初始化的 inetsw 链表数组如图 6-14 所示。

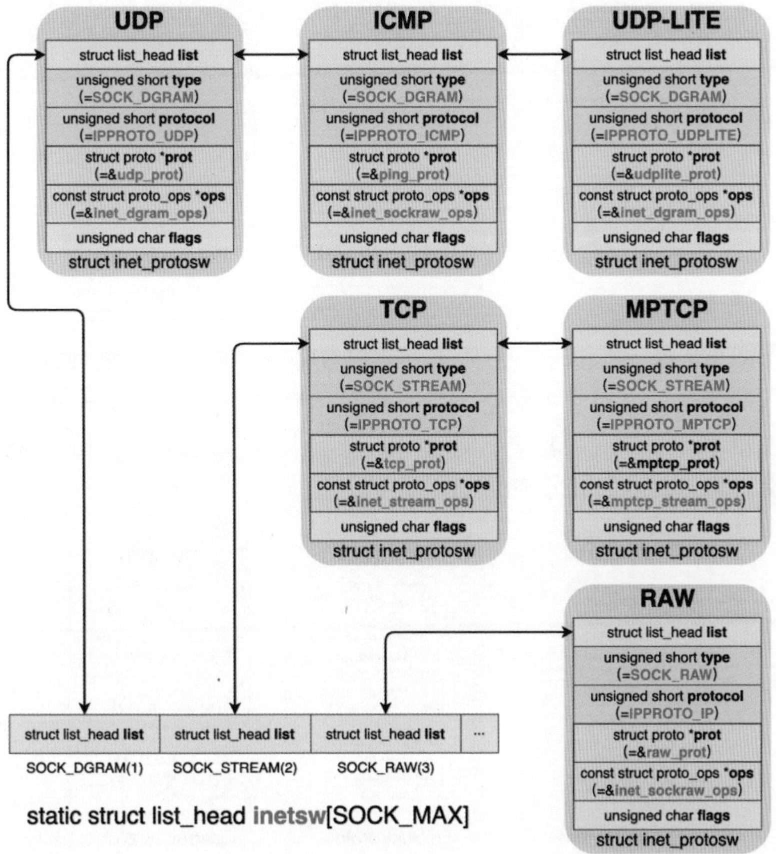

图 6-14

这里有一个隐藏逻辑，细心的读者可能会发现，在最开始调用 socket 函数创建 UDP 套接字时传递的第三个参数 protocol 是 0，而不是 IPPROTO_UDP，那么为什么 UDP 套接字还能创建成功呢？这是因为当 protocol 为 0 时，内核会选择套接字类型对应的 inet_protosw 对象链表中的第一个 inet_protosw 对象，然而 UDP 初始化的 inet_protosw 对象正好是 SOCK_DGRAM 套接字类型对应的 inet_protosw 对象链表中的第一个 inet_protosw 对象。同样的道理，创建 TCP 套接字时也可以设置 protocol 为 0。

（2）将前面找到的 inet_protosw 对象中的 ops 字段赋值给用户套接字的 ops 字段，其中包含具体协议各自实现的发送和接收数据等函数。TCP、UDP 和 RAW 用户套接字使用的 ops 结构体分别为 inet_stream_ops、inet_dgram_ops 和 inet_sockraw_ops 对象，其中的部分字段如图 6-15 所示。

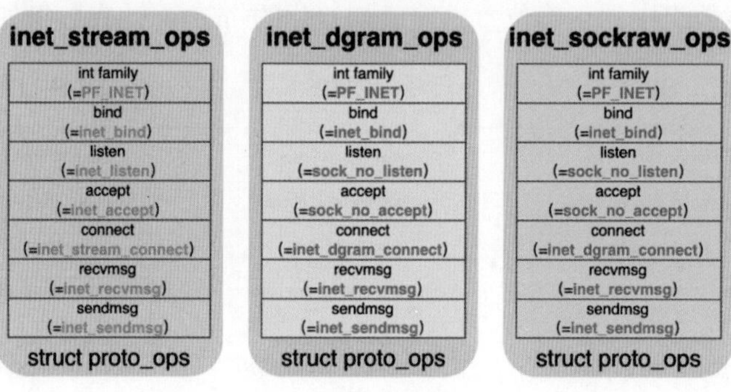

图 6-15

（3）调用 sk_alloc 函数从 Slab 子系统获取一个底层套接字对象，并将前面找到的 inet_protosw 对象中的 prot 字段赋值给底层套接字的 sk_prot 字段。例如，TCP、UDP 和 RAW 底层套接字使用的 prot 结构体分别为 tcp_prot、udp_prot 和 raw_prot 对象，其中的部分字段如图 6-16 所示。

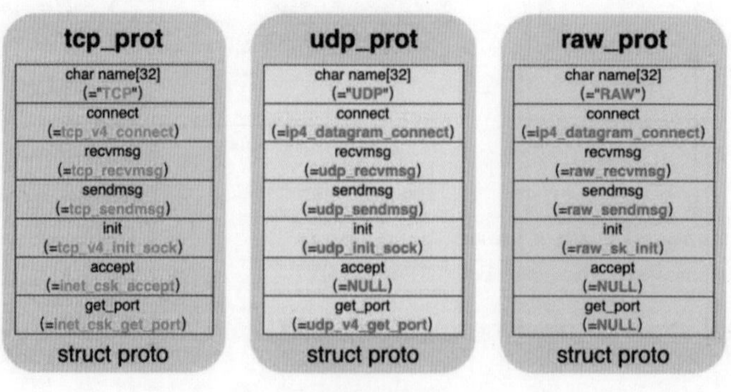

图 6-16

（4）调用 inet_sk 函数将底层套接字强制转换成网络套接字（struct inet_sock），实际上就是指针的转换，因为底层套接字被包裹在网络套接字的开始位置，如图 6-17 所示。随后完成对网络套接字的初始化。

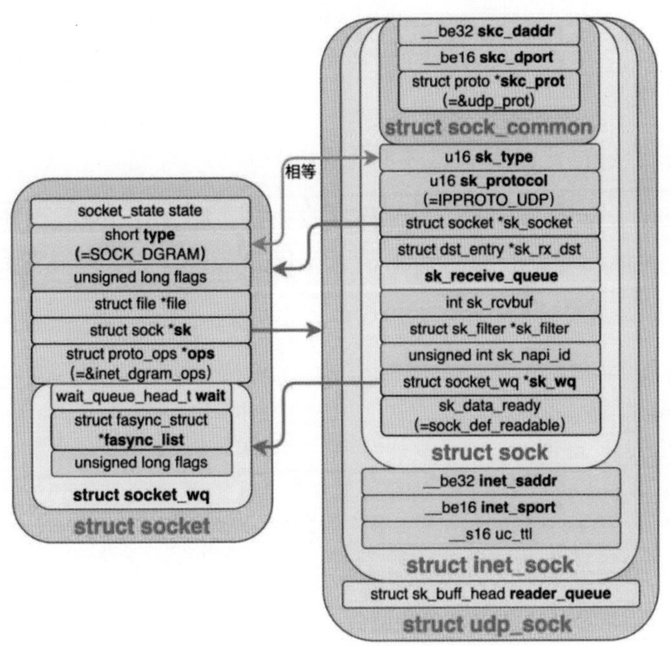

图 6-17

（5）调用 sock_init_data 函数关联用户套接字和底层套接字并完成底层套接字的各种属性的初始化，其中包括接收缓存区大小（sk->sk_rcvbuf）、发送缓存区大小（sk->sk_sndbuf）、接收队列（sk->sk_receive_queue）和发送队列（sk->sk_write_queue）和等待队列（sk->sk_wq），以及唤醒同步等待数据的进程/线程的函数指针（sk->sk_data_ready），并且将该函数指针指向了 sock_def_readable 函数，见代码清单 6-59。

（6）调用底层套接字的 sk_prot 字段中的 init 函数对具体协议套接字进行初始化，例如 UDP 对应的 init 函数是 udp_init_sock 函数，其中先调用 udp_sk 函数将底层套接字强制转换成 UDP 套接字（struct udp_sock），实际上也是指针的转换，因为网络套接字被包裹在 UDP 套接字的开始位置，所以底层套接字也在 UDP 套接字的开始位置，它们三个可以互相转换，如图 6-17 所示。然后初始化 UDP 套接字中的读取队列（reader_queue），设置底层套接字的释放函数（sk->sk_destruct）为 udp_destruct_sock。

当在用户程序侧观察到一个套接字创建完成后，从前面的流程来看，内核创建了很多类型的套接字并完成了初始化，这些套接字一起构成了一个“广义套接字”，图 6-17 是一个 UDP 的“广义套接字”的示意图，笔者戏称它为“套接字套娃”。

6.6.2 绑定套接字

1. 用户调用 bind 函数绑定套接字（用户态）

当成功创建一个套接字后，如果想接收数据，那么通常情况下还需要将其绑定到一个 IP 地址和端口上。下面是将一个 UDP 套接字绑定到本地所有 IP 地址的 10000 端口号上的代码片段。

```
/* 构造地址结构 */
struct sockaddr_in addr;
addr.sin_family = AF_INET; /* 地址族 */
addr.sin_addr.s_addr = INADDR_ANY; /* 本机器所有 IP 地址 */
addr.sin_port = htons(10000); /* 端口号 10000 */
/* 套接字绑定地址和端口 */
int ret = bind(sockfd, (const struct sockaddr *)&addr, sizeof(addr));
```

2. bind 系统调用（内核态）

前面的 bind 函数会执行 bind 系统调用，该系统调用（见代码清单 6-60）仅调用了__sys_bind 函数（见代码清单 6-61）并透传所有参数。在__sys_bind 函数中，首先调用 sockfd_lookup_light 函数根据参数列表中的套接字描述符找到对应的用户套接字，如果没有找到则返回错误码，否则继续调用用户套接字中 ops 字段的 bind 函数指针指向的具体函数，对于 UDP，这个 bind 函数指针指向的是 inet_bind 函数。

在 inet_bind 函数中，首先判断底层套接字的 sk_prot 字段中的 bind 函数指针是否有具体指向的函数，即优先使用协议自己实现的绑定函数，UDP 没有自己实现的绑定函数，因此调用通用的绑定函数__inet_bind。

3. 通用绑定函数

在__inet_bind 函数中，首先获取该底层套接字对应的网络套接字。然后进行各种检查来确保该底层套接字可以绑定到指定的 IP 地址和端口上，例如该底层套接字的状态必须是初始状态（TCP_CLOSE，没错，UDP 也使用这个状态），并且网络套接字的 inet_num 字段必须是 0（大于 0 表示已经绑定过了，用来避免二次绑定）。最后调用底层套接字的 sk_prot 字段中的 get_port 函数指针指向的具体函数来获取一个端口的使用权，对于 UDP，这个 get_port 函数指针指向的是 udp_v4_get_port 函数。

4. UDP 获取端口函数

在 udp_v4_get_port 函数中，首先获取全局 UDP 套接字表。然后判断参数列表中的端口号是否为 0，如果是，则随机选择一个可用的端口号。不管是随机选择的还是现有的端口号，都不能是 UDP 套接字表中不可用的端口号，避免在未开启端口复用的情况下绑定相同的端口。最后更新网络套接字的 inet_num 字段为可用的端口号，并将底层套接字根据绑定的 IP 地址和端口号的哈希值添加到 UDP 套接字表中对应槽位（slot）的底层套接字链表上。这样一来，在 6.5.1 节中，就可以调用__udp4_lib_lookup_skb 函数根据数据包的四元组等信息在 UDP 套接字表中找到底层套接字了。

细心的读者可能会有一个疑问，查找底层套接字时为什么用的信息多于添加底层套接字时的信息，这是因为查找时首先根据数据包的目标 IP 地址和目标端口的哈希值找到 UDP 套接字表中对应槽位（slot）的底层套接字链表，然后遍历该链表，根据这些信息给该链表中每个底层套接字打分，然后选择最合适的（分数最高的）底层套接字。

6.6.3　读取套接字

1. recv/recvfrom 函数（用户态）

当成功将一个套接字绑定到指定的 IP 地址和端口后，就可以使用 recv 函数或 recvfrom 函数接收数据了，相关代码片段如下：

```
unsigned char buffer[2048];
/* 调用 recv 函数接收数据 */
int n = recv(sockfd, buffer, sizeof(buffer), 0);
/* 调用 recvfrom 函数接收数据 */
struct sockaddr_in addr;
socklen_t addr_len = sizeof(struct sockaddr_in);
int n = recvfrom(sockfd, buffer, sizeof(buffer), 0, (struct sockaddr *)
    &addr, &addr_len);
```

recv 函数和 recvfrom 函数的主要区别是，recvfrom 函数比 recv 函数多了地址参数，用来获取数据包对端的<IP:PORT>。TCP 和 UDP 的套接字都可以使用这两个函数，只不过 recv 函数更适合 TCP，因为 TCP 在建立连接后就已经知道了对端的<IP:PORT>，所以就不用每次都获取对端的<IP:PORT>并且也浪费开销；而 UDP 没有连接的概念，除非它不关心对端的<IP:PORT>，也不给对端返回数据，那样也可以使用 recv 函数，否则需要使用 recvfrom 函数获取对端的<IP:PORT>。

2. recv/recvfrom 系统调用（内核态）

上面的 recv 函数和 recvfrom 函数分别执行了 recv 系统调用和 recvfrom 系统调用，相关代码见代码清单 6-62。它们都仅调用了__sys_recvfrom 函数，只不过 recv 系统调用不可以指定地址参数。__sys_recvfrom 函数（见代码清单 6-63）的主要逻辑如下：

（1）创建一个消息对象（struct msghdr），如果传入的地址参数 addr 不为空，那么初始化消息对象中的 msg_name 字段，然后调用 import_single_range 函数根据用户空间的缓存区 buffer 和大小等信息继续初始化消息对象。创建并完成初始化后的消息对象如图 6-18 所示。

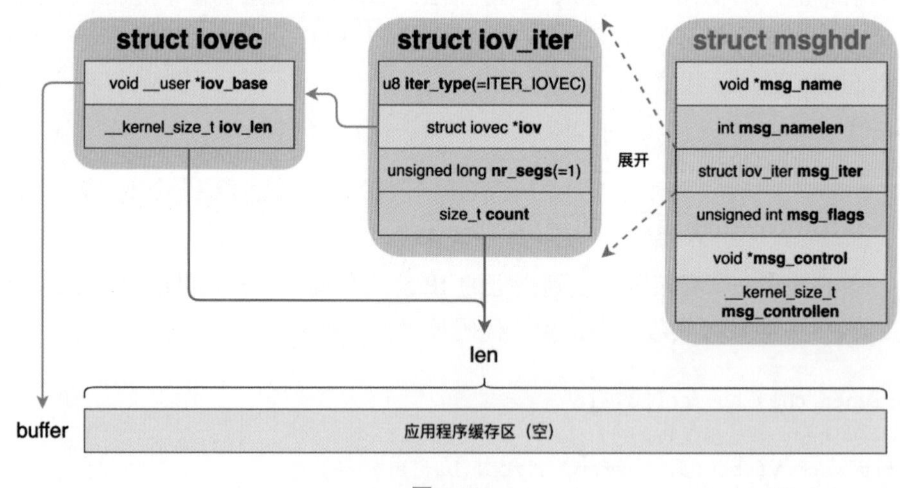

图 6-18

（2）调用 sockfd_lookup_light 函数根据用户传入的套接字描述符参数找到对应的用户套接字。如果用户套接字不存在，则直接返回；否则继续执行。

（3）如果用户套接字设置了非阻塞（O_NONBLOCK）标志位，那么设置参数 flags 包含 MSG_DONTWAIT 标志位。如果想要单次接收数据是非阻塞的，那么可以通过直接设置参数 flags 包含 MSG_DONTWAIT 标志位来实现。

（4）调用 sock_recvmsg 函数（见代码清单 6-64）接收数据，该函数的主要逻辑被封装在 sock_recvmsg_nosec 函数（见代码清单 6-65）中。后者调用了用户套接字中 ops 字段的 recvmsg 函数指针指向的具体函数。对于 UDP，这个 recvmsg 函数指针指向的是 inet_recvmsg 函数，后者是 AF_INET 地址族的接收函数，在图 6-15 中可以发现，TCP、UDP 和 RAW 使用的都是它，稍后将详细介绍它。

（5）如果成功获取一个数据包，并且地址参数 addr 不为空，那么将消息对象中的 msg_name 字段（已经保存了发送方的 IP 地址和端口）由内核空间复制到用户空间的地址参数 addr，并将消息对象中的 msg_namelen 字段赋值给参数 addr_len。最后将发送方的地址信息与接收的数据一起返回给应用程序。

3. AF_INET 地址族接收函数

inet_recvmsg 函数的定义见代码清单 6-66，其主要逻辑如下：

（1）调用 sock_rps_record_flow 函数，如果开启了 RPS 和 RFS 机制，并且套接字的状态是 TCP_ESTABLISHED（没错，UDP 也使用了这个状态），那么继续调用 sock_rps_record_flow_hash 函数将当前 CPU ID 与 sk->sk_rxhash 映射关系保存到 rps_sock_flow_table 哈希表中，以便将来该套接字收包流程中的 RPS 机制可以根据 sk->sk_rxhash 从 rps_sock_flow_table 哈希表找到最近一次处理（包括发送和接收操作）该套接字的 CPU，然后让该 CPU 处理后续的收包流程，目的是避免跨 CPU 导致缓存缺失和数据传输问题，进而提升收包的整体效率。

（2）调用底层套接字中的 sk_prot 字段的 recvmsg 函数指针指向的具体函数，对于 UDP，这个 recvmsg 函数指针指向的是 udp_recvmsg 函数。

（3）如果没有异常，那么将 udp_recvmsg 函数返回的地址信息长度 addr_len 保存到消息对象的 msg_namelen 字段中。

4. UDP 接收函数

udp_recvmsg 函数的部分定义见代码清单 6-67，其主要逻辑如下：

（1）调用__skb_recv_udp 函数从底层套接字的接收队列获取一个数据包。

（2）如果需要验证 UDP 校验和，那么先验证，如果验证失败则释放数据包。如果验证通过或者不需要验证 UDP 校验和，那么将数据包中的数据部分复制到消息对象的 msg_iter 字段中，这是第二次数据复制，即将数据从底层套接字的接收队列复制到消息对象中，实际上就是将数据复制到应用程序提供的缓存区 buffer 中，如图 6-19 所示。

（3）如果消息对象的 msg_name 字段不为空，那么根据数据包的 IP 头部的源 IP 地址和 UDP 头部的源端口等信息更新消息对象的 msg_name 字段，并根据消息对象的 msg_name 字段实际占用的内存大小更新参数 addr_len。

（4）更新统计信息，例如当接收数据包成功时，会增加/proc/net/snmp 文件中 UDP 行 InDatagrams 列的计数，然后释放数据包并返回已接收的字节数。

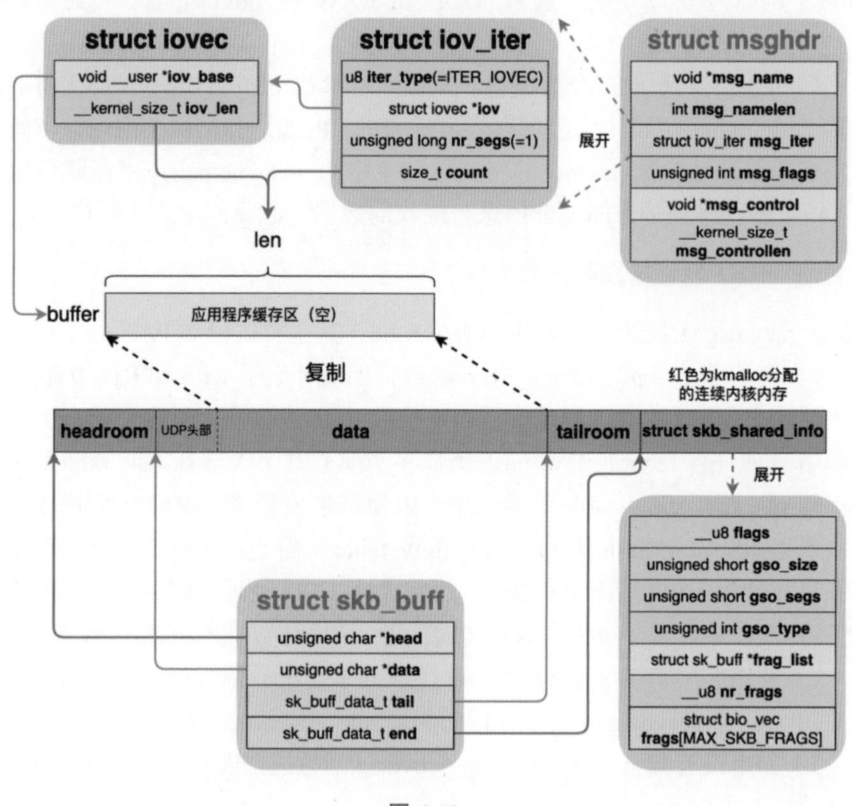

图 6-19

5. 从接收队列获取数据包

__skb_recv_udp 函数的定义见代码清单 6-68，其主要逻辑如下：

（1）判断参数 flags 是否包含 MSG_DONTWAIT 标志位，如果是，那么 timeo（超时时间）的值为 0；否则，timeo 为底层套接字的 sk_rcvtimeo 字段，其默认值为 long 类型的最大值，意味着一直等待，但是应用程序可以通过套接字设置 SO_RCVTIMEO_OLD 或 SO_RCVTIMEO_NEW 选项来修改 sk_rcvtimeo 的值，自定义超时时间。

（2）尝试从读取队列获取一个数据包，如果获取了一个数据包，那么根据参数 flags 是否包含 MSG_PEEK 标志来决定是否将该数据包从读取队列中移除，然后直接返回该数据包，进而整个函数退出；反之调用 skb_queue_splice_tail_init 函数（见代码清单 6-69）将底层套接字的接收队列中的所有数据包移动到读取队列中，然后将底层套接字的接收队列变为空的双向链表，该函数的执行过程如图 6-20 所示。

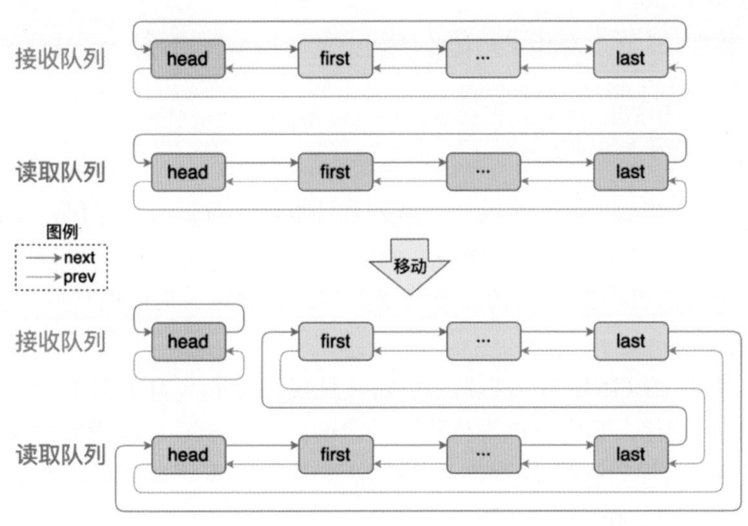

图 6-20

（3）再次尝试从读取队列获取一个数据包。如果成功则返回；反之说明目前没有数据包，然后调用 sk_can_busy_loop 函数判断收包流程是否进入 Busy Loop（忙等循环），Busy Loop 就是线程不阻塞地一次或多次调用 napi_poll 函数，即调用具体网卡驱动的 poll 函数（例如，igb 的 igb_poll 函数）完成数据包从网卡接收队列（Ring buffer）到底层套接字的接收队列的收包过程。napi_poll 函数使用的 NAPI 实例是由底层套接字的 sk_napi_id 字段确定的，后者是由数据包从底层带上来的，它的值就是接收该数据包的网卡接收队列所对应的 NAPI 实例的 ID。

- 如果收包流程不进入 Busy Loop，则跳出内循环进入外循环，然后判断是否超时，如果 timeo 大于 0，则调用__skb_wait_for_more_packets 函数使当前进程/线程进入可中断睡眠状态（TASK_INTERRUPTIBLE），直到超时或有数据包到来时被唤醒，然后进行下一次外循环。

- 否则进入 Busy Loop，如果参数 flags 包含 MSG_DONTWAIT 标志位，则调用一次 napi_poll 函数就返回，如果底层套接字的接收队列还是空的，则退出内循环，进入外循环；如果参数 flags 不包含 MSG_DONTWAIT 标志位，则可能调用多次 napi_poll 函数，直到有数据包或者超过底层套接字中的 sk_ll_usec 等待时间，这个字段的值可以通过设置内核参数 net.core.busy_read 或套接字的 SO_BUSY_POLL 选项来修改，其默认值是 50 微秒。

到此完成了从底层套接字的接收队列中获取一个数据包，然后经过后续处理变成应用层使用的 buffer 的过程。

6. 阻塞等待更多数据包

前面提到，当底层套接字的接收队列和读取队列都没有数据包，并且不进入 Busy Loop 时，__skb_recv_udp 函数会调用__skb_wait_for_more_packets 函数使当前进程/线程进入可中断睡眠状态来等待更多的数据包，后者的代码见代码清单 6-70，其主要逻辑如下：

（1）使用 DEFINE_WAIT_FUNC 宏（见代码清单 6-71）创建一个等待队列条目并完成初始化，其中将该等待队列条目中的 private 字段设置为 current，也就是将来被唤醒的进程/线程，并将唤醒该进程/线程后调用的函数（func）设置为 receiver_wake_function 函数。

（2）调用 prepare_to_wait_exclusive 函数把这个刚创建的等待队列条目添加到底层套接字的同步等待队列（sk->sk_wq->wait）中。

（3）调用 schedule_timeout 函数启动计时器，等待计时器超时或等待被 sock_def_readable 函数唤醒，其中通过调用 schedule 函数使当前进程/线程进入可中断睡眠状态。

应用程序一般通过 epoll、poll 和 select 等多路复用的方式监听套接字上的可读事件，然后通过调用 recv、read 或 recvfrom 等函数读取套接字接的收缓存区中的数据。当然也可以以同步的方式等待被 sock_def_readable 函数唤醒，然后继续接收数据。

第7章

CHAPTER 7

发包

本章内容基于 Linux 6.0 内核、64 位系统和 Intel 网卡驱动 igb 的环境。本章涉及的大部分内核代码及注释请下载本书配套的代码文件，建议读者结合代码文件阅读本章。

7.1 发包流程总览

Linux 中的数据包发送流程如图 7-1 所示，大致流程如下：

（1）应用层：应用程序通过调用 send 和 sendto 函数发送数据给套接字（strcut socket）。

（2）套接字层：首先执行 send/sendto 系统调用，然后构建消息对象（struct msghdr）和获取套接字。根据协议类型选择 TCP/UDP 发送函数入口。

（3）传输层：首先处理附加消息和获取路由，然后将消息对象变成数据包（struct skb_buff），接着创建传输层（UDP）头部，最后将数据包递交到网络层。

（4）网络层：首先创建 IP 头部，然后经过 Netfilter 和 BPF 的过滤、GSO（Generic Segmentation Offload）分片及数据包长度大于 MTU（最大传输单元）的分片处理后发送给邻居子系统。

（5）邻居子系统：检查是否存在邻居缓存，如果有则直接发送到网络接口层，否则通过 ARP（Address Resolution Protocol）查找邻居后再发送到网络接口层。

（6）网络接口层：首先选择网络设备的发送队列（struct netdev_queue）及运行排队规则（Qdisc），然后网卡驱动将数据包映射到发送 Ring Buffer 中并通知网卡发送数据包，最后在软中断中清理发送完成的数据包。

（7）硬件发送：网卡读取发送 Ring Buffer 并将数据包发送到网络，通过物理链路发送到目标主机。数据包发送完成后触发硬中断，以告知网络接口层清理数据包。

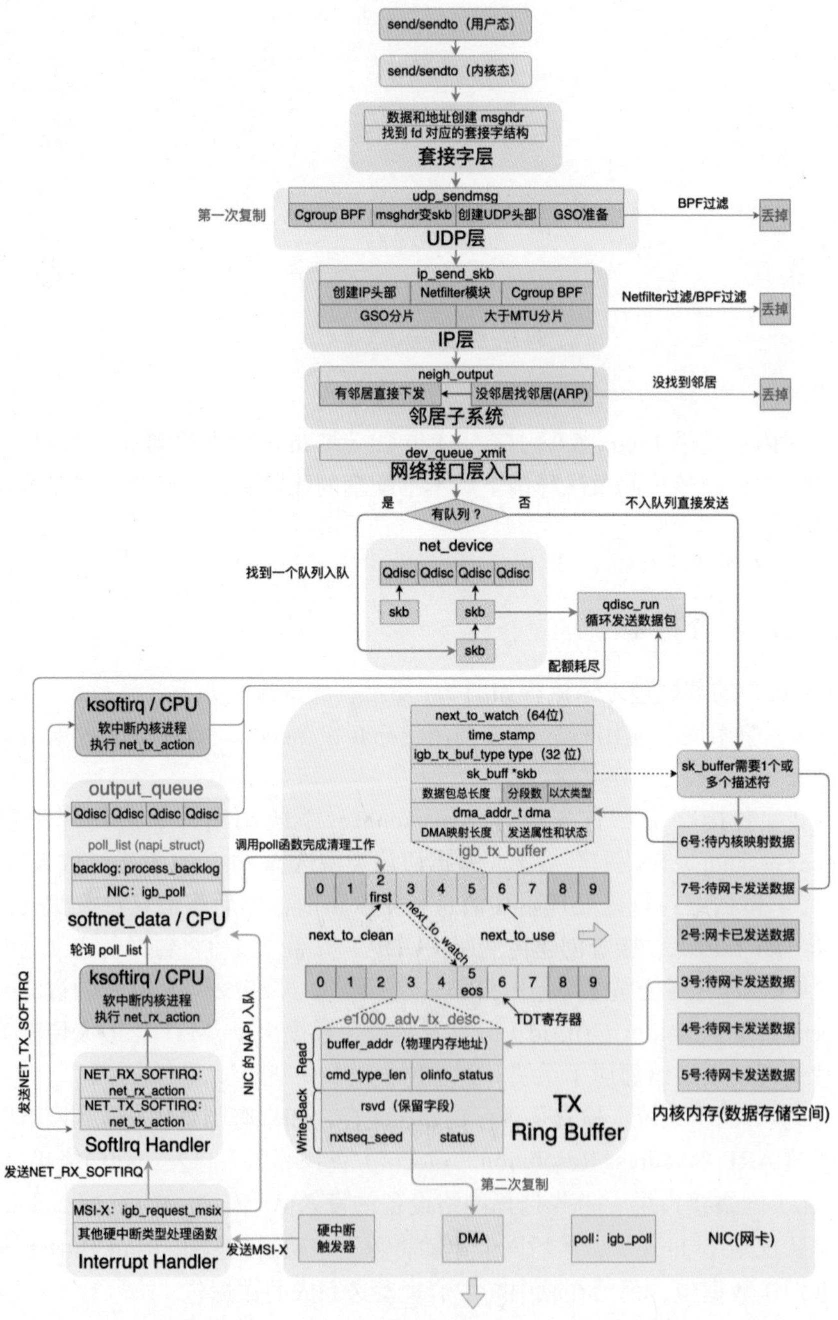

图 7-1

从用户程序到网络接口层的调用链如图 7-2 所示。后面会逐层介绍调用链关键路径上的函数，读者可以对照图 7-2 理解函数之间的调用关系。

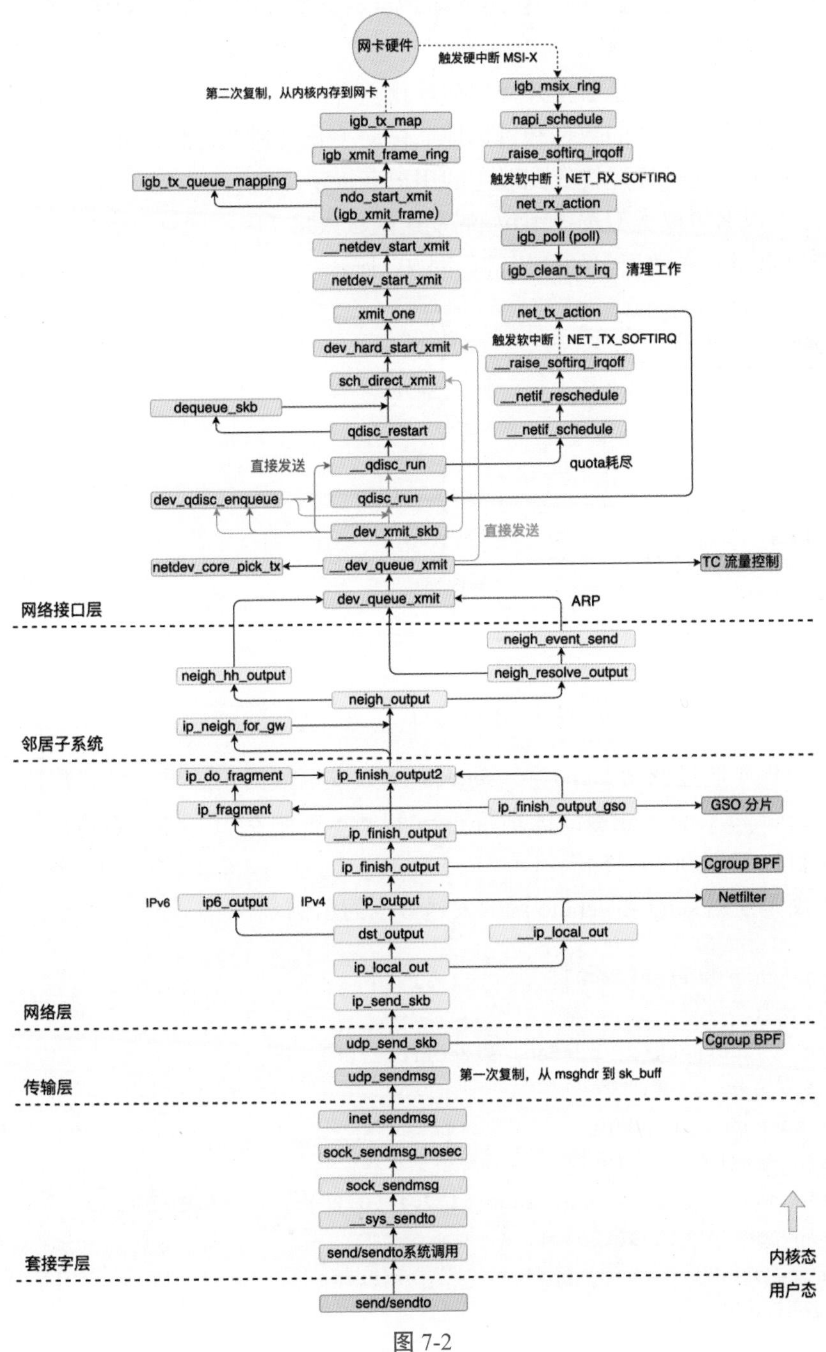

图 7-2

7.2 套接字层

应用层调用发送函数时会执行 send/sendto 系统调用进入套接字层。套接字层的主要工作流程如下：

（1）创建一个消息对象并完成初始化。

（2）将用户空间的数据和目标地址移动（非复制）到消息对象中。

（3）根据文件描述符找到对应的用户套接字（struct socket）。

（4）根据协议类型选择 TCP/UDP 发送函数入口。

套接字层发送数据包的调用链如图 7-3 所示。

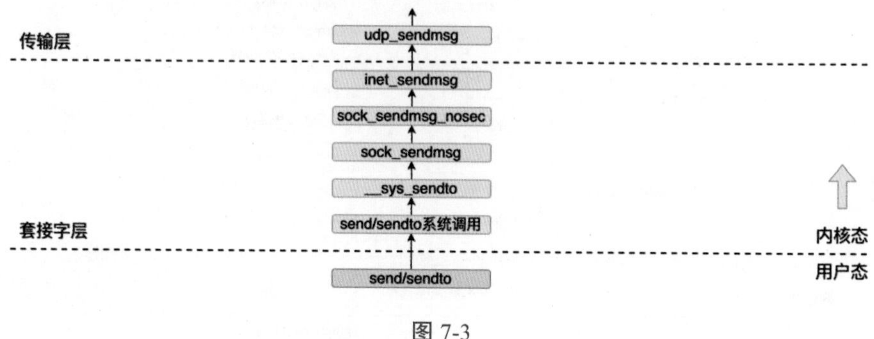

图 7-3

7.2.1 send/sendto 函数（用户态）

应用程序通过调用 send 和 sendto 函数发送数据（这里还没有数据包的概念）。send 和 sendto 函数的区别与 recv 和 recvfrom 类似，即是否指定目标地址（包括目标 IP 地址和目标端口）。

下面是使用 send 和 sendto 函数发送数据的示例：

```
unsigned char buffer[2048];
// send 函数
int ret = send(sockfd, buffer, sizeof(buffer), 0);
// sendto 函数
struct sockaddr_in addr;
addr.sin_family = AF_INET; // IPv4 的地址族
addr.sin_addr.s_addr = inet_addr("172.17.0.2"); // 目标 IP 地址
addr.sin_port = htons(10000); // 目标端口
int ret = sendto(sockfd, buffer, sizeof(buffer), 0,(struct sockaddr*)&addr,
    sizeof(addr));
```

当应用程序调用 send 或 sendto 函数发送数据时，send 和 sendto 函数分别执行了 send 和 sendto 系统调用。

7.2.2　send/sendto 系统调用（内核态）

send 和 sendto 系统调用的定义见代码清单 7-1。这两个系统调用的主要逻辑都被封装在__sys_sendto 函数（见代码清单 7-2）中，后者的主要逻辑有以下几点。

1. 创建消息对象

（1）创建一个消息对象，调用 import_single_range 函数将用户空间的缓存区 buffer 挂载到（非复制）消息对象中，并检查数据区域是否可读。

（2）初始化消息对象中的一些字段，其中就包括 msg_controllen 字段，这里将其设置为 0，表示没有附加消息（稍后介绍）。

（3）如果应用程序指定了目标地址，那么将用户空间的目标地址结构体移动到消息对象中的 msg_name 字段并将目标地址结构体的大小保存到消息对象中的 msg_namelen 字段。

（4）如果用户套接字在创建时被设置为非阻塞（O_NONBLOCK），那么设置消息对象的 flags 包含 MSG_DONTWAIT 标志位。如果想要单次发送数据是非阻塞的，那么可以通过设置 flags 包含 MSG_DONTWAIT 标志位来实现。这段话是不是很熟悉？接收数据包的过程也是这样的。

最终消息对象的结构图如图 7-4 所示。

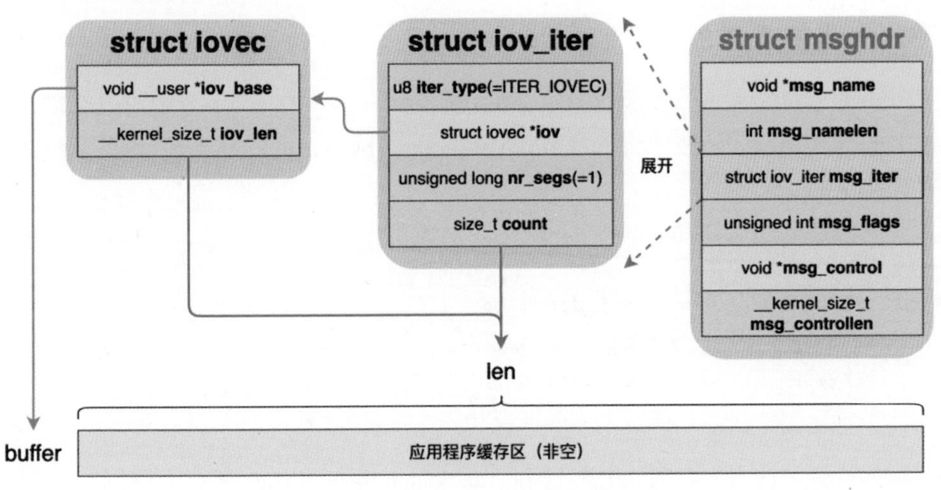

图 7-4

2. 查找套接字

调用 sockfd_lookup_light 函数查找参数中指定文件描述符对应的用户套接字。

3. 安全检查

调用 sock_sendmsg 函数，参数是用户套接字和消息对象。

```
int sock_sendmsg(struct socket *sock, struct msghdr *msg)
{
    // 将套接字和消息传递给安全性模块（LSM）进行安全性检查
    int err = security_socket_sendmsg(sock, msg, msg_data_left(msg));
    /* ?: 表示三元运算符，如果 err 为 0（表示没有错误），
     * 则继续执行 sock_sendmsg_nosec 函数；否则，直接返回 err
     */
    return err ?: sock_sendmsg_nosec(sock, msg);
}
```

sock_sendmsg 函数的主要逻辑如下：

（1）将套接字和消息对象传递给安全性模块（LSM）进行安全性检查。

（2）如果没有错误，那么调用 sock_sendmsg_nosec 函数选择发送函数。

sock_sendmsg 函数中有一个三元运算符，细心的读者可能注意到“?”和“:”之间没有变量，这是因为当 err 不为 0 时（即 err 的表达式为 true），该三元表达式返回 err 的值，省略了“err”的书写，内核中有大量这样的编码方式。

7.2.3 选择发送函数

sock_sendmsg_nosec 函数的定义见代码清单 7-3。在 6.6.1 节中讲过在创建套接字的 inet_create 函数中将 inet_protosw->ops（例如，inet_dgram_ops）赋值给用户套接字的 ops 字段。

下面是 UDP 对应的 inet_dgram_ops 对象的定义：

```
const struct proto_ops inet_dgram_ops = {
    .sendmsg        = inet_sendmsg,// 发送数据
    .recvmsg        = inet_recvmsg,// 接收数据
};
```

本章只关注 IPv4 和 UDP，因此 sock_sendmsg_nosec 函数中调用的 sock->ops->sendmsg 函数指针实际指向的是 inet_sendmsg 函数。其实，对于 TCP 来说，

sock->ops->sendmsg 函数指针实际指向的也是 inet_sendmsg 函数。

```
const struct proto_ops inet_stream_ops = {
    .sendmsg        = inet_sendmsg,// 发送数据
    .recvmsg        = inet_recvmsg,// 接收数据
};
```

7.2.4 将消息对象递交到传输层

inet_sendmsg 函数的定义见代码清单 7-4，它首先调用 inet_send_prepare 函数做一些准备工作，如果没有异常，则调用 sk->sk_prot->sendmsg 函数指针指向的具体函数将消息对象递交到不同的传输层。

1. 消息对象进入传输层前的准备工作

我们先来看一下 inet_send_prepare 函数，其定义见代码清单 7-5，它的主要逻辑有以下两点。

（1）更新 RFS 哈希表。

调用 sock_rps_record_flow 函数将当前 CPU ID 与 sk->sk_rxhash 的映射关系保存到 rps_sock_flow_table 哈希表中，我们已经在 6.6.3 节中详细介绍过这个函数了。

（2）随机绑定端口。

判断该套接字是否未绑定端口，即 inet_sk(sk)->inet_num 是否为 0，以及 sk->sk_prot->no_autobind 是否为 false，只有这两个条件同时满足才能调用 inet_autobind 函数为该套接字随机绑定一个未占用的端口。对于 UDP 来说，其 inet_dgram_ops 结构中没有对 no_autobind 字段进行赋值（为默认值，即 false），而 TCP 在其 inet_stream_ops 结构中明确将 no_autobind 初始化为 true。

这里只讨论 UDP 的情况。在 inet_autobind 函数中会调用 sk->sk_prot->get_port 函数指针指向的具体函数来获取一个未绑定的端口，对于 UDP 来说，get_port 函数指针指向的是 udp_v4_get_port 函数，在 udp_v4_get_port 函数中会从 net.ipv4.ip_local_port_range 内核参数配置的范围内随机选择一个未占用的端口。在笔者的计算机上查看 net.ipv4.ip_local_port_range 内核参数的输出结果如下：

```
$ sysctl net.ipv4.ip_local_port_range
net.ipv4.ip_local_port_range = 32768    60000
```

如果可以随机找到这样的端口，则将该套接字根据本机器的 IP 地址与刚找到的端口号的哈希值添加到 UDP 套接字表的对应槽位（slot）的底层套接字链表中，这样一来，6.5.1 节中就可以调用__udp4_lib_lookup_skb 函数根据该数据包的四元组等信息在 UDP 套接字表中找到该底层套接字，达到与 6.6.3 节中调用 bind 函数绑定套接字操作相同的效果。然后将新端口同时赋值给 inet_sk(sk)->inet_num 和 inet_sk(sk)->inet_sport，下次发送数据包时就不用再随机绑定端口了；反之返回 EAGAIN 错误码，表示本次发送数据包失败，请“重试”。

2. 选择传输层入口函数

在 6.6.1 节中创建套接字时将 inet_protosw->prot（例如，udp_prot）赋值给底层套接字的 sk_prot 字段。

```
struct proto tcp_prot = {
    .name             = "TCP",
    .recvmsg          = tcp_recvmsg,// 接收数据
    .sendmsg          = tcp_sendmsg,// 发送数据
};
struct proto udp_prot = {
    .name             = "UDP",
    .sendmsg          = udp_sendmsg,// 发送数据
    .recvmsg          = udp_recvmsg,// 接收数据
    .get_port         = udp_v4_get_port,// 获取端口
};
```

对于 UDP 来说，inet_sendmsg 函数中调用的 `sk->sk_prot->sendmsg` 函数指针实际指向的是 udp_sendmsg 函数，进而将消息对象发送到传输层（UDP）。

7.3 传输层（UDP）

传输层（UDP）主要涉及两个函数，一个是 udp_sendmsg 函数，用来处理消息对象，另一个是 udp_send_skb 函数，用来处理数据包（skb，struct sk_buff）。虽然函数少，但是每个函数的代码都非常多。

数据包在本层的主要处理流程如下：

（1）获取目标地址，处理附加消息，获取路由和设置 IP 头部信息。

（2）处理粘包功能，并将消息对象变成数据包（skb），这里涉及数据复制。

（3）创建 UDP 头部，设置 GSO 分片信息，计算 UDP 校验和。

（4）调用 ip_send_skb 函数将数据包递交到网络层。

传输层（UDP）发送数据包的调用链如图 7-5 所示。

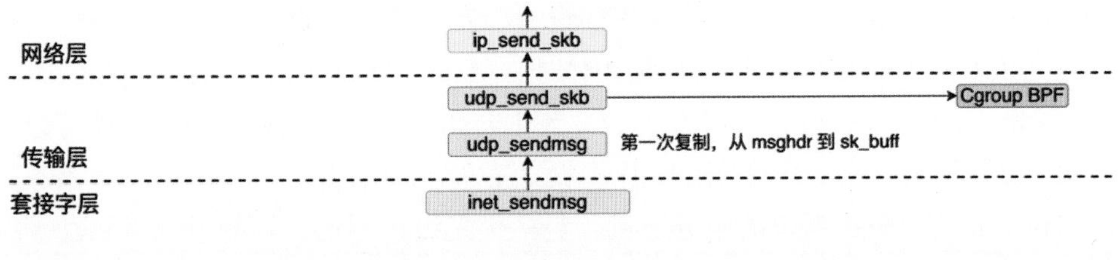

图 7-5

7.3.1 处理消息对象

udp_sendmsg 函数的代码见代码清单 7-6，它主要用于处理消息对象，将消息对象转变成数据包并交给 udp_send_skb 函数继续处理。udp_sendmsg 函数的主要逻辑有以下几点（为了方便读者理解，没有严格按照代码顺序介绍）。

1. 合法性检查

如果数据长度大于 65535 字节，那么返回 EMSGSIZE 错误码给调用者，表示数据过大；如果标志位中包含 MSG_OOB，那么表示发送带外数据，但由于 UDP 不支持带外数据传输，因此返回错误码 EOPNOTSUPP（Operation Not Supported），表示不支持该操作。TCP 套接字支持 MSG_OOB 标志位。

2. 获得目标地址

目标地址是一个统称，它包含了目标 IP 地址和目标端口。检查消息对象中是否提供了目标地址（msg->msg_name），有如下两种情况：

（1）如果提供了（即 msg->msg_name 不为空），则将目标地址结构体中的值分别赋值给目标 IP 地址（daddr）和目标端口（dport），但 dport 不可以是 0，不像源端口可以是 0，如果 dport 是 0 则返回 EINVAL（Invalid argument）错误码，表示无效的参数。

（2）反之检查套接字状态（sk->sk_state）是否为 TCP_ESTABLISHED 状态（没错，我们又见面了），如果是，则将套接字中缓存的目标地址中的值分别赋值给目标 IP 地址和目标端口，否则返回 EDESTADDRREQ（Destination Address Required）错误码给调用者，告知调用者目标地址是必需的。通常是在创建完套接字后第一次发送数据时没有指定目标地址才会出现这个错误。

3. **处理附加消息**（Ancillary messages）

如果该 msg->msg_controllen 大于 0，那么表示有附加消息。对于 sendmsg 和 recvmsg 系统调用来说，允许应用程序设置、发送或接收附加消息，而对于 send 和 sendto 系统调用来说，不能使用附加消息，因为初始化 struct msghdr 时将 msg->msg_controllen 设置成了 0（7.2.2 节中介绍过了）。例如，应用程序可以通过 IP_TTL 和 IP_TOS 类型的附加消息来设置单个数据包的 TTL 和 TOS（服务类型，用于指定 IP 数据包的服务质量，包括优先级、延迟、吞吐量和可靠性等，例如，取值 IPTOS_LOWDELAY 表示低延时）信息，而使用套接字的 IP_TTL 和 IP_TOS 选项设置一个连接的 TTL 和 TOS。还可以通过 IP_PKTINFO 类型的附加消息指定该数据包从哪个网络设备发送出去，以及指定该数据包的源地址和目标地址。同样地，也可以使用套接字的 IP_PKTINFO 选项设置一个连接的这些信息。附加消息中可能同时包含多种消息类型，使用 udp_cmsg_send 函数和 ip_cmsg_send 函数来解析其中包含的附加消息类型及数据并进行不同的处理。使用附加消息来改变 TTL、TOS 和网络设备索引的例子见代码清单 7-7。

4. **执行 BPF 程序**

检查系统是否启用了与 CGROUP_ UDP4_SENDMSG 相关的 BPF 程序。如果启用了并且连接不处于 TCP_ESTABLISHED 状态，那么调用 BPF_CGROUP_RUN_PROG_UDP4_SENDMSG_LOCK 函数执行与 CGROUP_UDP4_SENDMSG 相关的 BPF 程序。这个 BPF 程序可能限制 UDP 消息的发送速率和 UDP 消息大小，并对 UDP 消息进行过滤。

5. **设置 IP 报文控制信息**（struct ipcm_cookie）

udp_sendmsg 函数调用 ipcm_init_sk 函数初始化 ipc 变量（即 IP 报文控制信息，struct ipcm_cookie），其中有 tos（服务类型）、ttl（生存时间）、oif（网络设备索引）、saddr（源 IP 地址）和 opt（IP 头部选项）等关键字段。

（1）设置 GSO 分片大小。

设置 ipc.gso_size（GSO 分片大小）为套接字的 gso_size 字段，稍后在 7.3.2 节中会使用该字段（gso_size）来判断是否开启了 GSO 功能。

（2）初始化 IP 头部选项。

由于没有严格按照代码顺序介绍，实际上 ipc 的初始化早于处理附加消息，附加消息可能已经修改了 ipc 中的一些信息，如果 ipc.opt（IP 头部选项）被附加消息设置了，那么使用设置后的 ipc.opt，反之如果套接字中缓存了 IP 头部选项内容（inet->inet_opt），那么复制一份选项内容到 ipc.opt，否则 ipc.opt 就是空的。

如果 IP 头部设置了源路由记录（SRR）选项，那么本次发送的数据包需要按照原路返回，经过源路由记录选项中的每一个 IP 地址，将源路由选项中的本机器地址相邻的下一跳 IP 地址（ip_options.faddr）保存在 faddr 变量中（该变量最初被设置为 daddr）。通过指定路由路径，源站可以控制数据包的传输路径。然而，源路由记录选项在实际的网络中并不经常使用。

（3）设置 IP 头部的 TOS。

首先，如果 ipc->tos 不为空，那么优先将 ipc->tos 赋值给 tos 变量，否则将 inet->tos（套接字中的 TOS）赋值给 tos 变量。

然后，如果套接字设置了 SO_DONTROUTE 选项，或者发送函数设置了 MSG_DONTROUTE 标志位，又或者 ipc 的选项中设了严格源路由（ipc.opt->opt.is_strictroute 为 1），那么设置 tos 变量的 RTO_ONLINK 标志位。

这个标志位对于路由选择和路由决策过程是非常重要的。RTO_ONLINK 标志位表示目标网络是本地网络的一部分，或者与本地主机的链路层直接相连，不需要通过任何路由器或网关。如果最终 tos 设置了 RTO_ONLINK 标志位，则说明应用程序了解它发送的数据包的目标主机是与本机器相连的。

（4）设置将来发送数据包的网络设备索引。

如果前面使用 IP_PKTINFO 类型的附加消息指定从哪个网络设备索引发送该消息对象（即设置了 ipc.oif），那么优先使用 ipc.oif。在下面三种情况下会修改 ipc.oif：

- 如果目标地址是多播地址（在 IPv4 中多播地址的范围是 224.0.0.0 到 239.255.255.255，在 IPv6 中多播地址则以 ff00::/8 开头），则进一步检查 ipc.oif 是否为空或者是否为 L3（Layer 3，指的是七层网络中的第 3 层，网络层）主设备索引，如果条件满足，那么将 ipc.oif 设置为多播设备索引（inet->mc_index）。然后判断源地址是否为空，如果是，则将其设置为多播地址（inet->mc_addr）。
- 如果 ipc.oif 为空，则将其设置为单播设备索引（inet->uc_index）。
- 如果目标地址是本地广播地址（在 IPv4 中广播地址是 255.255.255.255，在 IPv6 中广播地址的概念被废弃，而是使用了一种被称为“全球单播”的方式），且单播设备索引（inet->uc_index）不为 0，则进一步检查 ipc.oif 是否不等于 inet->uc_index 并且 inet->uc_index 是 ipc.oif（L3 主设备索引）的 L3 从设备索引。如果满足条件，则将 ipc.oif 设置为 inet->uc_index。在网络层主设备和从设备的关系中，主设备通常是负责处理网络层数据包的设备，例如路由器。从设备则是主设备的下级设备，可能是物理网络接口（NIC）或虚拟设备。如果有一个路由器作为主设备，那么它可能有多个网络接口（NIC）作为从设备，每个 NIC 都连接到不同的子网。这样的配置使得路由器能够在不同的网络之间进行数据包的路由和转发。

6. **获取路由**（struct rtable）

当刚创建的套接字第一次发送数据包时，路由大概率不会存在，所以首先要通过 flowi4_init_output 函数根据前面设置好的网络设备索引（ipc.oif）、服务类型（tos）、套接字协议（sk->sk_protocol）、源 IP 地址（saddr）、目标 IP 地址（faddr，在没有设置 SRR 选项时 faddr 等于 daddr）、目标端口（dport）和源端口（inet->inet_sport）等字段构造该 UDP 数据流 fl4（struct flowi4）。然后调用 ip_route_output_flow 函数根据 fl4 查找路由，并将结果赋值给变量 rt（struct rtable），如果没有路由，则先构造路由再返回给变量 rt。如果构造路由失败了，那么增加/proc/net/snmp 文件中 IP 行 OutNoRoutes 列的计数。总之，这个过程是漫长而烦琐的。

如果构建 UDP 数据流所需的字段没有发生变化，那么是不是可以加快查询路由的速度?

答案是肯定的，内核开发人员为了提升查询路由的效率，如果下面的条件都被满足，那么直接调用 sk_dst_check 函数检查是否存在未过期的路由缓存（路由表项），并将结果赋值给变量 rt。

- 该数据包不是数据流上的第一个数据包，即套接字是已经连接状态。
- 消息对象中没有设置目标地址，即没有改变下一跳的目标 IP 地址和目标端口。
- 消息对象没有设置附加消息，即不会改变服务类型和网络设备索引等字段。
- IP 头部没有设置源路由记录选项，即不会修改下一跳的目标 IP 地址。
- 没有设置 IP 头部的服务类型包含 RTO_ONLINK 标志位。

如果变量 rt 不为空，则表示该缓存可用于发送数据；否则才会执行上面烦琐的流程，然后将刚获得的路由中的目标条目（struct dst_entry）缓存到套接字中。

虽然上面的条件过于严苛，但是在实际发送数据过程中，这些字段大概率是不会改变的，也就是说，大部分时间都是调用 sk_dst_check 函数检查是否有未过期的路由，而没有执行构建 UDP 数据流并查询或创建路由的过程，从而提升了获取路由的效率。

7. 保活邻居对象（struct neighbour）

应用程序可以通过定期设置消息对象的 flags 中包含 MSG_CONFIRM 和 MSG_PROBE 标志位，来调用 dst_confirm_neigh 函数更新目标 IP 地址（daddr）和路由中的目标条目对应的邻居对象的确认时间戳（confirmed）为当前时间，目的是防止其过期后被内核回收，因为其过期后会重新发起 ARP 探测。应用程序甚至可以不发送数据仅更新邻居对象的确认时间戳。

8. 构造数据包（struct sk_buff skb）

构建数据包有两条路径，一是将本次发送的消息对象中的数据直接构建为一个链式的 skb，二是以积攒的方式将多次发送的消息对象中的数据合起来构建为一个 skb，也就是所谓的粘包。这两条路径的函数调用链如图 7-6 所示。构建数据包（skb）的过程中发生了发包流程中的第一次数据复制，即从 struct msghdr 到 struct sk_buff 的复制。

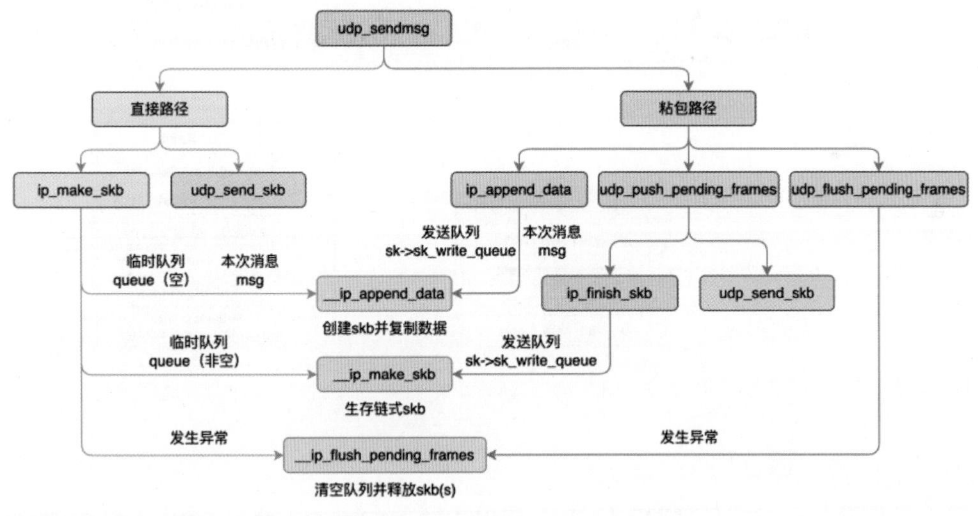

图 7-6

（1）直接路径。

如果套接字没有设置 UDP_CORK 选项（即 up->corkflag=0），并且发送函数也没有设置 MSG_MORE 标志位，那么说明没有开启粘包功能。首先 udp_sendmsg 函数调用 ip_make_skb 函数，然后 ip_make_skb 函数再调用__ip_append_data 函数将本次发送的消息对象中的数据复制到新创建的 skb 中并存放到一个临时的队列

（queue）里，如果发送的数据长度大于 MTU，那么会创建多个 skb。接着 ip_make_skb 函数调用__ip_make_skb 函数将发送队列中的 skb 变成一个链式 skb。如果发生异常，那么 ip_make_skb 函数会调用__ip_flush_pending_frames 函数释放该临时队列中的所有 skb。最后 udp_sendmsg 函数调用 udp_send_skb 函数继续处理这个链式 skb（通常只包含一个 skb）。

一种由直接路径构建数据包（skb）的结果如图 7-7 所示。

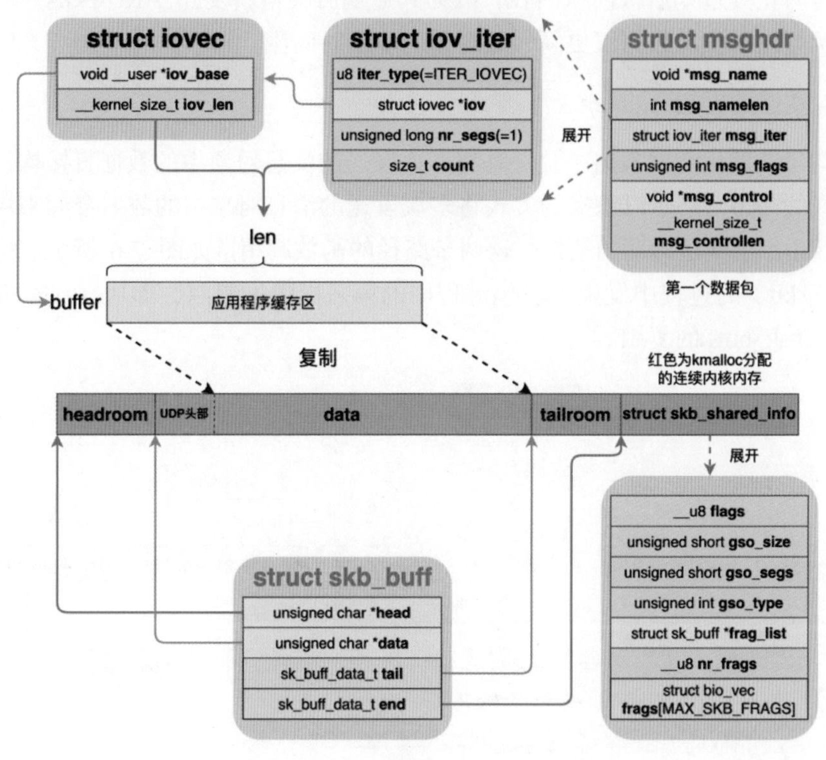

图 7-7

（2）粘包路径。

如果套接字设置了 UDP_CORK 选项（即 up->corkflag=1）或者发送函数设置了 MSG_MORE 标志位，那么说明开启了粘包功能。首先 udp_sendmsg 函数调用 ip_append_data 函数，如果发送队列（sk->sk_write_queue）为空，那么 ip_append_data 函数会先调用 ip_setup_cork 函数，后者用来初始化粘包和 GSO 相关结构体，其中将 cork->gso_size 设置为 ipc->gso_size，根据是否启用 Path MTU Discovery（PMTUD，路径 MTU 发现）机制将 cork->fragsize 设置成 PMTUD 发现的 MTU 或设备的 MTU。ipc->gso_size 的值来源于 UDP 套接字（struct udp_sock）中

的 gso_size 字段，后者是应用程序通过套接字 UDP_SEGMENT 选项设置的，也就是 GSO 每个分片的大小。ip_setup_cork 函数的部分代码如下：

```
static int ip_setup_cork(struct sock *sk, struct inet_cork *cork,
       struct ipcm_cookie *ipc, struct rtable **rtp)
{
   /*・・・*/
   cork->fragsize = ip_sk_use_pmtu(sk) ?
       dst_mtu(&rt->dst) : READ_ONCE(rt->dst.dev->mtu);
   if (!inetdev_valid_mtu(cork->fragsize))
    return -ENETUNREACH;
   cork->gso_size = ipc->gso_size;
   /*・・・*/
}
```

然后 ip_append_data 函数调用__ip_append_data 函数将消息对象中的数据复制到发送队列的数据包（skb）中。

__ip_append_data 函数非常复杂，该函数在粘包路径下的主要逻辑如下：

- 首先获取 MTU 大小，如果开启了 GSO（即 cork->gso_size 大于 0），那么 MTU 等于 IP_MAX_MTU（0xFFFF），反之 MTU 等于 cork->fragsize，通常情况下 MTU 等于 1500。
- 如果发送队列为空或者发送队列尾部的 skb 已经装满了数据（即 IP 头部与数据部分之和等于 MTU），那么创建一个新的 skb，然后将 msg 中的数据复制到新的 skb 中的线性空间的数据部分。
- 如果发送队列尾部的 skb 有足够的空间，那么将 msg 中的数据复制到 skb 中的非线性空间的 frags 数组（skb_shinfo(skb)->frags）中。
- 如果 sk->sk_write_queue 尾部的 skb 没有足够的空间，那么将 msg 中的一部分数据复制到尾部 skb 中的非线性空间的 frags 数组（skb_shinfo(skb)->frags）中，填满该 skb，然后将 msg 中剩下的数据复制到新创建的 skb 中的线性空间的数据部分。
- 如果 msg 中的数据长度大于 MTU，那么当复制满一个 skb 后，就会创建一个新的 skb，继续将剩下的数据复制到新的 skb 中，直到将 msg 中的数据复制完成。
- 该函数中新创建的 skb 都会按照先后顺序添加到发送队列的尾部。

经过复杂的处理过程后保证发送队列中的每个 skb 添加上适当的 IP 头部就是一个完整的 IP 数据包，每个 skb 的头部都预留了每层协议头部的内存空间。

ip_append_data 函数执行完后，本次发送流程直接返回。对于调用者来说，该数据已经发送完成，实际上并没有真正发送出去。

当数据包积攒到一定程度后，由应用程序关闭粘包功能，然后 udp_sendmsg 函数会调用 udp_push_pending_frames 函数将这些积攒的数据包合并成一个链式的 skb 发送出去，其中__ip_make_skb 函数负责将发送队列中的 skb 变成一个链式的 skb，而 udp_send_skb 函数负责发送这个链式 skb。如果数据包在积攒过程中发生异常，那么 udp_sendmsg 函数会调用 udp_flush_pending_frames 函数刷新（清空）发送队列（sk->sk_write_queue）并释放其中所有数据包（skb）占用的内存。

积攒多少个数据包需要应用程序自己控制，经过笔者实验发现，如果套接字开启了 UDP_CORK 选项，则需要手动关闭该选项，关闭后内核立刻发送积攒的数据包，否则数据包一直被积攒，不会被发送出去；如果套接字没有开启 UDP_CORK 选项，而是使用 MSG_MORE 标志位来粘包的，那么当应用程序想要调用发送函数发送数据时，不带 MSG_MORE 标志位即可。TCP 套接字有类似的选项 TCP_CORK。

一种由粘包路径构建数据包（skb）的结果如图 7-8 所示。

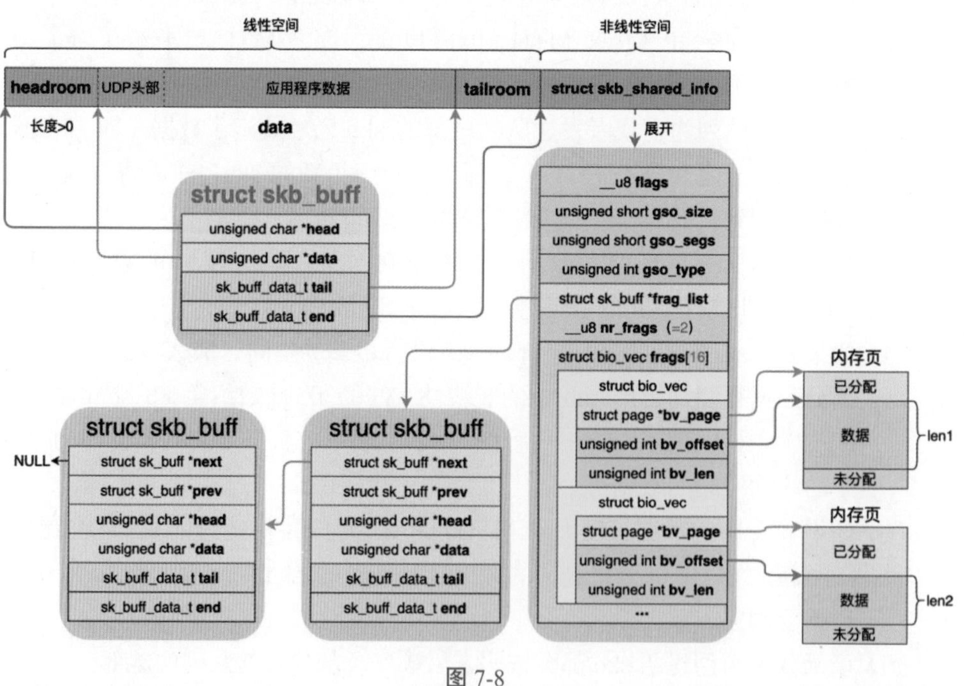

图 7-8

这里需要补充一点，在__ip_append_data 函数中，如果网卡支持硬件校验和

（NETIF_F_HW_CSUM 或 NETIF_F_IP_CSUM），那么会设置 GSO 数据包的校验和类型为 CHECKSUM_PARTIAL，也会设置在非粘包情况下的普通数据包的校验和类型为 CHECKSUM_PARTIAL，这个信息比较重要，它会影响是否启用 TSO（TCP Segmentation Offloading）机制或者使用硬件校验和，稍后在 7.6.5 节中会详细介绍。

7.3.2　处理数据包（struct sk_buff）

udp_send_skb 函数的代码见代码清单 7-8，它主要用于 UDP 头部的创建和设置 GSO 分片信息，最后将数据包递交给 IP 层。

1. 创建 UDP 头部

UDP 头部仅有 4 个字段，共 8 字节。将变量 uh 指向 skb 中的 UDP 头部位置。将 UDP 头部的源端口（uh->source）和目标端口（uh->dest）设置为套接字的源端口（inet->inet_sport）和 fl4 结构体中的目标端口（fl4->fl4_dport）。将 UDP 头部的长度（uh->len）设置为数据包的总长度，并将字节序转换为网络字节序（大端序）。将 UDP 头部的校验和（uh->check）初始化为 0。

2. GSO 相关处理

如果 cork->gso_size 大于 0，则说明开启了 GSO 功能，对数据包进行如下处理。

（1）检查数据包的合法性。

如果分片大小（cork->gso_size）与头部大小之和超过了 MTU，则释放数据包（skb）并返回 EINVAL，表示无效参数。

如果数据包的数据总长度超过了分片大小（cork->gso_size）与 UDP 最大分片数量 UDP_MAX_SEGMENTS（64）的乘积，则同样释放数据包（skb）并返回 EINVAL，表示无效参数。

如果套接字禁用了校验和（即 sk->sk_no_check_tx 为 true），则同样释放数据包（skb）并返回 EINVAL，表示无效参数。通过设置套接字的 SO_NO_CHECK 选项可以禁用校验和。

（2）设置 GSO 分片信息。

如果数据包的数据总长度大于分片大小（cork->gso_size），则需要拆分数据包，设置每个 GSO 分片的大小、分片类型（SKB_GSO_UDP_L4）和分片数量（数据长度除以分片大小的结果向上取整）。

3. 计算 UDP 校验和

如果数据包的传输层协议类型是 IPPROTO_UDPLITE 协议，则调用 udplite_csum 函数计算 UDP-Lite（轻量级用户数据报协议）校验和。

如果套接字通过 SO_NO_CHECK 选项禁用了校验和，则将该数据包的校验和类型设置为 CHECKSUM_ NONE，表示不需要计算校验和。

如果数据包的校验和类型为部分校验和（CHECKSUM_PARTIAL），则调用 udp4_hwcsum 函数计算 UDP 校验和。前面构建 skb 时可能会设置校验和类型为 CHECKSUM_PARTIAL。

除了上面的三种情况，还可以调用 udp_csum 函数计算 UDP 校验和。

因为 udplite_csum 函数和 udp_csum 函数计算的校验和都没有涵盖源地址和目标 IP 地址等信息，所以还需要进一步调用 csum_tcpudp_magic 函数添加伪首部（pseudo-header）来计算最终的 UDP 校验和。如果校验和（uh->check）的值为 0，则设置校验和为 CSUM_MANGLED_0（0xFFFF），以避免零校验和。

4. 将数据包递交到网络层

调用 ip_send_skb 函数将数据包递交到网络层继续发送。

7.4 网络层（IP）

数据包在本层的主要处理流程如下：

（1）创建 IP 头部并完成每个字段的设置。

（2）数据包经过 `Netfilter` 和 BPF 程序的过滤。

（3）将大于 MTU 的数据包进行分片，对于 GSO 数据包会进行特殊的处理。

（4）查找或创建邻居对象并将数据包发送给该邻居对象。

网络层发送数据包的调用链如图 7-9 所示。

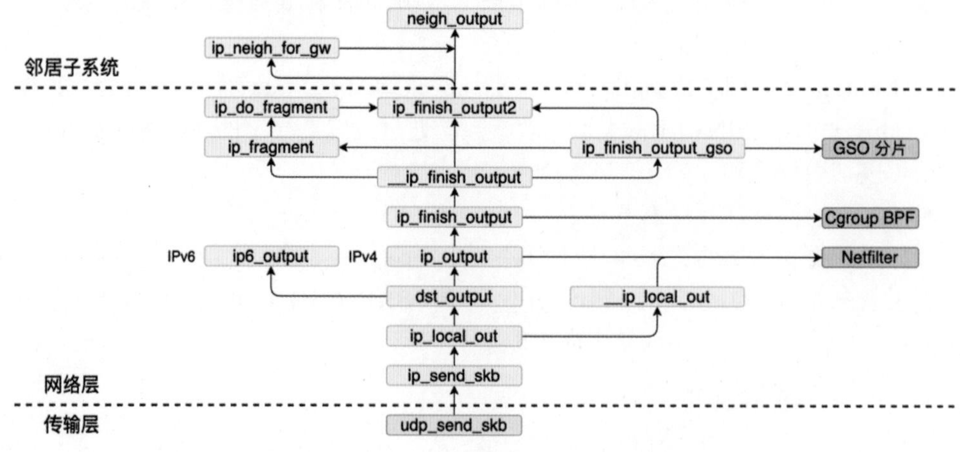

图 7-9

7.4.1 IP 层入口函数

ip_send_skb 函数的定义见代码清单 7-9，该函数的主要逻辑被封装在 ip_local_out 函数（见代码清单 7-10）中。如果后续发送数据包的过程中出现错误，则增加/proc/net/snmp 文件中 IP 行 OutDiscards 列（丢弃数据包）的计数。ip_local_out 函数的主要逻辑有以下两点。

1. 创建 IP 头部

ip_local_out 函数调用__ip_local_out 函数完成数据包中 IP 头部的创建和 Netfilter 模块过滤操作，后者的定义见代码清单 7-11，其详细处理过程如下：

（1）设置 IPv4 头部的总长度字段（total length），将数据包（skb）的长度转换为网络字节序（大端序）。

（2）计算 IPv4 头部的校验和字段（checksum），并将其赋值给 iph->check。

（3）如果目标条目对应的是一个 L3 主设备的从属设备，那么将 skb 传递给 L3 主设备（例如虚拟路由器）的处理程序进行处理，例如虚拟路由。如果返回的 skb 为 NULL，则表示该数据包已经被处理，无须继续执行，直接返回 0；反之流程继续执行。

（4）设置数据包的协议字段（skb->protocol）为 IPv4（ETH_P_IP）。

（5）调用 nf_hook 函数将数据包传递给 Netfilter 模块，并执行 NFPROTO_IPV4（IPv4 网络层）的 NF_INET_LOCAL_OUT 钩子上的钩子函数对该数据包进行过滤或修改。根据过滤规则可能会丢弃该数据包，如果该数据包没有被过滤，那么 nf_hook 函数会返回 1，反之发送流程终止，ip_send_skb 函数中会增加丢弃数据包的计数。

2. 选择 IPv4 或 IPv6 发送函数

ip_local_out 函数接着调用 dst_output 函数将数据包传递到目标条目的发送函数（output），后者的定义见代码清单 7-12。前面查询到的路由的目标条目已经保存到了该数据包中，目标条目的 output 函数指针已经根据协议类型（IPv4 或 IPv6）指向了对应的网络发送函数。对于 IPv4，在 UDP 层调用 ip_route_output_flow 函数创建路由（7.3 节中介绍 udp_sendmsg 函数时提到过）的过程中，rt_dst_alloc 函数（见代码清单 7-13）将目标条目的 output 函数指针指向了 ip_output 函数。

因此，dst_output 函数实际上调用了 ip_output 函数继续发送该数据包。

7.4.2 IPv4 的发送函数

ip_output 函数的定义见代码清单 7-14，其主要逻辑如下：

（1）增加/proc/net/snmp 文件中 IP 行 OutRequests 列（发送的数据包数量）和/proc/net/netstat 文件中 IpExt 行 OutOctets 列（发送的字节数量）的计数。无论数据包是否发送成功，两个计数都会增加。

（2）将发送该数据包的网络设备（struct net_device）设置为目标条目中缓存的网络设备对象，网络设备可以理解为网卡在网络系统中的描述符，以便将该数据包发送到具体的网卡，然后将该数据包的协议类型设置为 ETH_P_IP。

（3）如果该数据包上发生了重新路由，即 skb 中包含 IPSKB_REROUTED 标志位，那么发包流程不需要进入 Netfilter 模块，直接调用 ip_finish_output 函数继续发送数据包到指定的网络设备；反之发包流程调用 nf_hook 函数将数据包传递给 Netfilter 模块，并执行 NFPROTO_IPV4 的 NF_INET_POST_ROUTING 钩子上的钩子函数对该数据包进行过滤或修改。同样可能会丢弃该数据包，如果数据包没有被过滤，那么 nf_hook 函数会返回 1，最后调用 ip_finish_output 函数继续发送数据包到指定的网络设备。

7.4.3 执行 BPF 程序

ip_finish_output 函数的定义见代码清单 7-15，其主要逻辑如下：

（1）调用 BPF_CGROUP_RUN_PROG_INET_EGRESS 宏函数，检查是否挂载了 CGROUP_INET_EGRESS 类型的 BPF 程序。如果挂载了，那么执行 CGROUP_INET_EGRESS 类型的 BPF 程序。这个 BPF 程序可能对 IPv4 数据包进行流量控制或过滤。

（2）如果 BPF 程序返回 NET_XMIT_SUCCESS，则调用__ip_finish_output 函数继续进行 IP 层发送处理。

（3）如果 BPF 程序返回 NET_XMIT_CN，则同样调用__ip_finish_output 函数。但与上面不同的是，如果__ip_finish_output 函数返回非零值则返回该值，否则返回 NET_XMIT_CN，表示拥塞通知（Congestion Notification）。它不保证此数据包一定丢失，表示设备将很快开始丢弃数据包，或者已经在同样优先级下丢弃了一些数据包。当网络出现拥塞时，网络设备或底层协议栈发出拥塞通知，以提醒上层网络协议栈（例如，TCP/IP 协议栈）发送数据包时要更为谨慎，可能需要采取等待一段时间后重新尝试发送数据包和降低发送速率等策略。

（4）对于其他返回值，释放数据包（skb）并返回 BPF 程序的返回值。释放数据包时使用 kfree_skb_reason 函数，并记录释放原因为 SKB_DROP_REASON_BPF_CGROUP_EGRESS。

7.4.4　数据包的分片

__ip_finish_output 函数的定义见代码清单 7-16，其主要逻辑有以下几点。

1. **获取** MTU

调用 ip_skb_dst_mtu 函数获取 IP 层的 MTU。MTU 大小可以通过 ip 命令或者套接字选项 `IP_MTU` 来修改，也可以通过 PMTUD 机制动态调节。相信大部分读者对前两种方法都有所了解，但知道 PMTUD 的读者可能寥寥无几。

PMTUD 是一种用于在网络中动态发现 MTU 的机制，以确保数据包能够在整个路径上不被分片。应用程序可以通过设置套接字的 IP_MTU_DISCOVER 选项，根据不同的参数设置不同的 MTU 发现行为，例如当参数为 `IP_PMTUDISC_WANT` 时，表示希望进行路径 MTU 发现，告诉内核尝试通过发送大于当前 MTU 的数据包并接收 ICMP 报文的方式来动态地发现路径 MTU。如果发现路径 MTU 成功，则内核将根据新发现的 MTU 自动调整发送的数据包大小，以避免 IP 数据包分片；反之内核可能会选择使用默认的 MTU 来发送数据包。

下面是启用 PMTUD 并允许在需要时对 IP 数据包进行分片的例子：

```
int optval = IP_PMTUDISC_WANT;
setsockopt(sockfd, IPPROTO_IP, IP_MTU_DISCOVER, &optval, sizeof(optval));
```

下面是通过 ip 命令手动设置 MTU 大小的例子：

```
$ ip link set dev eth0 mtu 1500 # 设置 MTU 大小为 1500（示例用）
```

下面是通过套接字 IP_MTU 选项手动设置 MTU 大小，而不依赖于 PMTUD 的例子：

```
// 设置 MTU 大小为 1500（示例用）
int optval = 1500;
setsockopt(sockfd, IPPROTO_IP, IP_MTU, &optval, sizeof(optval));
```

2. **处理** GSO **数据包**

如果 skb 是 GSO 数据包，即 skb 对应的 gso_size 字段大于 0（还记得吗？我们在 7.3.2 节中设置的 GSO 分片信息），则调用 ip_finish_output_gso 函数进行特殊处理。

在 ip_finish_output_gso 函数中，如果 GSO 分片大小（gso_size、IP 头部和 UDP 头部长度之和）小于或等于 MTU，则调用一次 ip_finish_output2 函数继续发送 GSO 数据包，通常会执行这个分支；否则，调用 ip_fragment 函数对 GSO 数据包进行分片处理。

在 ip_fragment 函数中，如果 GSO 数据包的 IP 头部设置了 DF 标志位（即不允许分片，在__ip_make_skb 函数中设置），那么给发送方（本节中指的就是本机）返回一个目标不可达需要分片的 ICMP 报文（Type=3，Code=4）；反之调用 ip_do_fragment 函数将 GSO 数据包进行分片，每当成功分片一个数据包后调用一次 ip_finish_output2 函数继续发送。

3. **处理普通数据包**

如果数据包的总长度大于 MTU，则调用 ip_fragment 函数进行分片，并将所有分片逐一调用 ip_finish_ output2 函数继续发送；反之直接调用 ip_finish_output2 函数继续发送数据包。

可见，不管是 GSO 数据包还是普通数据包，最后都由 ip_finish_output2 函数继续发送。只不过分片后，一个数据包（skb）变成了多个数据包（skbs）。

7.4.5 将数据包发给邻居子系统

ip_finish_output2 函数的定义见代码清单 7-17，其主要逻辑有以下几点。

1. **扩展数据包头部空间（headroom）**

检查 skb 的 headroom 是否能够存放下目标网络设备的 MAC 头部（也就是链路层头部，即硬件头部的意思），如果 skb 的 headroom 不足，那么需要调用 skb_expand_head 函数扩展 skb 的 headroom 使其大于或等于 MAC 头部长度（hh_len），这里可能创建了一个新的 skb，并将旧的 skb 中的数据复制到新的 skb 中，这种情况比较少见。

2. **轻量级隧道（Lightweight Tunnel）**

如果开启了轻量级隧道并且其状态（lwtstate->flags）包含发送重定向（LWTUNNEL_STATE_XMIT_REDIRECT），则调用 lwtunnel_xmit 函数进行实际的发送，如果返回结果小于 0（表示有错误）或者等于 LWTUNNEL_XMIT_DONE（表示发送成功），那么直接将该结果返回给调用者，反之继续执行正常发送流程。

轻量级隧道允许在传输过程中对数据包进行封装和解封装，以实现各种网络功能，比如虚拟私有网络（VPN）、隧道网络（例如 GRE 隧道网络）、网络隔离等。

3. 查找/创建邻居

调用 ip_neigh_for_gw 函数根据前面找到的路由条目从全局 ARP 表（struct neigh_table arp_tbl）中查找该数据包的邻居对象（struct neighbour）。如果找到了，则直接返回邻居对象；否则调用__neigh_create 函数尝试创建一个邻居对象，如果创建成功，则将其保存到该 ARP 表中，反之释放数据包，并返回 EINVAL 错误码。

如果 ip_neigh_for_gw 函数返回了一个有效的邻居对象（不管是刚创建的还是已经有的），那么先调用 sock_confirm_neigh 函数（具体由 neigh_confirm 函数完成）修改邻居对象的确认时间戳为当前时间，目的是防止其过期后被内核回收，这个与前面介绍发送 UDP 消息时设置 MSG_CONFIRM 和 MSG_PROBE 标志位的处理逻辑一致。然后调用 neigh_output 函数向邻居对象发送该数据包。

7.5 邻居子系统

这一层属于网络层，单独介绍是因为其逻辑相对独立。邻居子系统主要用来获取和缓存相邻网络节点的 IP 地址与 MAC 地址的映射关系。数据包在本层的主要处理流程如下：

（1）检查邻居对象（与邻居缓存条目都是一个意思，下面有时也简称为邻居）的状态和缓存是否有效。

（2）如果有效，则经过快速发送路径直接发送数据包到网络接口层。

（3）反之经过慢速发送路径，可能会发送 ARP 请求来获得邻居的目标 MAC 地址，再发送数据包到网络接口层。

邻居子系统发送数据包的调用链如图 7-10 所示。

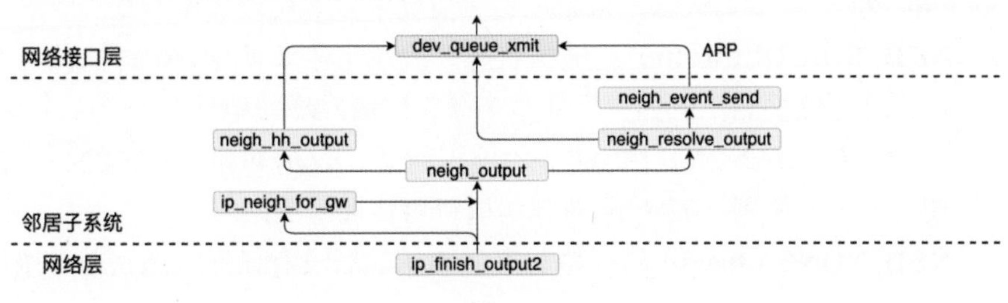

图 7-10

下面是邻居定义的几个状态：

```
/* 邻居缓存条目状态。*/
#define NUD_INCOMPLETE  0x01
#define NUD_REACHABLE   0x02
#define NUD_STALE       0x04
#define NUD_DELAY       0x08
#define NUD_PROBE       0x10
#define NUD_FAILED      0x20
/* 虚拟状态 */
#define NUD_NOARP       0x40
#define NUD_PERMANENT   0x80
#define NUD_NONE        0x00
/* 组合状态 */
#define NUD_CONNECTED(NUD_PERMANENT|NUD_NOARP|NUD_REACHABLE)
```

下面是这些状态的含义：

- **NUD_INCOMPLETE（0x01）**：表示邻居的状态是不完整的，即尚未解析出目标的 MAC 地址。这通常是在进行 ARP 解析时的初始状态。
- **NUD_REACHABLE（0x02）**：表示邻居是可达的，即目标的 MAC 地址已经成功解析，可以直接发送数据包到该邻居。
- **NUD_STALE（0x04）**：表示邻居是过时的，表示先前解析的信息可能已经过时，需要更新。
- **NUD_DELAY（0x08）**：表示邻居处于延迟状态，即刚刚进行了一次 ARP 解析，但还没有确认目标是否可达。
- **NUD_PROBE（0x10）**：表示邻居正在进行探测，以确定目标的可达性。这可能是由于之前的解析信息失效而触发的。
- **NUD_FAILED（0x20）**：表示邻居的状态是失败的，即之前的 ARP 解析失败。

以下是一些“虚拟”状态，它们在实际情况中并不代表邻居的真实状态：

- **NUD_NOARP（0x40）**：虚拟状态，表示不需要使用 ARP 探测对邻居进行可达性检测。例如，目标是多播、广播或环回地址。
- **NUD_PERMANENT（0x80）**：虚拟状态，表示邻居是永久的，不会过期，不需要使用 ARP 探测对邻居进行可达性检测。
- **NUD_NONE（0x00）**：虚拟状态，表示邻居没有任何状态，通常用于初始化。

再介绍一个组合状态：

- **NUD_CONNECTED**：只要邻居状态是 NUD_PERMANENT、NUD_NOARP 和 NUD_REACHABLE 中的任意一种，邻居状态就是 NUD_CONNECTED，表示邻居是已连接的。

7.5.1 确定发送路径

neigh_output 函数定义见代码清单 7-18，其主要逻辑有以下两点。

1. 快速路径的条件

当同时满足以下三个条件时，直接调用 neigh_hh_output 函数（快速发送路径）向邻居发送数据包。通过利用有效缓存来提高发送效率，避免重复查找邻居的过程。

- 邻居对象的状态为 NUD_CONNECTED。
- 可以使用邻居对象中的 MAC 头部缓存（n->hh），即 skip_cache 为 false。如果跨协议，则无法使用的 MAC 头部缓存。
- 邻居对象的 MAC 头部缓存（n->hh）有效，即 hh_len 非零，说明不久前执行过慢速路径并完成了 MAC 头部缓存的初始化。

2. 确定慢速路径的发送函数

如果上面三个条件不能同时满足，则只能执行慢速路径，即调用邻居的 output 函数指针（neigh->output）发送该数据包，但是 neigh->output 会根据不同情况指向不同的函数，例如下面三种情况：

- 当创建邻居对象时，__neigh_create 函数先后调用了 neigh_alloc 函数和 arp_constructor（tbl->constructor）函数。在 neigh_alloc 函数中将 neigh->output 初始化为 neigh_blackhole 函数；在 arp_constructor 函数中，如果与此邻居关联的网络设备（struct net_device）的 header_ops 函数集合中实现了 cache 函数（例如，以太网设备的 eth_header_ops 函数集合中实现的 cache 函数是 eth_header_cache），那么将 neigh->ops（struct neigh_ops，邻居操作函数集合）指向 arp_hh_ops 对象，反之将 neigh->ops 指向 arp_generic_ops 对象。
- 当怀疑邻居过期时，将 neigh->output 指向 neigh->ops->output。
- 当邻居已连接时，将 neigh->output 指向 neigh->ops->connected_output。

对于以太网来说，除了邻居对象刚初始化完成时，neigh->output 指向的都是 neigh_resolve_output 函数，代码如下所示。

```
const struct header_ops eth_header_ops ____cacheline_aligned = {
    .create         = eth_header,
    .parse          = eth_header_parse,
    .cache          = eth_header_cache,
    .cache_update   = eth_header_cache_update,
    .parse_protocol = eth_header_parse_protocol,
};
static const struct neigh_ops arp_hh_ops = {
    .family           =   AF_INET,
    .solicit          =   arp_solicit,
    .error_report     =   arp_error_report,
    .output           =   neigh_resolve_output,
    .connected_output = neigh_resolve_output,
};
static const struct neigh_ops arp_generic_ops = {
    .family           =   AF_INET,
    .solicit          =   arp_solicit,
    .error_report     =   arp_error_report,
    .output           =   neigh_resolve_output,
    .connected_output = neigh_connected_output,
};
```

下面先介绍调用 neigh_hh_output 函数的快速发送路径，再介绍调用 neigh_resolve_output 函数的慢速发送路径。

7.5.2 快速发送路径

neigh_hh_output 函数定义见代码清单 7-19，其主要逻辑有以下几点。

1. 初始化 MAC 头部

首先读取邻居对象中 MAC 头部缓存（struct hh_cache *hh，也被称为硬件头部缓存）的数据长度（hh->hh_len）并保存在 hh_len 变量中。然后根据 hh_len 确定对齐方式和对齐长度。最后将 MAC 头部缓存中的数据部分复制到 skb 中。

（1）如果 hh_len 小于或等于 HH_DATA_MOD（16），那么对齐长度 hh_alen 为 HH_DATA_MOD。然后检查 skb 的头部是否有足够空间存放 MAC 头部缓存，如果可以存放，那么将 MAC 头部缓存的数据部分（hh->hh_data）复制到 skb 的头部空间，复制长度为 HH_DATA_MOD，并且以 HH_DATA_MOD 对齐。

（2）如果 hh_len 大于 HH_DATA_MOD，那么先调用 HH_DATA_ALIGN 宏函数将 hh_len 以 HH_DATA_MOD 对齐后的结果作为 MAC 头部缓存的对齐长

度 hh_alen。然后检查 skb 的头部是否有足够空间存放对齐后的 MAC 头部缓存，如果可以存放，那么将 MAC 头部缓存的数据部分（hh->hh_data）复制到 skb 的头部空间，复制长度为 hh_alen，并且以 hh_alen 对齐。

上面的过程通过 Seqlock 锁来保证读到的 MAC 头部缓存是有效的。Seqlock 锁是一种用于多核并发编程的同步机制，适用于读多写少的场景。其核心思想是使用单调递增的序列号（版本号）来保护共享数据。在写操作中，先增加版本号，然后进行写操作，最后再次增加版本号；在读操作中，先读取版本号，如果版本号是奇数（有写操作在进行中），那么循环读取版本号直到版本号是偶数，每次循环中执行一行下面的汇编代码（该代码用来引入轻微延迟，通常几个时钟周期，用于避免忙等循环中的性能问题），然后读取共享数据，再次读取版本号，若两次读取的版本号一致并且版本号是偶数，则读操作合法，否则说明读操作过程中可能存在写操作的干扰，需要重新尝试（通常使用 while 循环）。写操作需要获取自旋锁（Spinlock），而读操作无须获取自旋锁，所以适用于读多写少的场景，因此在读多写少的场景下 Seqlock 锁性能较高。

```
__asm__ __volatile__("rep;nop": : :"memory");
```

2. skb 头部空间不足

在 do...while 循环外再一次检查 skb 的头部是否有足够空间存放对齐后的 MAC 头部缓存，如果可以存放，那么说明上一步骤中已经完成了 MAC 头部缓存的数据复制，neigh_hh_output 函数继续执行；否则释放该数据包（skb），并返回 NET_XMIT_DROP 错误码给上层。

3. 移动 skb 的数据指针

调用__skb_push 函数将 skb 的数据指针（data）向起始位置移动 hh_len 字节，MAC 头部在网络接口层也是 skb 的数据部分。细心的读者可能会产生疑问，为什么不是移动 hh_alen 字节？这是因为 MAC 头部缓存的数据在 hh_data 数组中是靠右侧存放的（初始化 MAC 头部缓存时就是这么做的），如果有空隙，那也是在左侧，如图 7-11 所示。如果 MAC 头部缓存靠左侧存放，那么使用上面的复制方式会在原来的数据部分和 MAC 头部之间产生空隙，不仅浪费内核内存空间，还浪费网络带宽。

4. 递交网络接口层

neigh_hh_output 函数调用 dev_queue_xmit 函数将数据包（skb）递交到网络接口层。

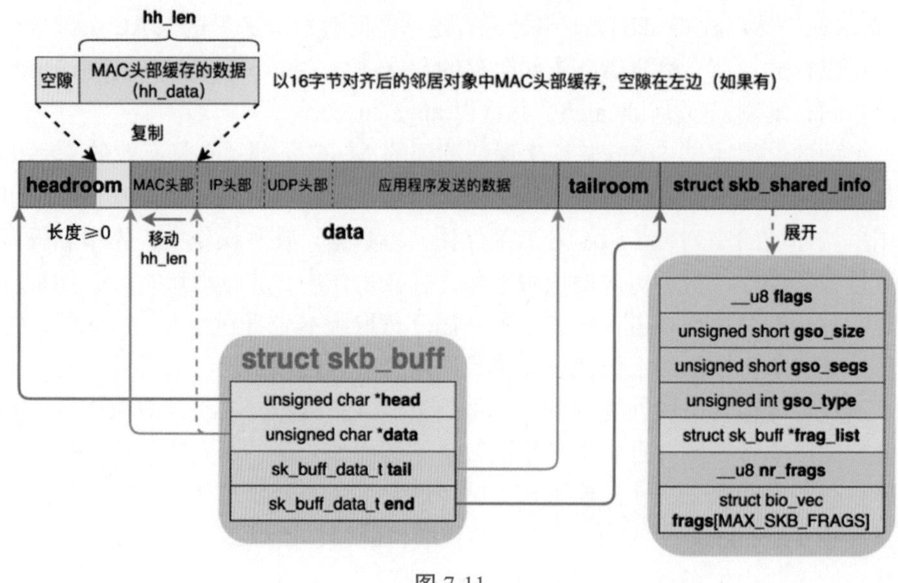

图 7-11

7.5.3 慢速发送路径

`neigh_resolve_output` 函数的代码见代码清单 7-20，其主要逻辑有以下几点。

1. 邻居对象响应发包事件

`neigh_resolve_output` 函数首先调用 neigh_event_send 函数，后者先更新邻居对象最近一次使用的时间戳（neigh->used），然后使用邻居对象的状态机响应发包事件。

（1）如果邻居对象当前的状态为 NUD_CONNECTED、NUD_DELAY 或 NUD_ PROBE，那么说明本次发包流程进入慢速路径之前可能收到了 ARP 响应报文，更新了邻居对象中的目标 MAC 地址（neigh->ha），甚至邻居对象的 MAC 头部缓存已经有效，出现这种情况的原因可能是收到了之前发送的 ARP 探测报文的响应报文，在其他 CPU 上完成了对邻居对象的更新。

（2）如果邻居对象当前的状态为 NUD_NONE 或 NUD_FAILED，那么判断 net.ipv4.neigh.default.mcast_solicit（它控制上层以多播或广播方式能够发送 ARP 探测报文的最大次数）与 net.ipv4.neigh.default.app_solicit（它控制上层应用能够发送 ARP 探测报文的最大次数）之和是否大于 0。

- 如果大于 0，那么说明允许发送 ARP 探测报文。首先修改邻居对象的状态为 NUD_INCOMPLETE，稍后调用 neigh_probe 函数发送 ARP 探测报文，其中调用 neigh->ops->solicit 函数指针指向的 arp_solicit 函数发送

ARP 报文。然后启动一个计时器，时长由 net.ipv4.neigh.default.retrans_time_ms 控制（通常为 1000 毫秒），超时后执行 neigh_timer_handler 函数，其中可能重新发送 ARP 探测报文。有趣的是，ARP 探测报文也通过 dev_queue_xmit 函数发往网络接口层。后续如果超过最大探测次数，则邻居对象的状态更新为 NUD_FAILED。

- 否则不允许发送 ARP 探测报文，随后更新邻居对象的状态为 NUD_FAILED 并丢弃数据包。

（3）如果邻居对象当前的状态为 NUD_STALE，那么先修改邻居对象的状态为 NUD_DELAY，然后启动一个时长由 net.ipv4.neigh.default.delay_first_probe_time 内核参数控制的计时器（通常为 5 毫秒），超时后执行 neigh_timer_handler 函数，在 neigh_timer_handler 函数中可能发送 ARP 探测报文。

（4）如果邻居对象当前的状态为 NUD_INCOMPLETE，那么先判断临时存放等待初始化 MAC 头部的数据包的 neigh->arp_queue 队列（FIFO 队列）是否满了。如果满了，那么循环丢弃该队列头部的第一个数据包，直到该队列中所有数据包的总长度与本次发送的数据包大小之和小于 net.ipv4.neigh.eth0.unres_qlen_bytes（默认为 208KB）。然后将本数据包加入该队列的尾部。当收到 ARP 响应更新了邻居对象的状态为 NUD_CONNECTED 后，再将 neigh->arp_queue 队列中所有积压的数据包通过 neigh->output 指向的函数发送到网络接口层。

上面涉及的几个内核参数在笔者的计算机上的输出结果如下：

```
$ sysctl -a | grep mcast_solicit
net.ipv4.neigh.default.mcast_solicit = 3
net.ipv4.neigh.eth0.mcast_solicit = 3

$ sysctl -a | grep app_solicit
net.ipv4.neigh.default.app_solicit = 0
net.ipv4.neigh.eth0.app_solicit = 0

$ sysctl -a | grep retrans_time_ms
net.ipv4.neigh.eth0.retrans_time_ms = 1000

$ sysctl -a | grep unres_qlen_bytes
net.ipv4.neigh.eth0.unres_qlen_bytes = 212992
```

如果 neigh_event_send 函数返回 0（只有第一种情况会返回 0），那么发包流程继续执行；反之发包流程结束，要么数据包被积压在临时队列（neigh->arp_queue）中等待 ARP 响应报文，要么因为异常被丢弃了。

2. 初始化邻居对象的 MAC 头部缓存

如果邻居对象关联的网络设备（struct net_device）实现了 cache 函数，并且邻居对象的 MAC 头部缓存未被初始化，那么调用 neigh_hh_init 函数初始化邻居对象的 MAC 头部缓存。在这个函数中会调用具体网络设备类型实现的 cache 函数，例如以太网实现的 cache 函数是 eth_header_cache 函数。在 eth_header_cache 函数中会将协议类型（例如常用的 ETH_P_IP）、设备的 MAC 地址和邻居设备的 MAC 地址复制到邻居对象的 MAC 头部缓存中，并且靠右侧紧凑存放，最后更新缓存长度 neigh->hh.hh_len，代表邻居对象的 MAC 头部缓存有效。通过对邻居对象加锁来确保这个初始化工作只会在一个进程/线程中完成。

这里解释一下为什么需要这个“MAC 头部缓存”，邻居对象中已经有了 MAC 地址等信息，为什么还需要“MAC 头部缓存”再存储一份同样的信息？如果没有 MAC 头部缓存，那么每发送一个数据包，就需要调用 dev_hard_header 函数来创建 skb 的 MAC 头部，dev_hard_header 函数中涉及多次数据复制和赋值。而采用 MAC 头部缓存可以减少调用 dev_hard_header 函数的次数，当邻居对象的状态是 NUD_CONNECTED 时，只需初始化一次邻居对象中的 MAC 头部缓存，后面再发送数据包时（邻居对象没有失效），直接将这个初始化后的 MAC 头部缓存一次性复制到 skb 的头部空间（headroom）即可，减少了多次数据复制和赋值的性能开销，这就是前面介绍的快速发送路径的由来。

3. 创建 skb 的 MAC 头部

调用 dev_hard_header 函数，其中会调用具体设备实现的 dev->header_ops->create 函数，根据 7.5.1 节中介绍的数据结构得知，以太网实现的 create 是 eth_header 函数。eth_header 函数根据以太网协议类型、邻居对象的目标 MAC 地址（neigh->ha）和邻居对象关联的网络设备的 MAC 地址（dev->dev_addr）来创建数据包（skb）的以太网头部（MAC 头部）。其中涉及多次数据的复制和赋值。创建 skb 的 MAC 头部的过程也是通过 Seqlock 锁来保证读到的硬件 MAC 地址等信息是有效的。

4. 将数据包递交到网络接口层

如果没有错误发生，那么调用 dev_queue_xmit 函数将数据包递交到网络接口层，然后将发送结果返回给调用者；反之丢弃该数据包并返回相应的错误码。

可见，快速发送路径的 neigh_hh_output 函数和慢速发送路径的 neigh_resolve_output 函数最后都调用了 dev_queue_xmit 函数将数据包递交到网络接口层继续处理。

在 Linux 内核中，快慢路径的思想得到了广泛应用。即便在牺牲一部分代码可读性的前提下，也要尽可能地提升内核性能。

7.6 网络接口层

数据包在本层的主要处理流程如下：

（1）内核通过 XPS 机制或者哈希方式选择网络设备的发送队列，根据发送队列的排队规则是否实现入队列函数选择不同的发送方式。不管哪种发送方式，数据包最后都会到达网卡驱动，网卡驱动将数据包映射到发送 Ring Buffer，网卡读取发送 Ring Buffer 并发送数据包。

（2）如果发送过程中消耗完配额还没有发送完数据包，那么将排队规则放入调度队列，稍后在软中断中运行排队规则继续发送数据包。

（3）当网卡将数据包发送完成后，网卡会触发硬中断，在稍后的软中断中清理发送 Ring Buffer 中已发送完成的描述符和解除 DMA（Direct Memory Access）映射，以及释放数据包占用的内存。

网络接口层发送数据包的调用链如图 7-12 所示。

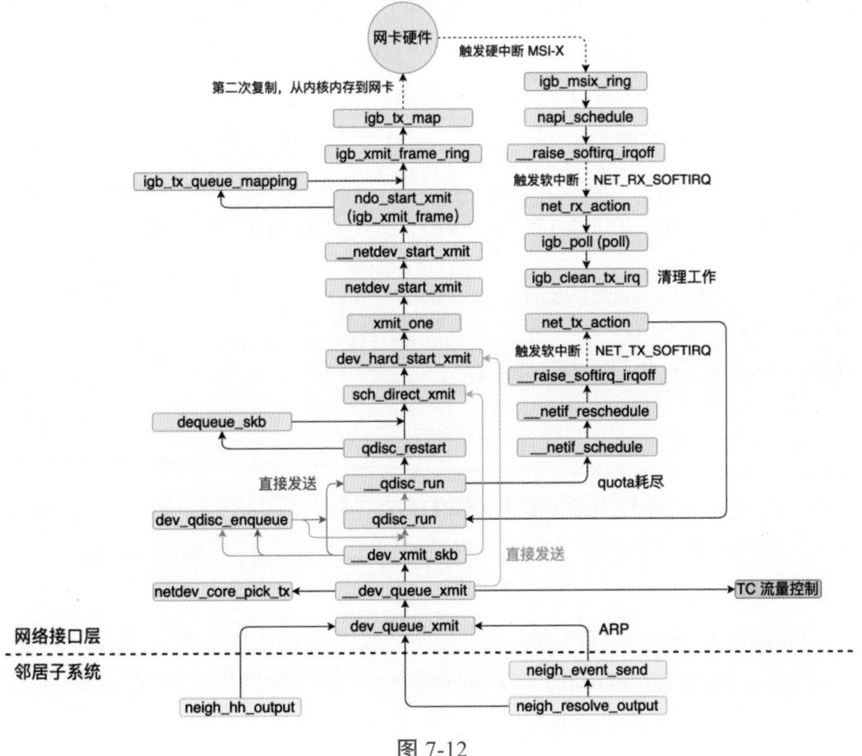

图 7-12

7.6.1 网络接口层入口

dev_queue_xmit 函数的定义见代码清单 7-21，它仅有一行代码，就是调用 __dev_queue_xmit 函数继续发送数据包。后者的定义见代码清单 7-22，其主要逻辑有以下几点。

1. 更新 skb 的优先级

如果套接字中设置了 Cgroup 的网络优先级，那么将其转化为该数据包的优先级，优先级在后面选择发送队列时会用到。

2. Egress（出口）处理

如果内核开启了 CONFIG_NET_EGRESS 配置，那么需要进行 Egress 处理，即在数据包离开网络协议栈之前进行一些额外处理，正好与 6.3.6 节中介绍的 Ingress 处理相对应。这里要做 Netfilter Egress 和 TC Egress 两种 Egress 处理，Egress 的 Netfilter 和 TC 的执行顺序正好与 Ingress 的相反。

（1）Netfilter Egress。

Netfilter Egress 也是 Netfilter 框架中的一部分，用于处理离开网络协议栈方向的数据包。nf_hook_egress 是 Netfilter Egress 的入口函数，该函数的主要逻辑是执行用户事先挂载到 NFPROTO_NETDEV（网络设备层）的 NF_NETDEV_EGRESS 钩子上的钩子函数。这个钩子与 NF_NETDEV_INRESS 钩子类似，通常也用于实现流量拦截、流量镜像、流量监控、流量过滤和流量重定向等功能。

我们将 6.3.6 节中 NF_NETDEV_INRESS 钩子的例子做如下修改：

```
static int __init nf_init(void) {
    /*· · ·*/
    nfho.hooknum  = NF_NETDEV_EGRESS;
    /*· · ·*/
}
```

修改后，它会捕获离开网络协议栈的数据包并打印它们的源 IP 地址和目标 IP 地址，打印完日志后返回了 NF_ACCEPT，它表示允许该数据包通过。

（2）TC Egress。

sch_handle_egress 是 TC Egress 的入口函数，该函数的主要逻辑如下：

- 首先，调用 tcf_classify 将数据包经过系统管理员事先使用 tc 命令添加到网络接口上的排队规则的过滤器链的处理。

- 然后，根据 tcf_classify 函数返回的“动作标识”，通常情况下“动作标识”是 TC_ACT_OK，表示允许该数据包通过。

下面是一个简单的 TC BPF 程序，它会将应用程序发送的 UDP 数据包都丢弃，并且 tcpdump 工具都抓不到该数据包，因为捕获点在后面。

```
#include <linux/bpf.h>
#include <linux/in.h>
#include <linux/if_ether.h>
#include <linux/ip.h>
#include <bpf/bpf_helpers.h>
#include <linux/pkt_cls.h>
SEC("tc-egress")
int tc_filter(struct __sk_buff *skb)
{
    void *data = (void *)(long)skb->data;
    void *data_end = (void *)(long)skb->data_end;
    struct ethhdr *eth = data;
    struct iphdr *ip = data + sizeof(*eth);
    /* 检查以太网帧和 IP 头部是否有效 */
    if (data + sizeof(*eth) + sizeof(*ip) > data_end)
        return TC_ACT_OK;
    /* 检查是否为 IPv4 数据包 */
    if (eth->h_proto != __constant_htons(ETH_P_IP))
        return TC_ACT_OK;
    /* 检查是否为 UDP 数据包，如果是则丢弃 */
    if (ip->protocol == IPPROTO_UDP)
        return TC_ACT_SHOT;
    return TC_ACT_OK; /* 其他情况允许通过 */
}
char _license[] SEC("license") = "GPL";
```

我们可以通过下面的命令将该 TC BPF 程序挂载到 eth0 网络接口上的 `clsact` 类型的排队规则的 Egress 方向。

```
# tc filter add dev eth0 egress bpf da obj tc-bpf.o sec tc-bpf # 挂载 TC BPF
```

数据包经过这两个模块的处理后，既可能被丢弃，也可能被 TC 指定了发送队列的索引。如果 TC 指定了发送队列索引，那么更新变量 txq（struct netdev_queue），然后跳过后面的发送队列选择逻辑。

3. 选择发送队列

如果 txq 为空，那么需要调用 netdev_core_pick_tx 函数选择一个发送队列，并更新变量 txq，最后它一定不为空，因为没有找到合适的就会选择一个默认的发送队列。netdev_core_pick_tx 函数的定义见代码清单 7-23，其主要逻辑如下：

（1）如果网络设备不支持多发送队列，或者网络设备支持多发送队列但仅配置了一个发送队列，那么不用选择了，只能使用这个队列发送数据包。

（2）如果 real_num_tx_queues（当前网络设备激活的发送队列数量）大于 1，那么需要选择一个发送队列。这里需要进一步判断网卡驱动是否实现了 ndo_select_queue 函数。如果实现了，则选择发送队列的过程由网卡驱动来完成，大部分网卡驱动都没有实现它，例如，igb 就没有实现它；反之选择发送队列的工作交给内核通过调用 netdev_pick_tx 函数来完成，具体过程稍后会详细介绍（7.6.2 节）。不管是哪种情况，都需要调用 netdev_cap_txqueue 函数来检查选择的发送队列索引是否超过网络设备实际配置的队列数量（real_num_tx_ queues）。如果超过了，则将发送队列索引修改为 0，也就是强制使用第一个发送队列。

（3）调用 skb_set_queue_mapping 函数将刚选择的发送队列索引缓存到套接字（skb->queue_mapping）中，然后调用 netdev_get_tx_queue 函数将发送队列索引转换成对应网络设备的发送队列（struct netdev_queue）并返回它。

4. 选择发送方式

首先获取前面刚选择的发送队列上的排队规则，然后判断该排队规则是否实现了 enqueue 函数，因不同排队规则而异，如果当前排队规则不需要将数据包排队，那么也就不需要实现 enqueue 函数。

（1）如果该排队规则没有实现 enqueue 函数，则直接执行硬件发送函数 dev_hard_start_xmit，例如回环和隧道设备。

（2）如果该排队规则实现了 enqueue 函数，那么调用__dev_xmit_skb 函数继续发送数据包，其定义见代码清单 7-24，其主要逻辑如下：

- 如果该排队规则允许绕过排队（它的状态包含 TCQ_F_CAN_BYPASS 标志位），并且其中的排队队列为空，以及排队规则没有正在运行，那么直接调用排队规则的发送函数 sch_direct_xmit 函数发送数据包（7.6.3 节）。当 sch_direct_xmit 函数执行完成后，如果排队队列中还有数据包未发送，那么调用__qdisc_run 函数继续发送排队队列中的数据包。pfifo_fast 类型的排队规则在初始化函数（pfifo_fast_init）中设置了 TCQ_F_CAN_BYPASS 标志位。

- 如果排队规则的状态包含__QDISC_STATE_DEACTIVATED 标志位，那么丢弃该数据包，并返回 NET_XMIT_DROP。
- 在其他情况下，调用 dev_qdisc_enqueue 函数根据具体类型的排队规则实现的 enqueue 函数处理数据包，有的排队规则会将数据包插入排队队列。随后调用 qdisc_run 函数或__qdisc_run 函数运行排队规则（7.6.3 节）继续发送数据包。

接下来分别介绍本节提及的内核通过 netdev_pick_tx 函数选择发送队列的过程和调用 qdisc_run 函数或__qdisc_run 函数运行排队规则的过程。

7.6.2　内核选择发送队列

netdev_pick_tx 函数的定义见代码清单 7-25，其主要逻辑是帮助内核完成发送队列的选择。

如果套接字缓存的发送队列索引（sk->sk_tx_queue_mapping）小于 0 或者不小于实际的发送队列数量（可以使用 ethtool 工具更改发送队列数量），则说明之前套接字中缓存的发送队列索引已经无效。

如果 skb->ooo_okay 不为 0，那么表示该数据流中所有数据都已经发送成功，因此可以使用不同的发送队列发送后续数据包而不会产生数据包乱序的风险。传输层负责在适当情况下设置 skb->ooo_okay。

当发生上面两种情况中的任意一种时，需要重新选择发送队列。首先尝试使用 XPS 机制调用 get_xps_queue 函数选择发送队列，如果失败，那么再尝试使用哈希方式调用 skb_tx_hash 函数选择发送队列。最后将新选择的发送队列索引缓存到套接字的 sk_tx_queue_mapping 字段中，并将其返回给调用者。

如果上面两种情况都没有发生，则直接使用当前套接字缓存的发送队列索引。

1. 使用 XPS 机制选择发送队列

使用 XPS 机制选择发送队列有两种方式，一个是基于接收队列（xps_rxqs）的选择，另一个是基于 CPU（xps_cpus）的选择。网卡的每个发送队列都有两个配置文件用于 XPS 机制。例如，eth0 的第一个发送队列（tx-0）的两个配置文件如下：

```
/sys/class/net/eth0/queues/tx-0/xps_cpus
/sys/class/net/eth0/queues/tx-0/xps_rxqs
```

如果同时配置了 xps_rxqs 和 xps_cpus 文件，那么优先使用基于接收队列的方式选择合适的发送队列。在笔者的计算机上，eth0 网卡接口没有配置 xps_rxqs 文件，只配置了 xps_cpus 文件，eth0 的第 1 到第 4 个发送队列的 xps_cpus 配置文件如下：

```
$ cat /sys/class/net/eth0/queues/tx-0/xps_cpus
00,00000000,00000000,00000000,00000000,00000000,00000001
$ cat /sys/class/net/eth0/queues/tx-1/xps_cpus
00,00000000,00000000,00000000,00000000,00000000,00000002
$ cat /sys/class/net/eth0/queues/tx-2/xps_cpus
00,00000000,00000000,00000000,00000000,00000000,00000004
$ cat /sys/class/net/eth0/queues/tx-3/xps_cpus
00,00000000,00000000,00000000,00000000,00000000,00000008
```

XPS 机制的入口函数是 get_xps_queue 函数，其定义见代码清单 7-26，其主要逻辑如下：

（1）如果内核开启了 CONFIG_XPS 选项，则表示内核启用了 XPS 机制；反之 get_xps_queue 函数直接返回-1。

（2）基于接收队列方式选择发送队列的处理过程如下：

- 获取接收队列的映射关系表 xps_maps[XPS_RXQS]，如果其为空，那么跳到（3）；反之继续执行。
- 调用 sk_rx_queue_get 函数获取套接字缓存的接收队列索引（sk->sk_rx_queue_mapping），如果其大于或等于 0，那么调用__get_xps_queue_idx 函数根据 xps_maps[XPS_RXQS]将接收队列索引映射到一个发送队列索引，也就是根据所有发送队列的 xps_rxqs 配置文件寻找合适的发送队列索引。

（3）基于 CPU 方式选择发送队列的处理过程如下：

- 获取 CPU 的映射关系表 xps_maps[XPS_CPUS]。如果其为空，那么返回-1，反之继续执行。
- 调用__get_xps_queue_idx 函数根据 xps_maps[XPS_CPUS]将发送该数据包的 CPU ID 映射到一个发送队列索引，也就是根据所有发送队列的 xps_cpus 配置文件寻找合适的发送队列索引。

（4）返回 XPS 机制找到的发送队列索引或者-1。

不管基于接收队列还是基于 CPU 方式，都会调用通用的函数__get_xps_queue_idx 来具体选择发送队列，该函数的定义见代码清单 7-27，基于 CPU 方式选择发送队列的过程如图 7-13 所示，该函数的主要逻辑如下：

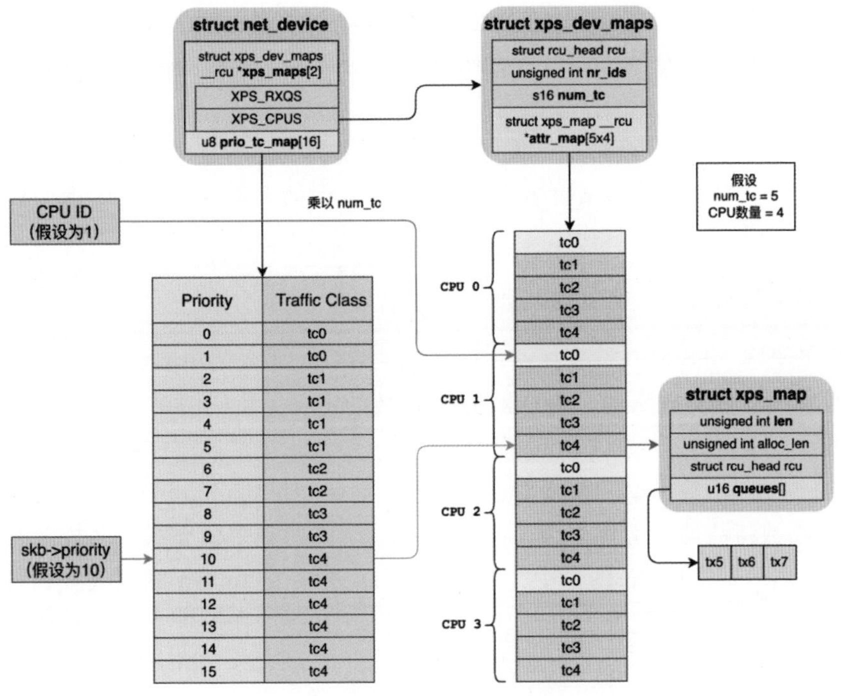

图 7-13

（1）调用 netdev_get_prio_tc_map 函数将数据包的优先级（skb->priority）映射到多优先级排队规则（例如 mqprio 类型的排队规则）的流控类型（Traffic Class）并将后者保存到 tc 变量中。套接字的优先级可以通过 SO_PRIORITY 选项来修改，也可以通过 IP_TOS 选项或者带 IP_TOS 类型的附加消息修改 TOS，进而内核会将其转化为优先级。

（2）检查 tc 和 tci（如果是基于 CPU 的方式，那么就是发送数据包的 CPU ID）的合法性，即 tc 不能大于或等于总的流控类型数量（num_tc）和 tci 不能大于或等于 nr_ids，目的是避免访问映射表（attr_map）越界错误。对于多优先级的排队规则，num_tc 大于 0。

（3）每个 CPU 或者接收队列会对应每一种流控类型，所以映射表（attr_map）长度等于 CPU 数量或者接收队列数量与流控类型数量（num_tc）的乘积。通过 `tci×num_tc+tc` 可以找到某个 CPU 或者接收队列在某个流控类型下对应的映射表索引。映射表的元素是 struct xps_map，其中也有一个数组 map->queues，每个 CPU 或者接收队列可能对应多个发送队列，这些发送队列索引保存在 map->queues 中，map->len 表示 map->queues 数组内有多少个发送队列索引。如果

map->len 等于 1，那么就返回这个唯一的发送队列索引；如果 map->len 大于 1，那么将数据包的哈希值（通过五元组计算的哈希值）缩放为[0,map->len)区间中的一个整数值，然后返回这个值对应的发送队列索引。

（4）如果没有找到合适的发送队列索引或者找到的发送队列索引大于或等于实际的发送队列数量（real_num_tx_queues），那么返回-1；否则返回找到的发送队列索引。

2. 使用哈希方式选择发送队列

如果使用 XPS 机制没有找到合适的发送队列，那么调用 skb_tx_hash 函数使用哈希方式选择发送队列。skb_tx_hash 函数的定义见代码清单 7-28，其主要逻辑如下：

（1）如果流控类型的数量（num_tc）大于 0，那么首先调用 netdev_get_prio_tc_map 函数将数据包的优先级（skb->priority）映射到多优先级排队规则的流控类型并将后者保存到 tc 变量中，然后根据 tc 通过 tc_to_txq 映射表找到对应的 qoffset 和 qcount，在配置 mqprio 类型的排队规则命令中会设置 qoffset 和 qcount，例如稍后会看到配置 mqprio 排队规则命令中的"3@5"，其中 3 就是 qcount，5 就是 qoffset。如果刚获得的 qcount 等于 0，那么设置 qoffset 为 0，设置 qcount 为实际的发送队列的数量（real_num_tx_queues）。

（2）如果流控类型的数量（num_tc）等于 0，即没有多优先级排队队列，那么设置 qoffset 为 0，设置 qcount 为实际的发送队列的数量（real_num_tx_queues）。

（3）如果套接字的 queue_mapping 有效（发送和接收数据包都可以使用此字段），那么获取套接字的 queue_mapping，并将其缩放为[qoffset, qoffset+qcount)区间的一个发送队列的索引值，最后将其返回。

（4）如果套接字的 queue_mapping 无效，那么获取或计算该套接字的哈希值，然后将其缩放为[qoffset, qoffset+qcount)区间的一个发送队列索引值，最后将其返回。

下面是一个配置 mqprio 排队规则的例子，从优先级到流控类型再到发送队列索引的映射关系如图 7-14 所示。

```
$ tc qdisc add dev eth0 root mqprio num_tc 5 map 0 0 0 1 1 1 1 2 2 3 3 4 4
   4 4 4 queues 1@0 2@1 1@3 1@4 3@5
```

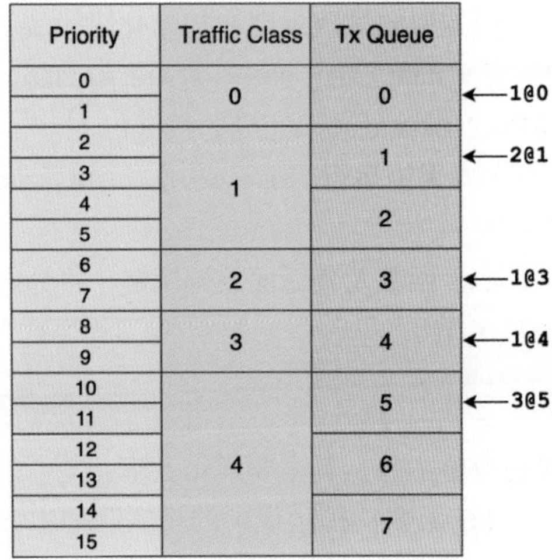

图 7-14

7.6.3　运行排队规则

1. qdisc_run 函数

该函数的定义见代码清单 7-29，该函数用于运行排队规则，其主要逻辑如下：

（1）通过 qdisc_run_begin 函数判断是否可以开始运行排队规则。

（2）如果可以运行，那么调用__qdisc_run 函数实际运行排队规则。

（3）通过 qdisc_run_end 函数结束排队规则的运行。

2. __qdisc_run 函数

该函数的定义见代码清单 7-30，其主要逻辑如下：

（1）获取发送配额 dev_tx_weight 并保存到 quota 变量中，其默认值是 64，可以通过内核参数 net.core.dev_weight（默认为 64）来调整该值，同时也会修改 dev_rx_weight 接收配额，它会影响 RPS 机制中每次调用 process_backlog 函数最多处理的数据包个数。

（2）循环调用 qdisc_restart 函数，从排队规则的排队队列中每次取出一个或多个数据包并进行处理，它尽量处理排队队列中的数据包，以避免过多的数据包在排队队列中堆积。在处理数据包的过程中，它会逐渐减少配额 quota。当 quota 小于或等于 0 时，说明达到了配额的限制，此时需要根据是否支持在无锁情况下运行排队规则进行不同的处理：

- 如果排队规则支持无锁运行（即排队规则的 flags 字段中包含 TCQ_F_NOLOCK

标志位，pfifo_fast 类型的排队规则在初始化时设置了该标志位），则设置排队规则的状态（state）为__QDISC_STATE_MISSED，表示排队队列可能会在未来某个时间点继续处理未完成的数据包。

- 如果排队规则不支持无锁运行，那么调用__netif_schedule 函数重新调度该排队规则。

下面先介绍 qdisc_restart 函数及其后面的调用链，再介绍配额 quota 耗尽触发软中断的发送过程（7.6.6 节）。

3. qdisc_restart 函数

该函数的定义见代码清单 7-31，其主要逻辑如下：

（1）调用 dequeue_skb 函数从排队规则的排队队列中尝试出队一个数据包，这个数据包可能包含一个或多个具有相同发送队列索引的 skb。如果出队的数据包为空，则返回 false。

（2）如果排队规则的 flags 字段中不包含 TCQ_F_NOLOCK 标志位，那么需要对该排队规则加锁才能继续往下执行。

（3）如果成功出队的数据包不为空，那么先获取数据包对应的网络设备（struct net_device）和网络设备的发送队列 txq（struct netdev_queue），再调用 sch_direct_xmit 函数发送该数据包。如果发送成功，则返回 true，表示还可以继续发送数据包。

4. sch_direct_xmit 函数

该函数用于发送从排队规则的排队队列中出队的数据包（可能包含多个 skb）和前面介绍的特殊情况下绕过排队规则的数据包，并根据发送结果来处理返回值，该函数的定义见代码清单 7-32。

其主要逻辑如下：

（1）释放排队规则的排队队列锁（如果有）。这是因为函数需要对数据包执行验证操作，而验证操作可能需要持续较长的时间，为了避免其他线程在等待队列的锁时被阻塞，可以先释放锁，执行数据包的验证操作后，再重新获取锁。

（2）如果需要对数据包执行验证操作，那么调用 validate_xmit_skb_list 函数验证数据包，可能包括检查数据包的 GSO 与校验和等。

（3）如果在上面的验证操作中发现数据包需要重新发送，那么先对排队规则的排队队列加锁，然后调用 dev_requeue_skb 函数将数据包重新加入排队规则的排队队列，在 dev_requeue_skb 函数中会调用__netif_schedule 函数重新调度该排队规则（具体过程会在 7.6.6 节中介绍），然后 sch_direct_xmit 函数给上层返回 false，表示数据包需要重新发送。

（4）如果数据包通过了上面的验证，那么对设备的发送队列（struct netdev_queue）加锁，保证发送操作是原子操作，如果该发送队列没有被禁用，那么调用 dev_hard_start_xmit 函数将数据包发送到网卡驱动，然后释放该发送队列的锁，以便其他 CPU 也可以使用该发送队列发送数据包。

（5）如果发送结果为 NETDEV_TX_BUSY，那么表示该发送队列已满或被禁用，需要先对排队规则的排队队列加锁，然后调用 dev_requeue_skb 函数将数据包重新加入排队队列待后续发送，并返回 false。

（6）如果发送结果为 NETDEV_TX_OK，那么表示数据包已经发送成功，然后返回 true，表示可以继续发送更多的数据包。

7.6.4　将数据包递交到网卡驱动

1. dev_hard_start_xmit 函数

该函数的定义见代码清单 7-33。此函数循环遍历参数中的 skb（struct sk_buff）链表，调用 xmit_one 函数逐一将数据包发送到网卡驱动。只有当发送链表中的最后一个 skb 时，传递给 xmit_one 函数的最后一个参数 more 才会被设置成 false，其他情况下 more 都是 true，请记住它，我们马上就会用到它。每发送一个数据包都检查发送结果，如果发送失败（例如 NETDEV_TX_BUSY）或者发送队列被禁用，则跳出循环，并返回相应状态。

2. xmit_one 函数

该函数的定义见代码清单 7-34，其主要逻辑如下：

（1）调用 dev_nit_active 函数检查网络设备是否存在包过滤器的捕获点，例如抓包功能，与接收数据包时的捕获点一样，一个是捕获发送时的数据包，另一个是捕获接收时的数据包。如果存在（即 ptype_all 或 dev->ptype_all 不为空），则返回 true，然后调用 dev_queue_xmit_nit 函数将数据包传递给这些捕获点。

（2）调用 netdev_start_xmit 函数将单个 skb 发送到网卡驱动，并跟踪发送事件和发送完成事件，然后返回发送结果。

3. netdev_start_xmit 函数

该函数的定义见代码清单 7-35，其主要逻辑如下：

（1）获取网卡驱动的操作函数集合结构体（struct net_device_ops），其中包含了具体类型的网卡驱动实现的发送函数。

（2）调用__netdev_start_xmit 函数继续发送数据包，并返回发送结果。

4. __netdev_start_xmit 函数

该函数的定义见代码清单 7-36，其主要逻辑如下：

（1）将当前 CPU 关联的 softnet_data 结构体中的 xmit.more 字段设置为参数 more（就是本节开头的参数 more 一路传递进来的），用于指示是否还有更多的 skb 等待发送，该字段最终会影响网卡设备何时开始发送数据包。

（2）调用 ops->ndo_start_xmit 继续发送数据包。对于 igb 来说，ndo_start_xmit 函数指针指向的是 igb_xmit_frame（在初始化网卡驱动时，由 igb_probe 函数设置，具体可以查看 6.1.2 节），由它将数据包发送到网卡，并返回发送结果。

```
static const struct net_device_ops igb_netdev_ops = {
    .ndo_open           = igb_open,
    .ndo_stop           = igb_close,
    .ndo_start_xmit     = igb_xmit_frame,
};
```

7.6.5 网卡驱动发包

本节介绍的函数都是网卡驱动实现的，每个网卡驱动的具体发包流程不尽相同。

1. igb_xmit_frame 函数

该函数的定义见代码清单 7-37，其主要逻辑如下：

（1）在 igb 中，以太网帧（Ethernet Frame）的最小长度是 17 字节，其他的网卡驱动可能设置了不同的最小长度。调用 skb_put_padto 函数检查 skb 的数据包大小，如果小于 17 字节，那么填充 0 到 17 字节。如果填充成功则返回 0，否则返回错误码 ENOMEM。当填充失败时，直接返回发送成功的状态 NETDEV_TX_OK，实际上并没有数据包被发送，直接返回成功可以避免额外的处理过程。

（2）如果数据包本身或者经过填充后大于或等于 17 字节，那么先调用 igb_tx_queue_mapping 函数确定数据包应该交给哪个发送 Ring Buffer，然后调用 igb_xmit_frame_ring 函数将数据包添加到该发送 Ring Buffer 中。

2. igb_tx_queue_mapping 函数

该函数的定义见代码清单 7-38，其主要逻辑如下：

（1）获取数据包 skb 的发送队列索引 skb->queue_mapping（在 7.6.2 节中选择发送队列时设置），该索引表示数据包应该发送到哪个发送队列。如果队列索引大于或等于网卡驱动中发送队列的数量 adapter->num_tx_queues，那么将 skb->queue_mapping 对 adapter->num_tx_queues 取模的结果作为新的发送队列索引。出现这个情况的原因可能是用户使用 ethtool 工具修改了当前发送队列的数量。

（2）根据发送队列索引返回网卡驱动中对应的发送 Ring Buffer（struct igb_ring）。

3. igb_xmit_frame_ring 函数

该函数的定义见代码清单 7-39，其主要逻辑如下：

（1）根据 skb 的线性空间中的数据部分（skb->data 和 skb->tail 之间的内存空间）的长度计算所需要的描述符数量并保存到 count 变量中。通常情况下，每个描述符可以描述一个内存页大小的数据，skb 的线性空间指的是 skb->head 和 skb->end 之间的内存空间，它是由 kmalloc 分配的连续（线性）内存。然后 count 加上每个分片（如果有）所需的描述符数量。最后 count 再加上 3 个描述符，其中 2 个用来间隔发送 Ring Buffer 的尾部和头部，防止它们相连，1 个用于上下文描述符。

（2）调用 igb_maybe_stop_tx 函数，首先检查发送 Ring Buffer 中是否有足够的可用描述符（即可用描述符的数量大于或等于 count）。如果有，那么直接返回 0，否则调用__igb_maybe_stop_tx 函数继续处理。在__igb_maybe_stop_tx 函数中，先禁用该发送队列（即设置发送队列的状态包含__QUEUE_STATE_DRV_XOFF 标志位），然后再次判断是否有足够的可用描述符（目的是再给发送队列一次机会，两次检查期间可能刚好就有释放的描述符了），如果依然没有，那么返回 EBUSY 错误码，进而导致 igb_xmit_frame_ring 函数返回 NETDEV_TX_BUSY，表示发送队列已满并禁用了该发送队列；如果有足够的可用描述符，则重新启用该发送队列，然后增加发送队列重启的统计计数，进而 igb_maybe_stop_tx 函数返回 0，发送流程继续。

（3）获取发送 Ring Buffer 的下一个可用位置（next_to_use）上的描述符（igb_tx_buffer）并保存到变量 first 中，这个描述符被命名为“first”是有原因的，因为它是该数据包即将在 igb_tx_map 函数中映射到的第一个描述符（igb_tx_buffer）。使用 skb 初始化变量 first，其中包括设置数据包类型（IGB_TYPE_SKB，它会影响发送完数据包后的清理工作）、数据包长度（skb->len）、skb 指针和 GSO 分片数量（这里是 1）。然后根据具体情况设置 fisrt 变量的发送标志（tx_flags）和以太网类型（protocol）。

（4）调用 igb_tso 函数检查该数据包是否进行 TSO 处理（分片处理，即在网卡中进行分片操作）。虽然写的是 TCP，但笔者通过阅读 igb 的内核源码发现它也处理了 UDP。该函数的主要逻辑如下：

- 该数据包（skb）的校验和类型必须是 CHECKSUM_PARTIAL，并且它必须是 GSO 数据包，在 7.3.1 节中提到满足一定条件时会设置 GSO 数据包的校验和类型为 CHECKSUM_PARTIAL。否则直接返回 0，表示本数据包不进行 TSO 处理。
- 如果该数据包（skb）的头部不允许写时复制，那么返回小于 0 的错误码，稍后会丢弃该数据包，虽然发送失败，但是 igb_xmit_frame_ring 函数也给上层返回 NETDEV_TX_OK，表示发送成功。
- 根据 IP 层协议类型（IPv4 或 IPv6）和传输层协议（UDP 或 TCP）计算分片的头部长度（hdr_len），包括 MAC 头部、IP 头部和传输层头部大小。
- 将 first->gso_segs 设置为数据包（skb）的 GSO 分片数量，将 first->bytecount 加上所有 GSO 分片的头部长度（hdr_len）。
- 设置 first->tx_flags 包含 IGB_TX_FLAGS_TSO 和 IGB_TX_FLAGS_CSUM 等标志位，以告知网卡进行 TSO 处理和计算硬件校验和。
- 调用 igb_tx_ctxtdesc 函数先获取发送 Ring Buffer 中下一个可用位置（next_to_use）上的描述符（e1000_adv_tx_desc），并将其转化成 e1000_adv_tx_context_desc 描述符，然后将上面的各自协议头部的长度等信息保存到 e1000_adv_tx_context_desc 描述符中。这就是前面提到的上下文描述符。网卡使用其中的信息进行 TSO 处理。
- 最后返回 1，表示本数据包将在网卡中进行 TSO 处理。

（5）如果 igb_tso 函数返回 0，那么调用 igb_tx_csum 函数判断是否计算硬件校验和。该数据包的校验和类型也必须是 CHECKSUM_PARTIAL，然后设置 first->tx_flags 包含 IGB_TX_FLAGS_CSUM 标志位，以告知网卡计算校验和，最后将计算好的 MAC 头部和 IP 头部长度通过调用 igb_tx_ctxtdesc 函数保存到上下文描述符（e1000_adv_tx_context_desc）中，供网卡使用。

（6）调用 igb_tx_map 函数完成数据包在网卡驱动中最后的处理。即使该函数发送失败，igb_xmit_frame_ring 函数也会返回 NETDEV_TX_OK，表示发送成功。

4. igb_tx_map 函数

该函数的定义见代码清单 7-40。此函数用于将 skb 映射到发送 Ring Buffer

和将数据所在的内核内存映射到 DMA 地址空间，以便网卡发送数据包，其主要逻辑如下：

（1）根据参数中的描述符（struct igb_tx_buffer）first 变量获取待发送的数据包 skb，然后使用 IGB_TX_DESC 宏获取发送 Ring Buffer 中下一个可用位置（next_to_use）的描述符（e1000_adv_tx_desc）并保存到 tx_desc 变量中，最后将 fisrt 赋值给描述符（igb_tx_buffer）tx_buffer 变量。发送 Ring Buffer 中有两个环形数组，一个是 igb_tx_buffer 描述符数组（供内核使用），另一个是 e1000_adv_tx_desc 描述符数组（供网卡使用）。两个数组的元素类型的定义见代码清单 7-41。发送 Ring Buffer 中的每个位置对应两个描述符（每种描述符各一个）。

（2）调用 igb_tx_olinfo_status 函数将 skb 中数据部分的总长度（包括所有分片的数据长度，就是不包含头部长度）保存在 tx_desc->read.olinfo_status 的高位部分，后面每个分片映射到描述符时 tx_desc->read.olinfo_status 都被设置为 0。然后将 first->tx_flags 中的传输层或 IP 层需要的硬件校验和等标志位保存到 tx_desc->read.olinfo_status 中。

（3）调用 dma_map_single 函数将 skb 的线性空间中的数据部分（即 skb->data 与 skb->tail 之间的内存）映射到 DMA 地址空间，DMA 起始地址保存在 dma 变量中，映射的数据长度保存在 size 变量中，然后将它们分别赋值给 tx_buffer->dma 和 tx_buffer->len。同样地，将 dma 和 size 赋值给 tx_desc->read.buffer_addr 和 tx_desc->read.cmd_type_len（不仅存储大小信息，还包括其他信息）。dma_map_single 函数不涉及内存复制，它将一块内存映射到 DMA 地址空间，以便网卡直接访问。

（4）进入一个循环，将数据包（skb）中的所有分片（skb_shinfo(skb)->frags）所在的内存块映射到 DMA 地址空间，并设置对应位置的两个描述符中的 DMA 起始地址和长度等信息，一个 skb 可以映射到多个位置的描述符。循环期间 tx_buffer 变量和 tx_desc 变量不断指向发送 Ring Buffer 中的下一个位置（达到最大值时回到 0）对应的描述符，直到 skb 中的全部数据（包括分片）都映射到 DMA 地址空间。

（5）当映射完最后一个分片（如果有分片）或 skb 的线性空间中的数据部分时，设置 tx_desc->read.cmd_type_len 包含刚映射的数据长度和 IGB_TXD_DCMD 标志位等信息，IGB_TXD_DCMD 标志位表示该描述符是本次发送数据包的结束描述符。

（6）设置第一个描述符（struct igb_tx_buffer）first 中的 time_stamp 字段为当前时间（jiffies）。然后将 first 中的 next_to_watch 字段设置为包含 IGB_TXD_

DCMD 标志位的结束描述符，这一信息将在数据包被网卡发送完成后用到（7.6.7 节）。最后将发送 Ring Buffer 中的 next_to_use 字段更新为下一个可用的位置，便于稍后继续发送数据包。

（7）调用 igb_maybe_stop_tx 函数检查该发送 Ring Buffer 中是否还有 DESC_NEEDED 个位置（也可以说描述符，因为它们是对应的）来发送下一个数据包。在页面大小为 4KB 的情况下，DESC_NEEDED 为 21，一个 skb 最多占用 17 个页面，一个页面对应一个位置，2 个位置用来间隔发送 Ring Buffer 的尾部和头部，防止它们相连，一个位置用于上下文描述符，最后还富余一个位置。如果发送 Ring Buffer 中没有足够的位置，那么该发送队列会被禁用。

（8）如果发送队列被 igb_maybe_stop_tx 函数禁用，或者 7.6.4 节中的 __netdev_start_xmit 函数设置了当前 CPU 关联的 softnet_data 结构体中的 xmit.more 字段为 false（即当前处理的 skb 是最后一个数据包），那么调用 writel 函数将发送 Ring Buffer 的下一个可用位置（next_to_use）写入发送 Ring Buffer 的 tail 字段（TDT 寄存器），告知网卡有新的数据可以发送和停止读取发送 Ring Buffer 中描述符的位置（next_to_use）。在 Intel 的网卡驱动中，TDT 是指 Transmit Descriptor Tail（传输描述符尾部），它是网卡中的一个寄存器。为了控制网卡的行为，网卡驱动需要与网卡进行通信，而网卡中的寄存器就是网卡驱动用来与硬件进行交互的接口。

后面就交给网卡了，网卡通过 DMA 读取待发送的数据包并发送到网络上。这是第二次复制，从内核内存到网卡的复制。从 7.2.2 节中的 send/sendto 系统调用到达这里，这条路径占用的是用户进程的 CPU 系统时间（top 命令结果中的 sy）。

7.6.6 软中断处理过程

7.6.3 节中两次提到 Linux 内核调用__netif_schedule 函数调度排队规则，实际上是将该排队规则放入当前 CPU 关联的 softnet_data 结构体中的调度列表，然后触发一个 NET_TX_SOFTIRQ 软中断，以便后续在软中断处理函数 net_tx_action 中发送排队队列中的数据包。目的是避免队列处理过程中长时间持有锁而导致其他任务无法执行和数据包发送失败时无法及时重新发送。

1. __netif_schedule 函数

该函数的定义见代码清单 7-42，其主要逻辑如下：

（1）如果当前排队规则的状态中包含__QDISC_STATE_SCHED 标志位，那么说明该排队规则已经在调度列表中，无须重复添加。

（2）否则设置排队规则的状态包含__QDISC_STATE_SCHED 标志位，然后调用__netif_reschedule 函数重新调度该排队规则。

2. __netif_reschedule 函数

该函数的定义见代码清单 7-43，其主要逻辑如下：

（1）local_irq_save 函数会保存当前 CPU 的中断状态到 flags 变量中，并将硬中断禁用。通常禁用硬中断是为了保护临界区，确保在执行关键代码段时不会被其他硬中断打断。这里确保将排队规则添加到当前 CPU 关联的 softnet_data 结构体中的调度列表（sd->output_queue）时，不会被其他硬中断打断，从而保持操作的原子性和可靠性。

（2）调用 raise_softirq_irqoff 函数触发一个 NET_TX_SOFTIRQ 软中断。对应的软中断处理函数 net_tx_action（6.3 节介绍了该函数的注册过程）将在后续的 ksoftirqd 进程中执行，进而继续发送排队规则的排队队列中的数据包。

3. net_tx_action 函数

该函数的定义见代码清单 7-44，其主要逻辑如下：

（1）如果发送完成队列（sd->completion_queue）不为空（即有发送完成的数据包），则从发送队列中移除所有数据包（skbs）并释放它们占用的内存。这些数据包是被__dev_kfree_skb_irq 函数添加到该队列（sd->completion_queue）中的。不允许在硬中断上下文中和在禁用硬中断时调用 kfree_skb 或 consume_skb 函数直接释放数据包，因为释放过程比较耗时，可能会导致释放过程中错失硬中断事件。因此将释放数据包的工作放在了随时可以被硬中断打断的软中断中来完成。

（2）如果排队规则的调度列表（sd->output_queue）不为空（即有排队规则需要运行），则从调度列表中移除所有排队规则并调用 qdisc_run 函数逐一运行这些排队规则，发包流程又回到了 7.6.3 节，从而将排队规则的排队队列中剩余的数据包发送出去。

由于是在软中断中清理的数据包和运行的排队规则，所以这条路径占用的是用户进程的 CPU 软中断时间（top 命令结果中的 si）。

7.6.7　网卡发送完成

当网卡设备发送完数据包后，它会触发硬中断 MSI-X，硬中断处理函数是 igb_msix_ring。与第 6 章网络收包流程类似，最后会触发软中断 NET_RX_SOFTIRQ（在 igb 中发送和接收数据包都会触发这个软中断），随后 ksoftirqd 内核进程执行该软中断的处理函数 net_rx_action。

net_rx_action 函数遍历当前 CPU 关联的 softnet_data 结构体中的 NAPI 列表，依次取出列表中的 NAPI 实例并对其执行 napi_poll 操作，在 napi_poll 函数的调用链中会调用 NAPI 实例的 poll 函数（igb_poll），然后在 poll 函数中调用 igb_clean_tx_irq 函数执行数据包发送完成后的清理工作，而调用 igb_clean_rx_irq 函数接收数据包，这个已经在 6.3.5 节中详细介绍过了。

igb_clean_tx_irq 函数的定义见代码清单 7-45，其主要逻辑如下：

（1）设置本次清理工作的预算（budget）为 IGB_DEFAULT_TX_WORK（128），即本次最多清理 128 个数据包。

（2）如果网卡驱动的状态（adapter->state）包含__IGB_DOWN 标志位，那么表明网卡已经关闭，清理工作终止并返回给调用者 true；否则继续执行清理工作。

（3）获取发送 Ring Buffer 的下一个可清理位置（next_to_clean）对应的两个描述符，分别保存到描述符（igb_tx_buffer）变量 tx_buffer 中和描述符（e1000_adv_tx_desc）变量 tx_desc 中。next_to_clean 对应的是一个数据包映射到发送 Ring Buffer 的首个位置。

（4）进入一个 do...while 循环，每次循环清理一个数据包，一个数据包可能被映射到了多个位置上的描述符，当所有数据包清理完毕或者预算耗尽时循环结束。每次循环中的处理流程如下：

- 将当前数据包映射的首个描述符（igb_tx_buffer）变量 tx_buffer 中的 next_to_watch 字段赋值给描述符（e1000_adv_tx_desc）变量 eop_desc，eop_desc 是该数据包映射的结束描述符，next_to_watch 字段在前面介绍的 igb_tx_map 函数中被设置为当前数据包映射的最后一个位置上的描述符（e1000_adv_tx_desc）。
- 如果 eop_desc 等于 NULL，那么表示发送 Ring Buffer 中没有数据包需要清理，因此退出循环；否则继续执行清理工作。
- 执行 smp_rmb 内存屏障指令，这个指令防止在 eop_desc 之前执行该指令之后的其他读取操作，即该指令之后的读操作不能跨过该指令先执行。然而在 x86 架构下，smp_rmb 是一个空操作（no-op）。原因我们已经在第 1 章介绍了，即读读操作在 x86 架构上不会发生重排。
- 如果 eop_desc 的状态（wb.status）不包含 E1000_TXD_STAT_DD 标志位，那么表示网卡还没有将当前数据包发送出去，因此不能清理该数据包，进而退出循环；否则继续执行清理工作。当一个数据包发送完成后，网卡会设置 eop_desc 的状态包含 E1000_TXD_STAT_DD 标志位。

- 设置 tx_buffer->next_to_watch 为 NULL 表示当前数据包已经被清理了或正在被清理中，以避免对其进行二次清理。
- 将当前数据包的总长度（tx_buffer->bytecount）累计到变量 total_bytes 中，同样将当前数据包的分片数（tx_buffer->gso_segs）累计到变量 total_packets 中，稍后所有数据包清理完毕时会统计这些信息。
- 如果当前数据包的类型是 IGB_TYPE_SKB，即普通的数据包，那么调用 napi_consume_skb 函数释放 tx_buffer->skb 所占用的内核内存；否则数据的类型只能是 IGB_TYPE_XDP，然后调用 xdp_return_frame 函数释放 tx_buffer->xdpf（struct xdp_frame）所占有的内核内存，tx_buffer->xdpf 是 XDP 数据包。
- 解除当前数据包的线性空间中数据部分的 DMA 映射。然后解除所有分片（如果有）中数据部分的 DMA 映射，while 循环遍历该数据包的每个分片映射到发送 Ring Buffer 中的位置，每次循环解除一个位置上的描述符（igb_tx_buffer）变量 tx_buffer 中的 DMA 映射，直到 tx_desc 与 eop_desc 指向同一个描述符时 while 循环结束。执行 while 循环期间变量 tx_buffer 和变量 tx_desc 不断指向发送 Ring Buffer 中的下一个位置（达到最大值时回到 0）对应的描述符。
- 同样地，执行 do...while 循环期间变量 tx_buffer 和变量 tx_desc 也不断指向发送 Ring Buffer 中的下一个位置（达到最大值时回到 0）对应的描述符。
- 当清理完一个数据包（skb）后，预算（budget）减 1。

（5）将发送 Ring Buffer 的 next_to_clean 字段设置为下一次清理工作的起始位置。

（6）将本次清理工作一共释放了多少字节（total_bytes）和多少个数据包（total_packets）累计到发送 Ring Buffer 的发送状态（tx_ring->tx_stats）中，同时将 total_bytes 和 total_packets 累计到硬中断向量的发送统计相关的数据结构（q_vector->tx）中。

由于是在软中断中清理发送完成后的数据包，所以这条路径占用的也是用户进程的 CPU 软中断时间（top 命令结果中的 si）。

第8章
CHAPTER 8

内存

本章内容基于 Fedora 40 x86-64 系统，Linux 6.8.5 内核，编程语言为 C。

8.1 物理内存

8.1.1 物理内存模型

通常情况下，内核以页为单位管理物理内存，每页的大小为 4KB，并且以页大小对齐，使用 `struct page` 来描述一页物理内存，在 `struct page` 中保存物理页的各种信息，后面会详细介绍 `struct page`。为了方便描述，后面统称 `struct page` 为**物理页描述符**，简称**页描述符**或**页框**。内核为每个**页框**指定了一个全局唯一的 PFN（Page Frame Number，页帧号），其实就是物理地址右移 12 位，因为每页的大小为 4KB（2^{12}），内核提供了 struct page 与 PFN 互相转换的函数。

可以通过下面的命令查看当前系统的页面大小，单位为字节。

```
$ getconf PAGE_SIZE
4096
```

内核组织管理物理页的方式被称为物理内存模型，主要有下面两大类模型。

1. 平坦内存模型（FLATMEM）

FLATMEM（Flat Memory Model）是最简单的内存模型，它适用于连续或大部分连续的物理内存。它将物理内存划分为连续的物理页，然后使用一个大的**页**

框数组与之一一映射，数组下标就是 PFN，如图 8-1 所示。这里的**页框**数组就是 `mem_map`，其定义如下：

```
struct page *mem_map;
```

内核为平坦内存模型提供了 struct page 与 PFN 互相转换的函数，其定义如下：

```
#if defined(CONFIG_FLATMEM)
#define ARCH_PFN_OFFSET       (0UL)
#define __pfn_to_page(pfn)  (mem_map + ((pfn) - ARCH_PFN_OFFSET))
#define __page_to_pfn(page) ((unsigned long)((page) - mem_map) + \
                            ARCH_PFN_OFFSET)
#endif
```

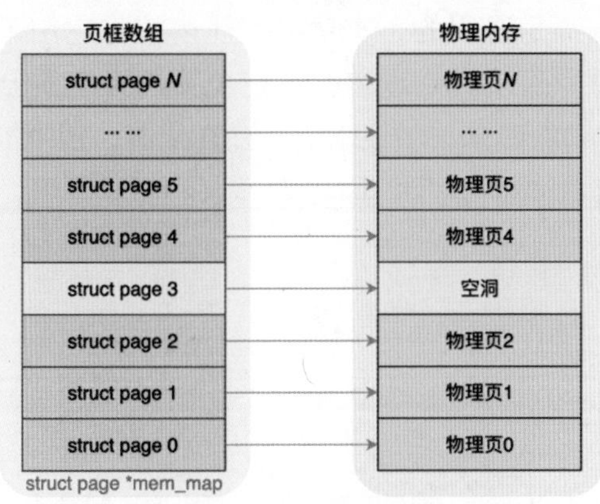

图 8-1

对于物理内存不连续、存在很多内存空洞的情况，那么平坦内存模型就不适合了。因为 `mem_map` 数组中为所有的物理页都创建了一个**页框**，不管是正常内存，还是大块内存空洞，这样就会导致 `mem_map` 数组中有大量**页框**指向了无意义的物理页。页框本身是有大小的（通常为 64 字节），也要占用物理内存，所以空洞会导致大量物理内存的浪费。产生空洞的原因有很多，例如不同类型的内存芯片（如 DDR5、DDR4 等）可能具有不同的规格和排列方式，从而导致内存空洞。

后来 Linux 引入了非连续内存模型（DISCONTIGMEM，Discontiguous Memory Model），不过它是一个短暂的内存模型，后来被稀疏内存模型取代。

2. 稀疏内存模型（SPARSEMEM）

SPARSEMEM（Sparse Memory Model）很好地支持了内存空洞，以及后面提到的热插拔功能，它又细分为两个小内存模型，接下来分别介绍它们。

在笔者的计算机（Linux 6.8.5-301.fc40.x86_64）上使用下面的命令，在输出的结果中列出了本节常出现的内核配置项，方便读者理解本节后面的内容。

```
root@localhost:/# grep CONFIG_SPARSEMEM /boot/config-$(uname -r)
CONFIG_SPARSEMEM=y
CONFIG_SPARSEMEM_EXTREME=y
CONFIG_SPARSEMEM_VMEMMAP_ENABLE=y
CONFIG_SPARSEMEM_VMEMMAP=y
```

1）Node（粗粒度）

在 Node 方式下，内核将物理内存划分几个节点，每个节点对应的结构体是 struct pglist_data，它主要用于稀疏内存模型，但也可以用于平坦内存模型，内核中大部分数据结构都是通用的，本章只关注内核将它用于注稀疏内存模型。每个节点管理“尽量”连续的物理内存，避免为内存空洞分配**页框**而浪费内存，如图 8-2 所示，虽然物理内存不是连续的，存在空洞，但 PFN 是连续的，这是一种**虚拟连续**。更多关于 struct pglist_data 的介绍在 8.1.3 节中。

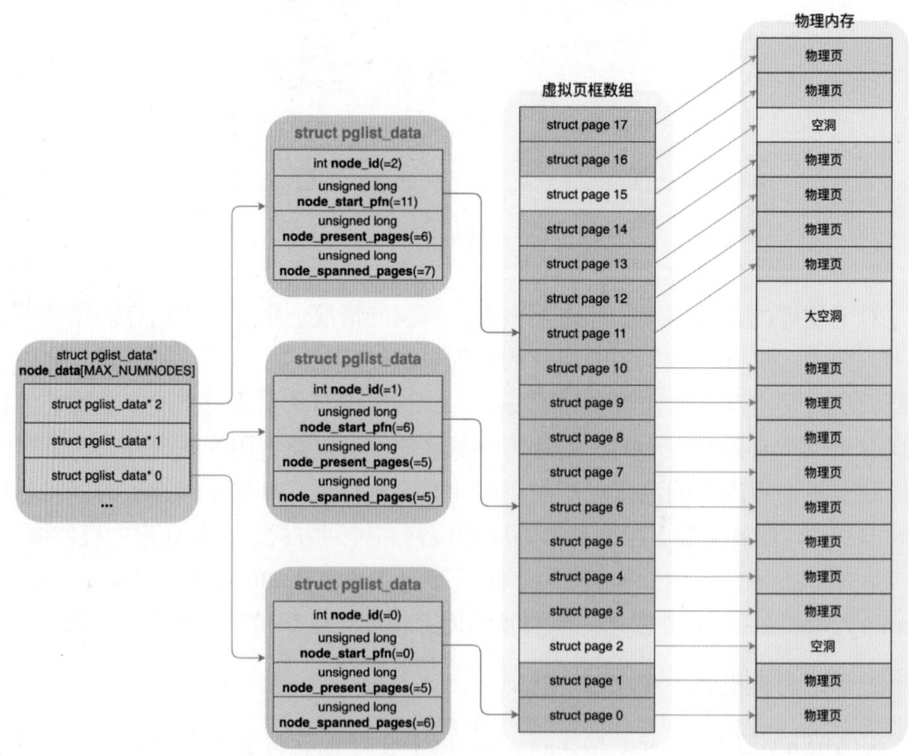

图 8-2

内核为 Node 方式提供了 struct page 与 PFN 互相转换的函数，其定义如下：

```
/* vmemmap 是虚拟连续的 */
#define vmemmap ((struct page *)VMEMMAP_START) /* 等于 0xffffea0000000000
   */
#if defined(CONFIG_SPARSEMEM_VMEMMAP)
#define __pfn_to_page(pfn)  (vmemmap + (pfn))
#define __page_to_pfn(page) (unsigned long)((page) - vmemmap)
#endif
```

2）Section（细粒度）

在 Node 方式下，如果想以更小的粒度管理连续的物理内存，那么就需要划分更多的节点，因为每个节点的 struct pglist_data 结构体的体积很大，在笔者的计算机上该结构体大小为 175424 字节（约等于 171.3KB），所以节点划分得越多，额外占用的内存就越多，也就是浪费的内存越多。因此另一种稀疏内存模型就诞生了。

另一种稀疏内存模型是对更小粒度的连续物理内存块进行管理，每一段物理内存块使用 Section 来管理，所用的 struct mem_section 的体积比较小，在笔者的计算机上，该结构体大小仅有 32 字节（本节只讨论 64 位系统），避免浪费空间的同时进一步减少为内存空洞分配的页框数量。struct mem_section 的定义如下：

```
struct mem_section {
    unsigned long section_mem_map;
    struct mem_section_usage *usage;
#ifdef CONFIG_PAGE_EXTENSION
    /* 如果使用了 SPARSEMEM，那么 pgdat 将没有 page_ext 指针
     * 我们会使用 Section */
    struct page_ext *page_ext;
    unsigned long pad;
#endif
     /* mem_section 的大小必须是 2 的幂次，以便计算和使用 SECTION_ROOT_MASK */
};
```

这个内存模型的组织管理物理内存的方式如图 8-3 所示。图 8-3 中的根节点是一个 struct mem_section 二维数组，其定义如下：

```
#ifdef CONFIG_SPARSEMEM_EXTREME /* 在笔者计算机上它是开启的 */
extern struct mem_section **mem_section;
#else
extern struct mem_section mem_section[NR_SECTION_ROOTS][SECTIONS_PER_ROOT];
#endif
```

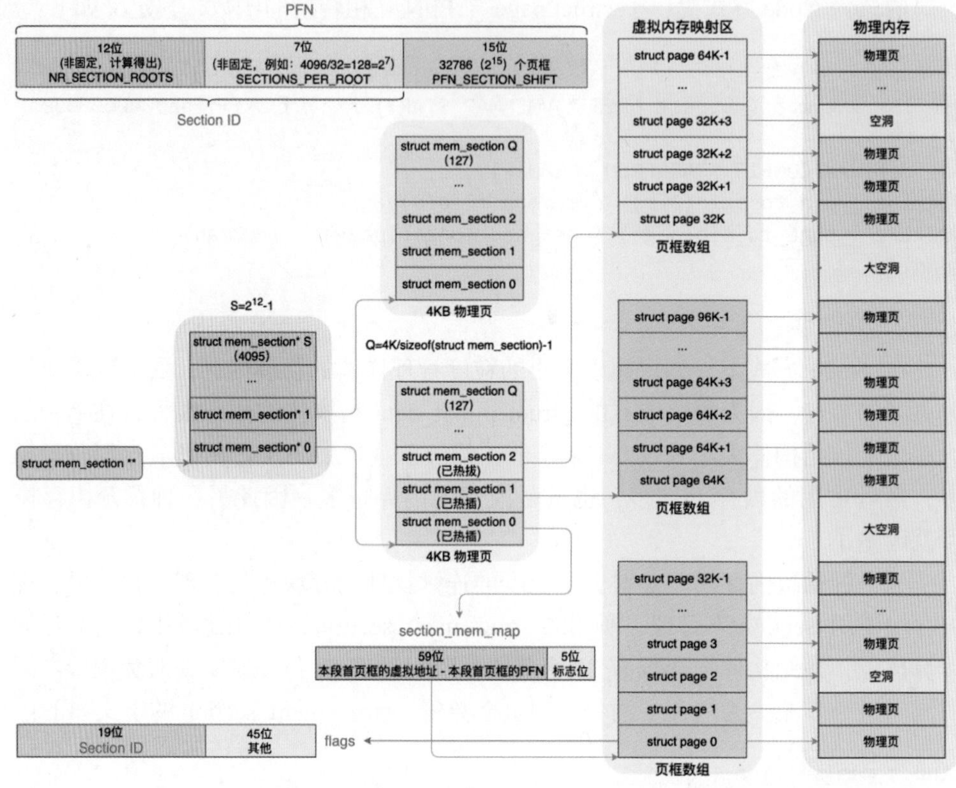

图 8-3

下面的代码列出了很多与该内存模型相关的宏定义，其中 `SECTION_SIZE_BITS` 宏定义（其值为 27）决定了每个 Section 对应一个连续的 128MB（2^{27}）物理内存块，如果物理页的大小为 4KB，那么每个 Section 对应 32768（2^{15}）个物理页。

内核也为该内存模型提供了 struct page 与 PFN 互相转换的宏函数，其定义如下：

```
#if defined(CONFIG_SPARSEMEM) && !defined(CONFIG_SPARSEMEM_VMEMMAP)
#define __page_to_pfn(pg)                                      \
({  const struct page *__pg = (pg);                            \
    int __sec = page_to_section(__pg);                         \
    (unsigned long)(__pg - __section_mem_map_addr(__nr_to_section(__sec))); \
})
#define __pfn_to_page(pfn)                                     \
({  unsigned long __pfn = (pfn);                               \
    struct mem_section *__sec = __pfn_to_section(__pfn);       \
    __section_mem_map_addr(__sec) + __pfn;                     \
```

```
})
#endif
```

下面是对这两个函数的说明：

（1）__page_to_pfn：这个宏函数将一个页框指针转换为对应的 PFN。它首先通过调用 page_to_section 函数来获取指定页框中 flags 字段的高 19 位（8.1.5 节中页标志的组合形式）的值，它是该页框所在 Section 的 ID（即段号）。然后将该 ID 转变成 struct mem_section 指针。最后将该页框的指针减去 Section 中的页框数组的起始地址再加上该页框数组中的首个页框的 PFN 就得到了所求页框的 PFN。

（2）__pfn_to_page：这个宏函数将一个 PFN 转换为对应的页框指针。它首先通过调用__pfn_to_section 函数将指定 PFN 右移 15 位得到该 PFN 对应 Section 的 ID。然后也将该 ID 转变成 struct mem_section 指针。最后将该 PFN 减去 Section 中的页框数组中的首个页框的 PFN 再加上该页框数组的起始地址就得到了所求页框的指针。

__section_mem_map_addr 函数的返回值是 struct mem_section->section_mem_map 字段清零低位标志位后的值。下面是__section_mem_map_addr 函数的代码：

```
static inline struct page *__section_mem_map_addr(struct mem_section *section) {
    unsigned long map = section->section_mem_map;
    map &= SECTION_MAP_MASK; /* 清零 map 的低 5 位 */
    return (struct page *)map;
}
```

__pfn_to_page 宏函数中的表达式__section_mem_map_addr(__sec) + __pfn 为什么要+ __pfn 呢？笔者研究了很久，后来通过查资料才明白，这里面暗藏玄机：通常 struct mem_section->section_mem_map 的低 5 位存储了标志位，高 59 位存储了本 Section 中的页框数组的首个页框的虚拟地址减去该页框的 PFN 的差值，将该差值代入__page_to_pfn 和__pfn_to_page 宏函数就明白了，这么做的目的是减少一次减法操作，初始化本 Section 时就把这个减法做了，从而提升了性能。

```
static void __meminit sparse_init_one_section(struct mem_section *ms,
        unsigned long pnum, struct page *mem_map,
        struct mem_section_usage *usage, unsigned long flags) {
    ms->section_mem_map &= ~SECTION_MAP_MASK; /* 清零高位 */
    ms->section_mem_map |= sparse_encode_mem_map(mem_map, pnum)
        | SECTION_HAS_MEM_MAP | flags;
    ms->usage = usage;
}
```

```
static unsigned long
sparse_encode_mem_map(struct page *mem_map, unsigned long pnum) {
    unsigned long coded_mem_map =
        (unsigned long)(mem_map - (section_nr_to_pfn(pnum))); /* 提前做减法 */
    return coded_mem_map;
}
```

上面提到 struct mem_section->section_mem_map 的低位是标志位，用来表示本 Section 的状态，标志位的类型的定义如下，其中 SECTION_IS_ONLINE_BIT 表示 Section 是否在线，用于**热插拔**功能。

```
enum {
    SECTION_MARKED_PRESENT_BIT,
    SECTION_HAS_MEM_MAP_BIT, /* 表示该 Section 有效，即有对应的页框数组 */
    SECTION_IS_ONLINE_BIT,   /* 用于热插拔功能 */
    SECTION_IS_EARLY_BIT,
#ifdef CONFIG_ZONE_DEVICE
    SECTION_TAINT_ZONE_DEVICE_BIT,
#endif
    SECTION_MAP_LAST_BIT,
};
```

8.1.2 物理内存架构

下面介绍两种内存架构，一种是 UMA（Uniform Memory Access，统一内存访问）架构，另一种是 NUMA（Non-Uniform Memory Access，非统一内存访问）架构。

1. UMA

在 UMA 架构下，所有物理 CPU（指的是处理器芯片）访问相同的物理内存，并且访问距离和延时也相同。图 8-4 是一个 UMA 架构的示意图，2 个物理 CPU 通过前端总线（Front-side bus，FSB）与北桥（Northbridge）中的内存控制器（Memory Controller，MC）相连，然后与物理内存相连。北桥还负责连接显卡等高速外设。北桥与南桥通过内部总线（Internal Bus）相连。南桥（Southbridge）是 I/O 控制器（I/O Control Hub），负责连接 USB 等低速外设。

UMA 架构的优势在于简单，但是随着物理 CPU 数量的增加和内存容量的增多，前端总线的带宽成为性能的瓶颈。为了解决这个问题，英特尔开始在 Nehalem 架构（2008 年）下使用 QPI（Quick Path Interconnect，快速通道互连）取代前端总线，而 QPI 用于实现 NUMA 架构。

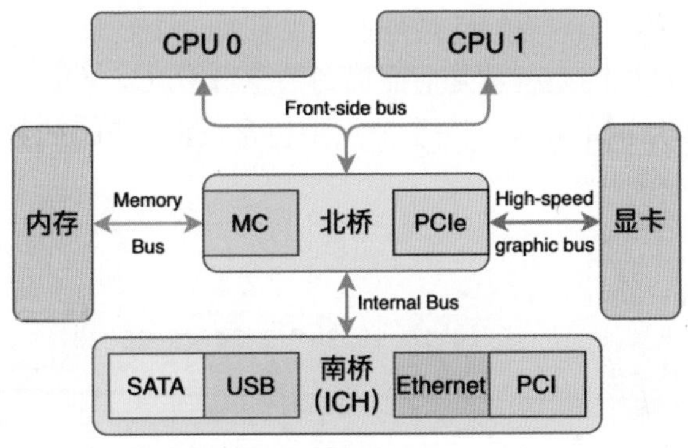

图 8-4

2. NUMA

NUMA 架构将物理 CPU 和内存等资源划分到多个节点里。现代物理 CPU 架构已经将内存控制器和 PCIe（Peripheral Component Interconnect Express）集成到物理 CPU 内部，物理 CPU 之间、物理 CPU 与南桥之间可以通过 QPI 点对点互连。内存控制器、PCIe、QPI 和 L3 作为 Uncore（非核心）的一部分，而逻辑 CPU（也称逻辑核心，指的是我们平时说的 CPU，就是 top 命令中看到的 CPU）、L1 和 L2 缓存作为 Core（核心）的一部分，如图 8-5 所示。每个物理 CPU 到不同节点内的物理内存的距离不同，与一个物理 CPU 在同一个节点内的物理内存被称为该物理 CPU 的本地内存，物理 CPU 访问本地内存速度快，原因是没有了之前的前端总线，路径变短了；与一个物理 CPU 不在同一个节点内的物理内存被称为该物理 CPU 的远端内存，如果本地内存不足，那么物理 CPU 需要经过 QPI 访问远端内存。

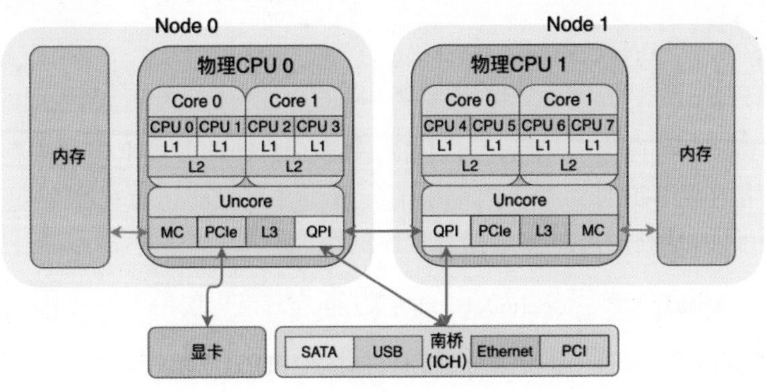

图 8-5

笔者的一台服务器有 2 颗 E5 处理器（也就是 2 个物理 CPU），每颗处理器为 8 核 16 线程，这里的线程就是前面提到的逻辑 CPU。在该服务器上执行下面的命令可以查看节点间的距离，每个节点中包含逻辑 CPU 的数量，以及每个节点中物理内存的大小：

```
$ numactl -H
available: 2 nodes (0-1)
node 0 cpus: 0 2 4 6 8 10 12 14 16 18 20 22 24 26 28 30
node 0 size: 65536 MB
node 0 free: 3110 MB
node 1 cpus: 1 3 5 7 9 11 13 15 17 19 21 23 25 27 29 31
node 1 size: 65536 MB
node 1 free: 3606 MB
node distances:
node   0   1
  0:  10  21
  1:  21  10
```

上面的输出结果中包含 2 个节点，每个节点包含 1 个物理 CPU 和大小为 64GB 的物理内存。每个物理 CPU 包含 16 个逻辑 CPU（下文没有特殊强调，简称逻辑 CPU 为 CPU）。node distances 下面有个矩阵，表示不同节点之间的访问距离，例如，[0，0]表示节点 0 中 CPU 访问本地内存的距离为 10，[1，0]表示节点 1 中 CPU 访问节点 0 中内存的距离为 21，比访问本地节点的距离多出一倍。

通过 numastat 命令可以查看所有节点分配内存的次数等信息：

```
$ numastat
                     node0        node1
numa_hit          85567733    180252357 # 在本节点内分配内存成功的次数
numa_miss           974366    107879428 # 在本节点内分配内存失败的次数
numa_foreign     107879428       974366 # 其他节点在本节点内分配内存成功的次数
interleave_hit        3475         6018
local_node        85554510    180592099
other_node          987585    107539786
```

numactl 命令可以使应用程序（app）只能在哪个/些节点上申请内存，当这个/些节点可用内存不足时，本次内存申请失败，并且只能运行在哪个/些节点内的 CPU(s)上，目的是利用短距离来提升程序的性能。

```
$ numactl --membind=0 --cpunodebind=0 ./app
```

通过下面的命令将应用程序绑定到具体的 CPU(s)上执行：

```
$ numactl --physcpubind=0 ./app # 绑定到 0 号 CPU
```

```
$ numactl --physcpubind=0-5 ./app # 绑定到 0~5 号 CPU
```

除了使用上面的 numactl 命令，我们还可以在程序代码中调用 libnuma 库提供的 API 来自定义更多与内存和 CPU 相关的运行行为，要想使用 libnuma 库得提前安装 numactl-devel 软件包。

8.1.3　物理内存节点

在 Linux 中，在 NUMA 架构的机器上，每个节点都有一个 pglist_data 结构来描述其内存结构，如图 8-2 所示。在 UMA 架构的机器上，只有一个 pglist_data 结构来描述整个内存结构。

内核中定义了一个全局的 pglist_data 结构体数组来存储这些节点：

```
#define MAX_NUMNODES    (1 << NODES_SHIFT)
struct pglist_data *node_data[MAX_NUMNODES] __read_mostly;
```

在 UMA 架构的机器上，NODES_SHIFT 是 0，即该节点数组内只有一个元素；在 NUMA 架构的机器上，NODES_SHIFT 在编译配置文件 Kconfig 中定义，在笔者的计算机上使用下面的命令查看 NODES_SHIFT 的结果如下，即笔者的计算机上最多可以支持 1024（2^{10}）个节点。

```
root@localhost:/# grep CONFIG_NODES_SHIFT /boot/config-$(uname -r)
CONFIG_NODES_SHIFT=10
```

节点描述符 pglist_data 的定义见代码清单 8-1。其中 node_id 表示本节点全局唯一的 ID。node_start_pfn 表示本节点的起始 PFN，即本节点管理的第一个物理页的 FPN。node_spanned_pages 表示本节点中包含空洞物理页在内的物理页总数。node_present_pages 表示本节点中排除空洞物理页后可用的物理页数。totalreserve_pages 表示本节点不对用户空间分配的保留的物理页总数。

由于内核中节点的数量比较少，通常情况下为 1 到 2 个，与物理 CPU 的数量有关，多个 CPU 同时读写其中的字段就会比较频繁，容易造成缓存失效，然后 CPU 去内存中读写数据，造成延时增加，这就我们在第 1 章中提到的**伪共享**。为了降低缓存失效的概率，内核使用 3 个 CACHELINE_PADDING 把 pglist_data 结构体中的数据成员划分为 4 个部分，CACHELINE_PADDING 的作用就是占满一个缓存行，使其前后的数据不得不落入不同的缓存行，避免造成缓存失效。

```
/* 在这里填充大量的冗余字节，以确保数据落入不同的缓存行
 * 机器上没有几个区域结构，所以这里的空间消耗不是问题 */
#if defined(CONFIG_SMP)
```

```
struct cacheline_padding {
    char x[0];
} ____cacheline_internodealigned_in_smp; /* 告知编译器该结构体要以缓存行大小
    对齐 */
#define CACHELINE_PADDING(name)  struct cacheline_padding name;
#else
#define CACHELINE_PADDING(name)
#endif
```

node_zones 是一个内存区域（struct zone）数组，长度为 MAX_NR_ZONES，即内存区域类型的最大值加 1。因为不是每个节点都包含所有类型的内存区域，所以该数组中存在没有被填充的元素。nr_zones 表示 node_zones 数组被填充元素的数量，即本节点有多少个内存区域。node_zonelists 数组引用本节点及其他节点的 node_zones。作用是当本地节点中内存不足时，从其他节点申请内存。虽然速度慢，但是比申请失败好。

内存区域类型 zone_type 枚举值的定义如下：

```
enum zone_type {
#ifdef CONFIG_ZONE_DMA
    ZONE_DMA,
#endif
#ifdef CONFIG_ZONE_DMA32
    ZONE_DMA32,
#endif
    ZONE_NORMAL,
#ifdef CONFIG_HIGHMEM
    ZONE_HIGHMEM,
#endif
    ZONE_MOVABLE,
#ifdef CONFIG_ZONE_DEVICE
    ZONE_DEVICE,
#endif
    __MAX_NR_ZONES // DEFINE(MAX_NR_ZONES, __MAX_NR_ZONES);
};
```

每个内存区域类型的含义如下：

（1）**ZONE_DMA**：在外设不能通过 DMA 机制访问所有可寻址物理内存空间（ZONE_NORMAL）时使用。ZONE_DMA 留给具有较小 DMA 寻址范围的外设。64 位和 32 位系统都有此区域，该区域大小通常为 16MB。

（2）**ZONE_DMA32**：同 ZONE_DMA，也是在外设不能通过 DMA 机制访

问所有可寻址物理内存空间时使用。区别在于 ZONE_DMA32 供 32 位外设使用，32 位外设寻址范围为 4GB，因此该内存区域不会超过 4GB。并且 ZONE_DMA32 只有在 64 位系统中才生效，32 位系统没有这个区域。64 位系统为了兼容 32 位外设才有了这个区域。该区域大小通常为 4GB 减去 16MB 后的值。

（3）**ZONE_NORMAL**：该区域是节点中主要的内存区域，它包含了该节点内大部分物理内存。该区域主要用于正常的内存分配。

（4）**ZONE_HIGHMEM**：高端内存（High Memory）区，它指的是物理地址空间超出了内核直接映射范围的那部分地址空间。具体而言，这部分内存是无法通过内核的虚拟地址减去一个常量后直接访问的，需要通过页表动态映射，将虚拟地址转换成物理地址再进行访问。它仅在 32 位系统中使用。

（5）**ZONE_MOVABLE**：可迁移区域，它是一个伪内存区域，它包含其他内存区域中可迁移的物理页。当内存回收或者整理时，可以对该区域进行迁移操作，尽量将可用的内存迁移到一起，形成足够大的可用的连续内存，避免内存碎片化。它增加了内存下线/热拔出的成功概率，因为要下线/热拔出的内存必须可以迁移到其他内存区域。内存迁移是指首先将一个物理地址中的数据复制到另一个物理地址，然后修改页表，将虚拟地址映射到新的物理地址。这一过程对于进程来说是透明的，因为进程使用的是虚拟地址。

（6）**ZONE_DEVICE**：外设内存区域。它主要有下面 3 种使用场景。

- 持久性内存（Persistent Memory，PMEM）：通过 DAX（Direct Access，直接访问）方式将持久性内存设备（例如 NVDIMMs）作为直接 I/O 目标而不经过文件系统缓存。这种类型的内存在断电后仍然保留数据，因此被称为持久性内存，与传统的随机存储器（RAM）不同，后者在断电后会丢失数据。并且持久性内存具有接近 RAM 的访问速度。
- 异构内存管理（Heterogeneous Memory Management，HMM）：用于处理异构内存系统的机制。异构内存系统指的是具有不同类型或不同特性的内存资源，例如系统内存（主内存）和设备内存（例如 GPU 内存）。HMM 允许设备驱动程序拦截与设备内存相关的事件，例如缺页异常事件（即访问不存在于主内存中的页）和内存释放事件，并执行对应事件的回调函数，以便将设备内存与系统内存进行协调管理。
- P2PDMA（PCI Peer-to-Peer DMA）：在传统的 DMA 中，设备通过 DMA 控制器将数据从设备的内存传输到主内存，或者反方向操作。而在 P2PDMA 中，数据可以直接从一个 PCI 设备的内存传输到另一个 PCI 设备的内存，而绕过主内存。

实际上只有第一个节点可以包含所有类型的内存区域，其他节点只能包含部分类型的内存区域，因为 ZONE_DMA 和 ZONE_DMA32 必须安排在低物理内存地址上，所以只能存放在第一个节点中。下面是一个示例及对应的图解（见图 8-6）。

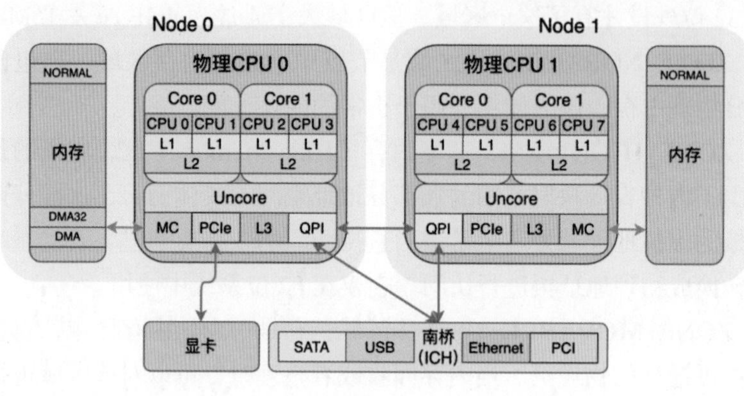

图 8-6

```
$ cat /proc/zoneinfo | grep Node
Node 0, zone      DMA
Node 0, zone    DMA32
Node 0, zone   Normal
Node 1, zone   Normal
```

8.1.4 物理内存区域

内存区域描述符 struct zone 的定义见代码清单 8-2。其中 zone_start_pfn 表示本内存区域的起始 PFN。spanned_pages 表示本内存区域包含空洞页在内的所有物理页数。present_pages 表示本内存区域中排除空洞物理页后可用的物理页数。managed_pages 表示本内存区域被伙伴系统组织管理的物理页数，它等于 present_pages 与 reserved_pages（保留的物理页数）的差值。

接下来分门别类地介绍 struct zone 中的其他常用字段。

1. 水位线

在 struct zone 结构体中，_watermark[NR_WMARK]数组存储了水位线的数值，下标就是 zone_watermarks 枚举值，即水位线类型。其中 WMARK_MIN 表示最低水位线、WMARK_LOW 表示低水位线、WMARK_HIGH 表示高水位线。

```
enum zone_watermarks {
    WMARK_MIN,
    WMARK_LOW,
```

```
    WMARK_HIGH,
    NR_WMARK
};
```

struct zone 中的 watermark_boost 字段表示基准水位线，它用来动态调整所有水位线。实际水位线的值为_watermark[NR_WMARK]数组中的数值加上该基准水位线。

当前水位等于空闲内存（free）减去预留内存（lowmem_reserve）。当前水位处在不同的水位线时的处理逻辑如下：

（1）当前水位处在 WMARK_HIGH 之上时，表示该内存区域的内存非常充足，分配内存毫无压力。

（2）当前水位处在 WMARK_HIGH 与 WMARK_LOW 之间时，表示内存处于正常水位，可以满足内存分配。

（3）当前水位处在 WMARK_LOW 与 WMARK_MIN 之间时，表示内存开始有点紧张了，没那么够用了，但还可以进行内存分配，当内存分配完后，唤醒 kswapd 进程异步回收内存，直到内存回到正常水位之上，内存回收期间申请内存的进程不会被阻塞。

（4）当前水位处在 WMARK_MIN 之下时，表示内存已经紧缺了，不能再分配了，申请内存的进程被阻塞，直到内核回收完内存后才可以再分配内存。

通过下面的命令来查看每个节点中每个内存区域的水位线：

```
$ cat /proc/zoneinfo
...
Node 0, zone   Normal
  pages free     329518     # 空闲内存页数
        min      8346       # _watermark[WMARK_MIN]
        low      10432      # _watermark[WMARK_LOW]
        high     12518      # _watermark[WMARK_HIGH]
...
```

WMARK_MIN 的计算规则比较复杂，它依据内核参数 `vm.min_free_kbytes` 计算而来，使用 `sysctl` 可以设置这个参数，达到动态控制水位线的目的。通常情况下 `WMARK_HIGH` 和 `WMARK_LOW` 分别是 `WMARK_MIN` 的 1.5 倍和 1.25 倍。

```
$ sysctl vm.min_free_kbytes
vm.min_free_kbytes = 67584
```

2. 预留内存

内存区域由低到高顺序为 ZONE_DMA→ZONE_DMA32→ZONE_NORMAL→

ZONE_MOVABLE → ZONE_DEVICE，其实与 zone_type 枚举值定义的顺序是一致的。本章只讨论 64 位系统，因此没有 ZONE_HIGHMEM 类型的内存区域。

一些特定的操作，例如 DMA 等，必须在 ZONE_DMA 或 ZONE_DMA32 区域等低位内存区域分配内存。通常可以在高位区域分配的内存也可以在低位内存区域分配。如果高位区域内存不足，则可以向低位区域寻找空闲内存，进而挤压低位内存区域。

但是低位区域内存本来就小，并且内核更希望一般的内存在高位区域分配，特定的内存在低位区域分配，所以每个低位区域都会预留一小部分内存，防止被高位区域挤压。struct zone 中的 lowmem_reserve 数组表示本内存区域为防止该数组索引值对应类型的内存区域对本内存区域的挤压而预留的物理页数。

lowmem_reserve 数组中的值是根据每个内存区域中 managed_pages 页数和内核参数 vm.lowmem_reserve_ratio 预留比例计算而来的。

在笔者的一台服务器上有两个节点，一共 4 个内存区域：

```
$ cat /proc/zoneinfo | grep Node
Node 0, zone      DMA
Node 0, zone    DMA32
Node 0, zone   Normal
Node 1, zone   Normal
```

通过下面的命令输出每个内存区域管理的 managed_pages 页数：

```
$ cat /proc/zoneinfo | grep managed
    managed  3957       # DMA
    managed  433090     # DMA32
    managed  15987300   # Normal 0
    managed  16511520   # Normal 1
```

通过下面的命令查看每个内存区域的预留比例：

```
$ sysctl vm.lowmem_reserve_ratio
vm.lowmem_reserve_ratio = 256    256    32
```

通过下面的命令查看每个内存区域保留的物理页数，输出的 protection 就是保存在 lowmem_reserve 数组中的值：

```
$ cat /proc/zoneinfo | grep protection
    protection: (0, 1691, 64142, 64142) # DMA
    protection: (0, 0, 62450, 62450)    # DMA32
    protection: (0, 0, 0, 0)            # Normal 0
```

```
protection: (0, 0, 0, 0)              # Normal 1
```

表 8-1 是上面各个内存区域防止被其他区域挤压的数据汇总。

表 8-1

区域类型	lowmem_reserve_ratio	managed	预留的内存页数	预留的内存页数	预留的内存页数	预留的内存页数
ZONE_DMA	256	3957	0	1691	64142	64142
ZONE_DMA32	256	433090	0	0	62450	62450
Normal(0)	32	15987300	0	0	0	0
Normal(1)	32	16511520	0	0	0	0

ZONE_DMA 为防止被其他内存区域挤压而预留的物理页数计算方法：

（1）防止被 ZONE_DMA32 挤压：433094/256≈1691。

（2）防止被 Normal(0)挤压：(433090+15987300)/256≈64142。

（3）防止被 Normal(1)挤压：(433090+15987300)/256≈64142。

ZONE_DMA32 为防止被其他内存区域挤压而预留的物理页数计算方法：

（1）防止被 Normal(0)挤压：15987300/256≈62450。

（2）防止被 Normal(1) 挤压：15987300/256≈62450。

3. 伙伴系统

每个物理内存区域内都有一个 struct free_area 数组，数组名称也是 free_area，数组的长度由宏 MAX_ORDER 决定，它用于分类管理不同大小的内存块，它是伙伴系统的核心数据结构。数组索引就是分配阶 order，通常为 0 到 10，分配阶 order 对应的 struct free_area 通过双向链表组织管理许多大小为 2^{order} 个连续物理页的内存块。从伙伴系统一次最多申请 1024 个连续物理内存页，即 4MB 内存块。

```
#define MAX_ORDER 11
struct zone {
    atomic_long_t       managed_pages; /* free_area 数组管理的所有物理页数
    */
    struct free_area    free_area[MAX_ORDER]; /* 不同大小的空闲内存块 */
};
struct free_area {
    struct list_head    free_list[MIGRATE_TYPES];
    unsigned long       nr_free;
};
```

nr_free 字段表示 struct free_area 管理的相同大小内存块的数量，free_list 字段是一个双向链表数组，每一个双向链表都有一种迁移类型（由枚举 enum migratetype 定义），迁移类型就是该数组的下标，迁移类型有不可迁移、可迁移和可回收等。struct free_area 数组的整体结构如图 8-7 所示。

4. 冷热页列表

因为小块内存的申请和释放的频率高于大块内存，所以为了加快内存分配速度，内核做了一个优化工作，就是把频繁使用的小页块尽量放到高速缓存中，在 Linux 6.8 内核中 1 ~ 8 个页组成的页块均被视为小页块，小页块的分配阶上限由宏 PAGE_ALLOC_COSTLY_ORDER（3）决定。保存这些小页块的结构是 struct zone 中类型为 struct per_cpu_pages 的 per_cpu_pageset 字段（缩写为 pcp）。不同分配阶的小页块都有上面提到的迁移类型，struct per_cpu_pages 中包含很多双向链表，双向链表的节点就是分配阶和迁移类型对应的小页块。

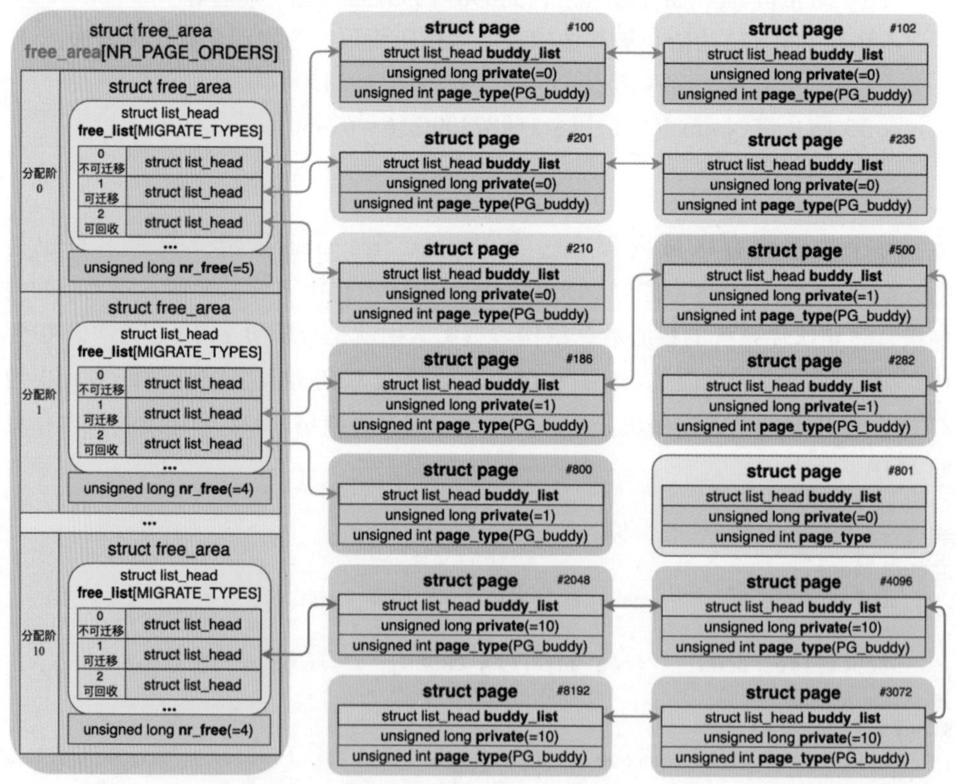

图 8-7

当内核分配小页块时，优先从 per_cpu_pageset 中分配，失败后再从伙伴系统分配。per_cpu_pageset 被__percpu 修饰，表示该数据结构是"per-CPU"（每个 CPU）的，意味着内核为每个 CPU 分配一个本内存区域的 per_cpu_pageset 实例。这样可以提高多 CPU 系统的性能，因为不同 CPU 上的数据不会互相干扰，减少了竞争和锁的使用。注意，这里的 CPU 指的是所有 CPU，不仅仅是本节点内的 CPU，因为本内存区域的内存也可以被其他节点内的 CPU 访问。热页存放在 per_cpu_pageset 列表的头部，冷页存放在 per_cpu_pageset 列表的尾部，没有固定界线，界线是动态变化的。

```
struct zone {
    struct per_cpu_pages __percpu *per_cpu_pageset;
};
```

8.1.5　物理内存页

物理内存页（下面简称物理页）是组成物理内存的基本单位，描述物理页的数据结构是 `struct page`，通常大小为 64 字节。这个结构体里面有多个联合体（union），目的是使用更小的结构体来应对各种场景，使 `struct page` 体积维持在一个较小的水平，这是因为这个结构体被很多地方使用，可以说是内核中最基础的数据结构，每增加一个字段可能会影响其他模块。例如，16GB 的物理内存最多需要 256MB 的空间存储对应的 `struct page`（假设其大小为 64 字节），每增加一个 4 字节的字段，在不考虑对齐的情况下就需要额外增加 16MB 的开销。struct page 的定义见代码清单 8-3（不同内核版本的差异比较大）。

这个结构体在不同场景下使用不同的字段，字段的不同组合可以表示**匿名页**（Anonymous page）、**页缓存页**（Page cache page）、**复合页尾页**（Tail pages of compound page）和**设备页**（ZONE_DEVICE page）等，如图 8-8 所示。

为了确认笔者计算机上每个 struct page 的具体大小，笔者编写了一个内核模块，将其大小通过系统日志输出，内核模块的代码如下：

```
#include <linux/module.h>
#include <linux/kernel.h>
#include <linux/gfp.h>
#include <linux/mm.h>
static int __init kernel_module_init(void) {
    printk(KERN_INFO "The size of struct page is: %zu bytes\n",
    sizeof(struct page));
    return 0;
}
```

```
static void __exit kernel_module_exit(void) {
    printk(KERN_INFO "Exiting kernel_module\n");
}
module_init(kernel_module_init);
module_exit(kernel_module_exit);
MODULE_LICENSE("GPL");
```

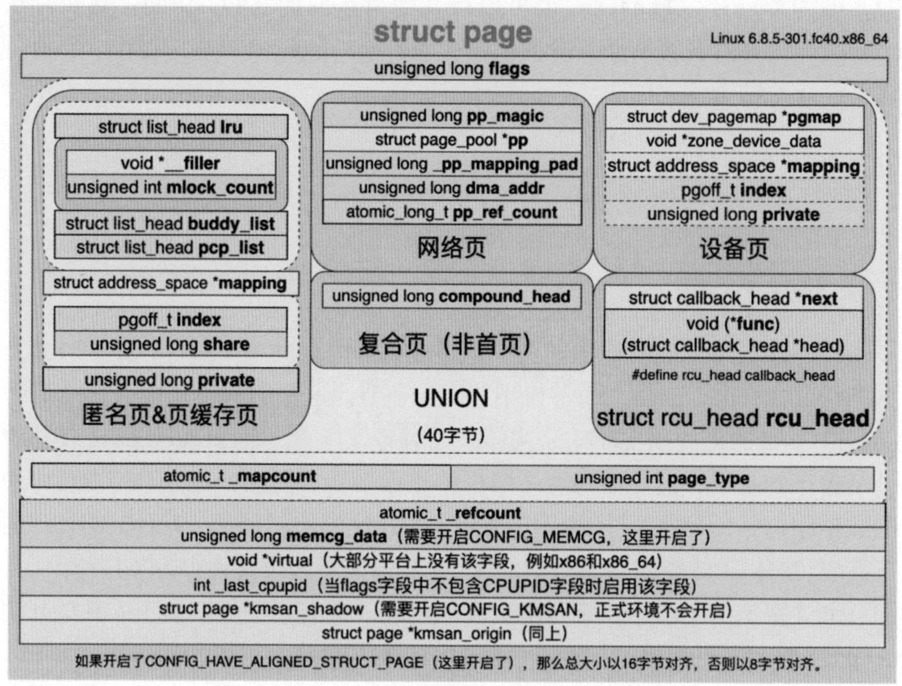

图 8-8

首先将上面的代码保存到 kernel_module.c 文件中，并安装编译内核模块的工具包，命令如下：

```
$ yum install kernel-devel-$(uname -r) gcc elfutils-libelf-devel
```

创建对应的 Makefile 文件，并完成编译，命令如下：

```
$ touch Makefile && echo "obj-m :=kernel_module.o" > Makefile
$ make -C /lib/modules/$(uname -r)/build M=$(pwd) modules # 编译
```

使用下面的命令挂载、查看、卸载内核模块，以及查看输出结果：

```
$ insmod kernel_module.ko # 挂载内核模块
```

```
$ lsmod | grep kernel_module # 查看内核模块是否挂载成功
kernel_module          12288  0
$ dmesg -c # 查看内核模块输出结果
[ 2526.791701] The size of struct page is: 64 bytes
$ rmmod kernel_module # 卸载内核模块
$ dmesg -c # 查看内核模块输出结果
[ 2552.068582] Exiting kernel_module
```

从上面的输出结果可以看出，笔者计算机上的 struct page 的大小为 64 字节。

1. 页类型

1）匿名页

在使用 struct page 表示匿名页或页缓存页的前提下，如果 struct page 中的 mapping 字段最低位为 1（PAGE_MAPPING_ANON），那么表示该页为匿名页。匿名页用于存储进程运行过程中产生的临时数据，没有硬盘文件作为依托。

struct page 中的 mapping 字段最低位置 0 后指向一个匿名映射区 struct anon_vma（下文简称为 anon_vma），这个结构体用于反向映射，稍后会详细介绍反向映射。

2）页缓存页

在使用 struct page 表示匿名页或页缓存页的前提下，如果 struct page 中的 mapping 字段最低位为 0，那么表示该页为页缓存页。文件页是一种常见的页缓存页。文件页中的数据源于硬盘文件，内核将进程虚拟地址到文件页的映射关系保存在页表中，然后进程直接访问虚拟地址就可以实现对硬盘文件的访问。

struct page 中的 mapping 字段指向一个文件的 inode 中的 struct address_space。struct page 中的 pgoff_t index 字段表示该文件页在整个硬盘文件中的页偏移量。

inode 是 Linux 文件系统中用于保存文件或目录元数据的结构体。它包含文件或目录的所有者、权限、大小、时间戳，以及全局唯一标识该文件或目录的 inode id 等属性。因为一个文件可以被多个进程同时打开，所以每个进程都会有一个与该文件关联的 file 结构体，并且所有这些 file 结构体都会指向同一个 inode。然而一个 inode 通常只与一个文件或目录关联。当文件被关闭或进程结束时，其打开的 file 结构体会被销毁，而只有当文件或目录被删除时，其对应的 inode 才会被销毁。

3）复合页

通常一个页的大小为 4KB，但在一些特殊情况下，可以把多个连续的物理页组合成一个大页，这个大页也被称为**复合页**。复合页的第一个物理页作为首页

（Head Page），而其他的物理页都作为尾页（Tail Page）。首页的页框中的 flags 字段中的 PG_head 位会被置为 1，表示该页是复合页的首页。其他尾页仅使用了 compound_head 字段来保存首页地址。图 8-9 是一个分配阶为 2（即 4 个连续的物理页）的复合页的示意图。

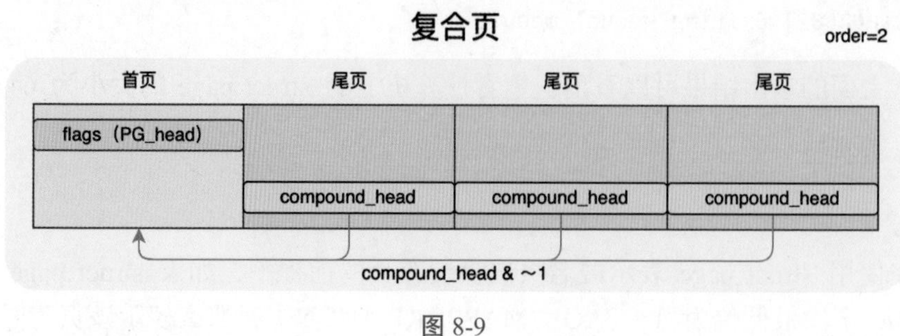

图 8-9

复合页的优点有下面几点：

（1）减少内存碎片：复合页将多个小页（普通物理页）组合成一个大页，减少了内存碎片的发生。这可以提高内存的空间利用率，降低内存管理的复杂性。

（2）减少页表开销：使用复合页可以减少页表的大小和管理开销。因为一个复合页只需要一个页表项，而多个小页需要更多的页表项，这可以减少内存访问时的额外开销。例如，父进程通过 fork 函数创建子进程时复制页表的开销小。

（3）更好的程序局部性：复合页有助于提高程序局部性，因为它们通常包含相关的数据，降低了缓存失效的概率，从而提高了程序的性能。

2. 页标志

虽然页框中的 `flags` 字段只有 64 位，但是其包含了很多逻辑，每个比特位在不同场景下的含义可能发生变化。`flags` 字段不仅包含了很多标志位，根据不同的内存模型和内核参数还包含了 SECTION、NODE、ZONE 和 KASAN 等字段的不同组合形式。

1）组合形式

在内核 `include\linux\page-flags-layout.h` 文件的注释中说明了页框中的 `flags` 字段的 5 种组合形式，如图 8-10 所示。

下面结合每个字段的含义整体介绍这 5 种组合形式：

（1）SECTION 字段表示该页框描述的物理页所在的 Section 的 ID，该字段长度通常为 19 位。它仅出现在 Section 子类型的稀疏内存模型中。前面介绍过的 `page_to_section` 函数就是通过页框中的 flags 字段获取 Section ID 的。

```
static inline unsigned long page_to_section(const struct page *page) {
    return (page->flags >> SECTIONS_PGSHIFT) & SECTIONS_MASK;
}
```

0或1～10位(默认为6位)	0～3位(通常为3位)	0或8位	补位	21～28位
NODE	ZONE	KASAN	忽略	FLAGS

0或1～10位(默认为6位)	0～3位(通常为3位)	0或(8+$\log_2$CPU)位	0或8位	补位	21～28位
NODE	ZONE	LAST_CPUPID	KASAN	忽略	FLAGS

19位	0或1～10位(默认为6位)	0～3位(通常为3位)	0或8位	补位	21～28位
SECTION	NODE	ZONE	KASAN	忽略	FLAGS

19位	0或1～10位(默认为6位)	0～3位(通常为3位)	0或(8+$\log_2$CPU)位	0或8位	补位	21～28位
SECTION	NODE	ZONE	LAST_CPUPID	KASAN	忽略	FLAGS

19位	0～3位(通常为3位)	0或(8+$\log_2$CPU)位	0或8位	补位	21～28位
SECTION	ZONE	LAST_CPUPID	KASAN	忽略	FLAGS

图 8-10

（2）NODE 字段在 NUMA 架构中表示该页框描述的物理页所在节点的 ID，如果是 UMA 架构则为 0。该字段可以出现在非稀疏内存模型或 Node 子类型的稀疏内存模型中。除了第 5 种极端形式没有 NODE 字段，其他 4 种都有 NODE 字段，其长度由前面提到的 `CONFIG_NODES_SHIFT` 决定，取值范围为 1～10 位。对于 Section 子类型的稀疏内存模型，如果 SECTION、ZONE 和 FLAGS 标志位等长度之和大于 64 位，那么 NODE 为 0 位，例如第 5 种形式。对于 Node 子类型的稀疏内存模型，必须有 NODE 字段，否则内核会报错。

（3）ZONE 字段表示该页框描述的物理页所在的内存区域。每种形式中都有 `ZONE` 字段，其长度由 `ZONES_SHIFT` 宏定义，其根据系统中区域类型的数量（`MAX_NR_ZONES`）而定，取值从 0 到 3，通常情况下为 3。

（4）`KASAN` 字段用于内存监测，每种形式中都可以有 `KASAN` 字段，它用于内存监测，便于内核开发和调试。如果开启了 `CONFIG_KASAN_SW_TAGS` 或 `CONFIG_KASAN_HW_TAGS` 配置选项，那么 `KASAN` 字段长度为 8 位，否则为 0 位。在正式的环境中下不会开启这两个选项。`KASAN`（Kernel Address Sanitizer）是一种用于检测操作系统内核中内存错误的工具。具体来说，`KASAN` 用来发现和修复内核代码中的内存问题，如缓冲区溢出、使用未初始化的内存、内存释放后再次访问内存等。`KASAN` 的工作原理是在内存分配和释放操作中，为每个分配的内存块添加特殊的**标签或影子内存**。这些标签与实际数据存储在一起，并用于跟踪内存访问。当内核代码尝试访问申请的内存时，`KASAN` 会检查相应的标签，检查是否存在任何错误或违规访问。如果发现问题，那么 `KASAN` 将生成相应的错误报告，帮助内核开发人员找到并修复问题。

（5）LAST_CPUPID 字段表示上一次访问该页框描述的物理页的 CPU ID 和进程 ID。如果其他字段太长，就去掉 LAST_CPUPID 字段，然后将 CPU ID 和进程 ID 保存在页框中的_last_cpupid 字段。

（6）每种形式中都有众多 FLAGS 标志位，位于页框中的 `flags` 字段的低位。

（7）每种形式中都可以有不定位数的补位部分，就是页框中的 `flags` 字段中剩下的部分，实际情况下这部分可能不存在。

2）低位标志

标志位的代码定义见代码清单 8-4。表 8-2 对代码清单 8-4 中的部分字段做了解释。

表 8-2

标志位	说明
PG_locked	物理页已锁定，其他进程/线程不可访问该物理页
PG_referenced	表示该物理页刚刚被访问过，用于页回收
PG_uptodate	物理页中的数据已经是最新的，无须更新
PG_dirty	物理页中的数据已被修改，需要将数据写回到硬盘
PG_lru	物理页在 LRU（Least Recently Used，最近最少使用）链表中
PG_active	表示该物理页在 active 链表上。PG_referenced 和 PG_active 共同控制了该页的活跃程度，在内存回收时提供重要依据
PG_waiters	物理页上有等待者，检查等待队列
PG_error	物理页发生了 I/O 错误
PG_slab	表示该物理页属于 Slab 分配器，用于内核对象分配
PG_reserved	物理页已保留，通常用于特殊页面，如内核映像、BIOS 等
PG_head	表示该物理页作为复合页的首页
PG_reclaim	表示该物理页已经被内核选中即将被回收
PG_mlocked	表示该物理页被进程通过 mlock 系统调用锁定在 VMA（虚拟内存区域），不会被换出
PG_hwpoison	物理页被硬件损坏，不安全访问

8.1.6 物理内存布局

每个真实的物理机器输出的物理内存布局略有不同，下面是在笔者的虚拟机器上执行 cat /proc/iomem 命令的输出结果。

```
root@localhost:~# cat /proc/iomem
00000000-00000fff : Reserved              #     4KB
00001000-0009fbff : System RAM            #   635KB
0009fc00-0009ffff : Reserved              #     1KB
000a0000-000bffff : PCI Bus 0000:00       #   128KB
000c0000-000c7fff : Video ROM             #    32KB
000e2000-000effff : Adapter ROM           #    56KB
000f0000-000fffff : Reserved              #    64KB
  000f0000-000fffff : System ROM          #    64KB
00100000-dffeffff : System RAM            # ≈3.50GB
dfff0000-dfffffff : ACPI Tables           #    64KB
e0000000-fdffffff : PCI Bus 0000:00       #   480MB
  e0000000-e0ffffff : 0000:00:02.0        #    16MB
    e0000000-e0ffffff : vmwgfx probe      #    16MB
  f0000000-f01fffff : 0000:00:02.0        #     2MB
    f0000000-f01fffff : vmwgfx probe      #     2MB
  f0200000-f021ffff : 0000:00:03.0        #   128KB
    f0200000-f021ffff : e1000             #   128KB
  f0400000-f07fffff : 0000:00:04.0        #     4MB
    f0400000-f07fffff : vboxguest         #     4MB
  f0800000-f0803fff : 0000:00:04.0        #    16KB
  f0804000-f0804fff : 0000:00:06.0        #     4KB
    f0804000-f0804fff : ohci_hcd          #     4KB
  f0805000-f0805fff : 0000:00:0b.0        #     4KB
    f0805000-f0805fff : ehci_hcd          #     4KB
  f0806000-f0807fff : 0000:00:0d.0        #     8KB
    f0806000-f0807fff : ahci              #     8KB
fec00000-fec00fff : Reserved              #     4KB
  fec00000-fec003ff : IOAPIC 0            #     1KB
fee00000-fee00fff : Reserved              #     4KB
fffc0000-ffffffff : Reserved              #   256KB
100000000-21fffffff : System RAM          #   4.5GB
  127000000-1283fffff : Kernel code       #    20MB
  128400000-129271fff : Kernel rodata     # ≈14.45MB
  129400000-129732e7f : Kernel data       #  ≈3.20MB
  12a156000-12a5fffff : Kernel bss        #  ≈4.66MB
```

我们再来看一下系统启动时对物理内存的加载过程，通过 dmesg 命令输出的系统日志即可查看，部分系统启动日志如下：

```
root@localhost:~# dmesg
[    0.000000] BIOS-provided physical RAM map:
[    0.000000] BIOS-e820: [mem 0x0000000000000000-0x000000000009fbff] usable
[    0.000000] BIOS-e820: [mem 0x000000000009fc00-0x000000000009ffff] reserved
[    0.000000] BIOS-e820: [mem 0x00000000000f0000-0x00000000000fffff] reserved
[    0.000000] BIOS-e820: [mem 0x0000000000100000-0x00000000dffeffff] usable
[    0.000000] BIOS-e820: [mem 0x00000000dfff0000-0x00000000dfffffff] ACPI data
[    0.000000] BIOS-e820: [mem 0x00000000fec00000-0x00000000fec00fff] reserved
[    0.000000] BIOS-e820: [mem 0x00000000fee00000-0x00000000fee00fff] reserved
[    0.000000] BIOS-e820: [mem 0x00000000fffc0000-0x00000000ffffffff] reserved
[    0.000000] BIOS-e820: [mem 0x0000000100000000-0x000000021fffffff] usable
... ...
[    0.001452] e820: update [mem 0x00000000-0x00000fff] usable ==> reserved
[    0.001456] e820: remove [mem 0x000a0000-0x000fffff] usable
[    0.001460] last_pfn = 0x220000 max_arch_pfn = 0x400000000
... ...
```

```
[    0.002925] Faking a node at [mem 0x0000000000000000-0x000000021fffffff]
[    0.002931] NODE_DATA(0) allocated [mem 0x21ffd1000-0x21fffbfff]
[    0.003313] Zone ranges:
[    0.003314]   DMA      [mem 0x0000000000001000-0x0000000000ffffff]
[    0.003315]   DMA32    [mem 0x0000000001000000-0x00000000ffffffff]
[    0.003317]   Normal   [mem 0x0000000100000000-0x000000021fffffff]
[    0.003318]   Device   empty
[    0.003319] Movable zone start for each node
[    0.003321] Early memory node ranges
[    0.003321]   node   0: [mem 0x0000000000001000-0x000000000009efff]
[    0.003322]   node   0: [mem 0x0000000000100000-0x00000000dffeffff]
[    0.003323]   node   0: [mem 0x0000000100000000-0x000000021fffffff]
[    0.003325] Initmem setup node 0 [mem 0x0000000000001000-0x000000021fffffff]
[    0.003343] On node 0, zone DMA: 1 pages in unavailable ranges
[    0.003623] On node 0, zone DMA: 97 pages in unavailable ranges
[    0.155488] On node 0, zone Normal: 16 pages in unavailable ranges
... ...
```

图 8-11 是结合上面两个输出结果的形象化，DMA32 区域中有一个 PCI Bus 总线，编号是 0000:00，网卡和 USB 等驱动程序都注册到了这里。这里要强调一点，PCI Bus 的地址空间不要与主存的地址空间混淆，PCI Bus 的地址空间是留

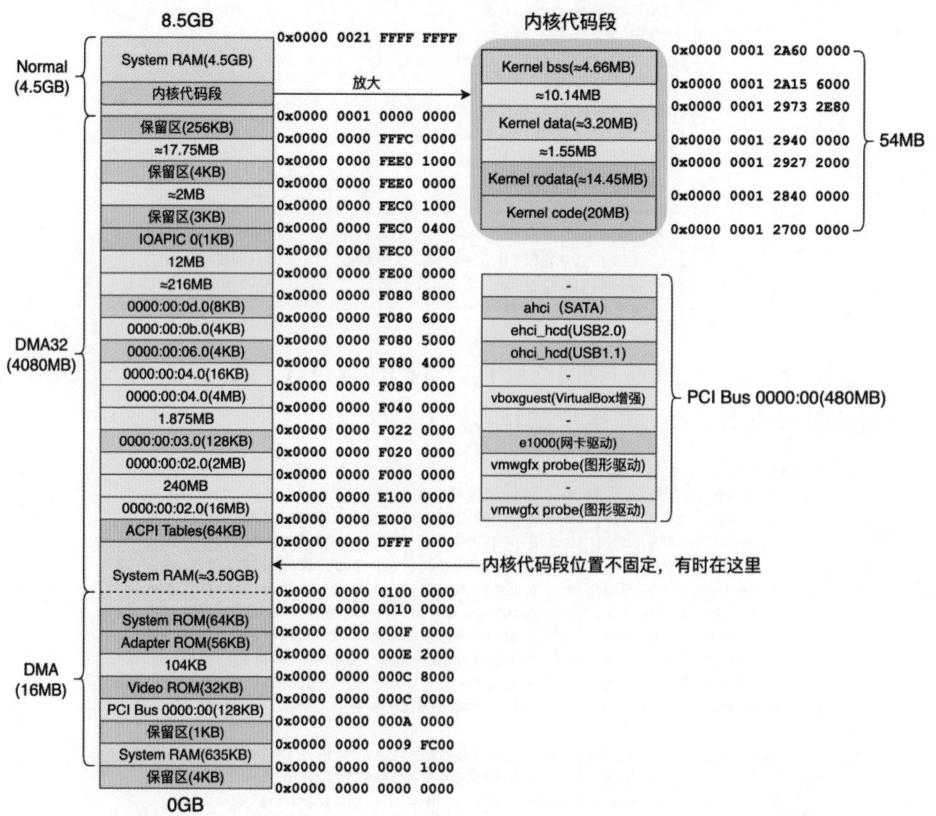

图 8-11

给外设使用的，外设通过 ioremap 函数将它们的物理内存地址范围（由 PCI 子系统划分）映射到内核虚拟内存空间中的动态映射区，然后内核就可以直接使用虚拟内存地址来访问外设内存。笔者只给该虚拟机分配了 8GB 的主存（指的是内存条），加上图 8-11 中灰色部分的未利用的地址空间和 PCI Bus 的地址空间，基本等于 8.5GB 的物理地址空间。内核代码段只占了 54MB，与机器、内核版本有关。需要注意的是，这里的大部分地址都不是绝对的值。物理内存仅创建了一个节点，并且分配的节点的描述符（struct pglist_data）在物理地址范围（0x0000 0002 1FFD 1000 ~ 0x0000 0002 1FFF BFFF）内，这个范围属于 Nomal 内存区域，这个范围大小为 172MB（占用 43 个物理页），略微大于前面我们所说的 171.3MB，这是因为这里的 struct pglist_data 以页大小对齐了。从系统日志中我们还看到 3 个区域内有不可用的物理页，DMA 区域中有 1 个物理页不可用，DMA32 区域中有 97 个物理页不可用，Normal 区域中有 16 个物理页不可用，实际证明物理内存不是连续的，而是存在内存空洞。

8.1.7　物理内存硬件

内存硬件的正式名称叫作**随机访问存储器**（Random Access Memory，RAM）。RAM 分为两类：

（1）静态 RAM，也被称为 SRAM，主要用于 CPU 内的高速缓存 L1/L2/L3 Cache。优点是访问速度快（1 ~ 30 个时钟周期，L1：1 ~ 3；L2：4 ~ 10；L3：10 ~ 30），缺点是容量小、价格高。

（2）动态 RAM，也被称为 DRAM，主要用于主存，也就是常说的内存，优点是容量大、价格低，缺点是访问速度通常在几十到几百个时钟周期。

缓存部分在 CPU 内部，不在本节讨论范围内，缓存相关的知识已经在第 1 章讲解过了，下面主要关注主存。一个 DDR5 内存条正反面上一共有 16 个 DRAM 芯片，双通道，每个通道有 8 个 DRAM。每个 DRAM 内部是一个二维矩阵，通过行地址（row access strobe，RAS）和列地址（column access strobe，CAS）定位一个 8 bits 数据，也就是每个 DRAM 一次读写 8 bits 数据，一个通道一次就可以读写 64 bits 数据，如图 8-12 所示。

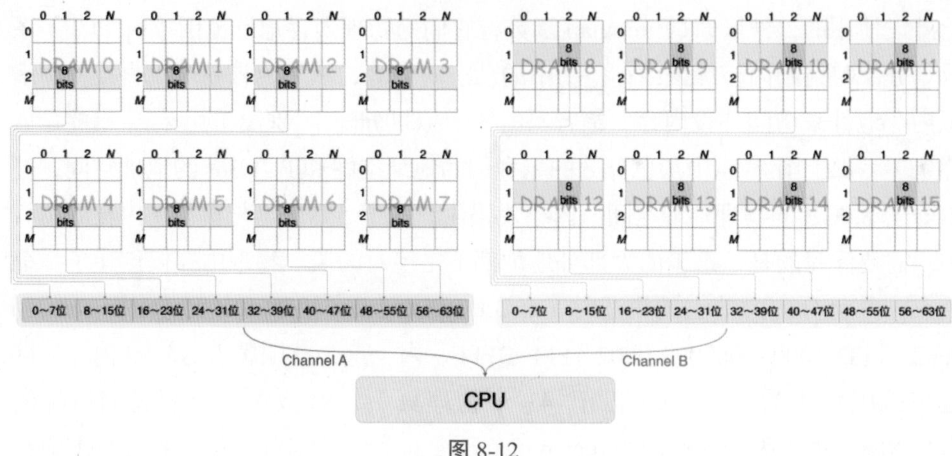

图 8-12

8.2 虚拟内存

虽然物理内存大小有限，但是我们在写程序时申请的内存可不小，再加上系统同一时刻运行着多个应用程序，这些进程申请的内存大小远远大于实际的物理内存大小。如果每个进程都直接操作物理内存，那么进程间需要互相配合，避免互相影响。每个进程都需要了解其他进程使用了哪些内存地址。

为了避免进程间互相影响，内核为每个进程营造了一个“假象”——32 位系统的每个进程拥有 4GB 内存（2^{32}），而 64 位系统的每个进程拥有 256TB 内存（2^{48}，只使用了低 48 位）。每个进程各自运行在内核为其虚拟出来的独占地址空间中，互不影响，这里的地址空间就是所谓的虚拟内存。

8.2.1 虚拟内存布局

整个虚拟内存空间划分为用户空间、内核空间和一个巨大的空洞，用户空间和内核空间各占一块 128TB 的内存空间，巨大地址空洞的大小为 16776960TB，因为通常情况下内核只使用了 64 位地址中的低 48 位（四级页表），所以有效地址空间的大小只有 256TB。整体的虚拟内存空间布局如图 8-13 所示。

1. 用户空间

如图 8-13 下半部分所示，用户空间包含下面几个区域/段。

（1）**保留区**：不可访问的区域，大小为 4MB。

（2）**代码段**：编译好的程序文件保存在硬盘中，当运行该程序文件时，操作系统会将程序文件中的代码部分加载到代码段中。

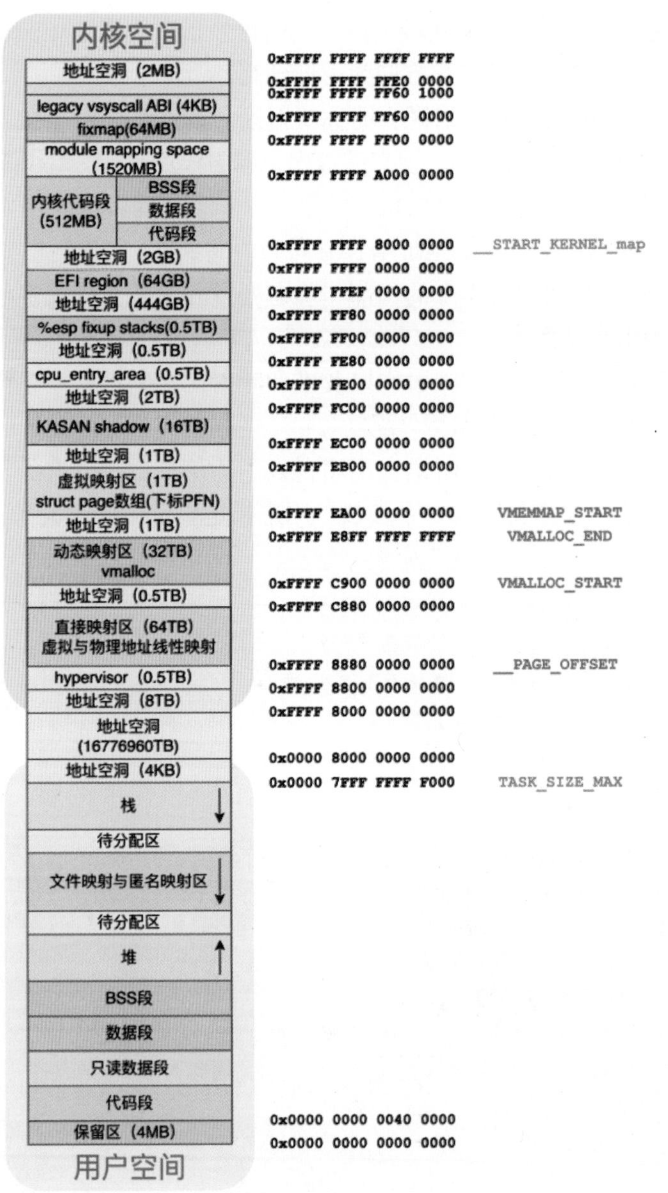

图 8-13

（3）**只读数据段**：用来存放被 const 修饰的静态变量和全局变量。

（4）**数据段**：用来存放已经初始化且不为 0 的静态变量和全局变量。

（5）**BSS 段**：用来存放未初始化或初始化为 0 的静态变量和全局变量。

（6）**堆**：程序在运行中动态申请的相对小的内存放在堆上，例如使用

malloc 函数通过系统调用 brk 在堆上申请的内存（小于或等于 128KB），直接移动 brk 指针即可。堆的地址增长方向为由低到高。

（7）**文件映射与匿名映射区**：简称映射区。动态链接库（.so）等文件通过 mmap 系统调用映射到该区域，动态链接库也有自己的代码段、只读数据段、数据段和 BSS 段，也都存放在该区域。共享内存和申请的大块内存（大于 128KB）也会存放在该区域。映射区的地址增长方向为由高到低。

（8）**栈**：函数调用过程中的局部非静态变量和参数会存放在栈上，栈的地址增长方向为由高到低。

（9）**待分配区**：在栈和映射区以及堆和映射区之间都有一个待分配区，在扩展堆和栈上的内存时会占用待分配区。

下面是一段非常简单的 C 语言程序，以它为例，看一下它的用户进程的虚拟内存布局。该程序需要输入一个参数，用来指定申请内存的大小，单位为 KB。

```
#include <stdio.h>
#include <unistd.h>
#include <stdlib.h>
int bss1; /* 未初始化的全局变量保存在.bss 段 */
int data = 1; /* 保存在.data 段 */
const int rodata = 1; /* 保存在.rodata 段 */
int main(int argc, char *argv[]) {
    if(argc != 2)
        printf("Usage: %s size(KB)\n", argv[0]);
    static int bss2; /* 未初始化的静态变量保存在.bss 段 */
    bss1 = bss2 = data = rodata;
    int N = 1024 * (int)strtol(argv[1], NULL, 0);
    char *a = (char *)malloc(N);
    for (int i = 0; i < N; i += 0x1000)
        a[i] = 1; /* 目的是触发缺页异常，以便分配物理内存 */
    sleep(3600);
    return 0;
}
```

将上面的代码保存到 mem_layout.c 并使用下面一组命令编译并执行该代码：

```
$ gcc mem_layout.c -o mem_layout -g -O0
$ ./mem_layout 131 # 申请 131KB 的内存，稍后会解释为什么选择申请 131KB 的内存。
```

然后使用 cat /proc/pid/maps 命令查看其虚拟内存布局，输出结果如下：

```
root@localhost:/# cat /proc/1831/maps
00400000-00401000 r--p 00000000 fd:00 1126940                            /home/work/layout/mem_layout
00401000-00402000 r-xp 00001000 fd:00 1126940                            /home/work/layout/mem_layout
00402000-00403000 r--p 00002000 fd:00 1126940                            /home/work/layout/mem_layout
00403000-00404000 r--p 00002000 fd:00 1126940                            /home/work/layout/mem_layout
00404000-00405000 rw-p 00003000 fd:00 1126940                            /home/work/layout/mem_layout
0107b000-0109c000 rw-p 00000000 00:00 0                                  [heap]
7f5b76264000-7f5b76267000 rw-p 00000000 00:00 0
7f5b76267000-7f5b7628f000 r--p 00000000 fd:00 2652                       /usr/lib64/libc.so.6
7f5b7628f000-7f5b763f8000 r-xp 00028000 fd:00 2652                       /usr/lib64/libc.so.6
7f5b763f8000-7f5b76446000 r--p 00191000 fd:00 2652                       /usr/lib64/libc.so.6
7f5b76446000-7f5b7644a000 r--p 001de000 fd:00 2652                       /usr/lib64/libc.so.6
7f5b7644a000-7f5b7644c000 rw-p 001e2000 fd:00 2652                       /usr/lib64/libc.so.6
7f5b7644c000-7f5b76456000 rw-p 00000000 00:00 0
7f5b7645c000-7f5b7645d000 r--p 00000000 fd:00 2649                       /usr/lib64/ld-linux-x86-64.so.2
7f5b7645d000-7f5b76484000 r-xp 00001000 fd:00 2649                       /usr/lib64/ld-linux-x86-64.so.2
7f5b76484000-7f5b7648e000 r--p 00028000 fd:00 2649                       /usr/lib64/ld-linux-x86-64.so.2
7f5b7648e000-7f5b76490000 r--p 00032000 fd:00 2649                       /usr/lib64/ld-linux-x86-64.so.2
7f5b76490000-7f5b76492000 rw-p 00034000 fd:00 2649                       /usr/lib64/ld-linux-x86-64.so.2
7ffdec6c6000-7ffdec6e7000 rw-p 00000000 00:00 0                          [stack]
7ffdec75e000-7ffdec762000 r--p 00000000 00:00 0                          [vvar]
7ffdec762000-7ffdec764000 r-xp 00000000 00:00 0                          [vdso]
ffffffffff600000-ffffffffff601000 --xp 00000000 00:00 0                  [vsyscall]
```

各字段含义依次为虚拟地址范围、访问权限、文件中的偏移量（单位为字节）、设备、inode 编号和映射的文件路径名。也可以使用 `pmap pid` 命令查看其内存布局，输出结果如下，结果与 `cat /proc/pid/maps` 命令输出的内存区域一致，但前者输出了每个区域的大小。

```
root@localhost:/# pmap 1831
1831:   ./mem_layout 131
0000000000400000      4K r---- mem_layout
0000000000401000      4K r-x-- mem_layout
0000000000402000      4K r---- mem_layout
0000000000403000      4K r---- mem_layout
0000000000404000      4K rw--- mem_layout
000000000107b000    132K rw---   [ anon ]
00007f5b76264000     12K rw---   [ anon ]
00007f5b76267000    160K r---- libc.so.6
00007f5b7628f000   1444K r-x-- libc.so.6
00007f5b763f8000    312K r---- libc.so.6
00007f5b76446000     16K r---- libc.so.6
00007f5b7644a000      8K rw--- libc.so.6
00007f5b7644c000     40K rw---   [ anon ]
00007f5b7645c000      4K r---- ld-linux-x86-64.so.2
00007f5b7645d000    156K r-x-- ld-linux-x86-64.so.2
00007f5b76484000     40K r---- ld-linux-x86-64.so.2
00007f5b7648e000      8K r---- ld-linux-x86-64.so.2
00007f5b76490000      8K rw--- ld-linux-x86-64.so.2
00007ffdec6c6000    132K rw---   [ stack ]
00007ffdec75e000     16K r----   [ anon ]
00007ffdec762000      8K r-x--   [ anon ]
ffffffffff600000      4K --x--   [ anon ]
 total             2520K
```

上面的输出结果太抽象了，所以笔者画了一张图，图 8-14 是前面编译后的程序 mem_layout 一次运行后的虚拟内存布局。为什么要强调是一次运行后的内存布局呢？因为当内核开启了用户空间地址的随机化（Address Space Layout Randomization，ASLR）时，用户程序每次运行的内存布局中的部分段/区的起始地址会发生变化，目的是避免黑客利用溢出等攻击手段破坏系统，部分段/区的起始地址在程序每次运行后都会随机变化，增加了黑客攻击的难度。

控制随机的内核参数是 kernel.randomize_va_space，下面是其取值的含义：

- 0：禁用 ASLR，即关闭用户空间的地址随机化。
- 1：开启部分 ASLR，即随机化用户空间中的映射区的基地址、栈底地址和虚拟动态共享对象（VDSO）的地址。
- 2：开启全部 ASLR，即在取值为 1 的基础上再随机化堆底地址。

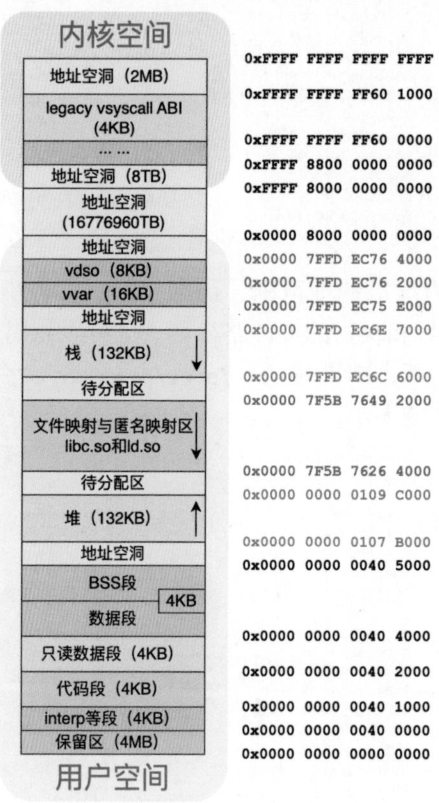

图 8-14

通过下面的命令查看和修改当前内核参数 kernel.randomize_va_space 的值：

```
$ sysctl kernel.randomize_va_space
kernel.randomize_va_space = 2
$ sysctl -w kernel.randomize_va_space=0 # 关闭用户空间的地址随机化
kernel.randomize_va_space = 0
```

关闭随机化后的虚拟内存布局在每次程序运行后的结果都一样，下面是虚拟内存的输出结果和对应的布局图（见图 8-15）。

```
root@localhost:/# cat /proc/1923/maps
00400000-00401000 r--p 00000000 fd:00 1126940                /home/work/layout/mem_layout
00401000-00402000 r-xp 00001000 fd:00 1126940                /home/work/layout/mem_layout
00402000-00403000 r--p 00002000 fd:00 1126940                /home/work/layout/mem_layout
00403000-00404000 r--p 00002000 fd:00 1126940                /home/work/layout/mem_layout
00404000-00405000 rw-p 00003000 fd:00 1126940                /home/work/layout/mem_layout
00405000-00426000 rw-p 00000000 00:00 0                      [heap]
7ffff7dcb000-7ffff7dce000 rw-p 00000000 00:00 0
7ffff7dce000-7ffff7df6000 r--p 00000000 fd:00 2652           /usr/lib64/libc.so.6
7ffff7df6000-7ffff7f5f000 r-xp 00028000 fd:00 2652           /usr/lib64/libc.so.6
7ffff7f5f000-7ffff7fad000 r--p 00191000 fd:00 2652           /usr/lib64/libc.so.6
7ffff7fad000-7ffff7fb1000 r--p 001de000 fd:00 2652           /usr/lib64/libc.so.6
7ffff7fb1000-7ffff7fb3000 rw-p 001e2000 fd:00 2652           /usr/lib64/libc.so.6
7ffff7fb3000-7ffff7fbd000 rw-p 00000000 00:00 0
7ffff7fc3000-7ffff7fc7000 r--p 00000000 00:00 0              [vvar]
7ffff7fc7000-7ffff7fc9000 r-xp 00000000 00:00 0              [vdso]
7ffff7fc9000-7ffff7fca000 r--p 00000000 fd:00 2649           /usr/lib64/ld-linux-x86-64.so.2
7ffff7fca000-7ffff7ff1000 r-xp 00001000 fd:00 2649           /usr/lib64/ld-linux-x86-64.so.2
7ffff7ff1000-7ffff7ffb000 r--p 00028000 fd:00 2649           /usr/lib64/ld-linux-x86-64.so.2
7ffff7ffb000-7ffff7ffd000 r--p 00032000 fd:00 2649           /usr/lib64/ld-linux-x86-64.so.2
7ffff7ffd000-7ffff7fff000 rw-p 00034000 fd:00 2649           /usr/lib64/ld-linux-x86-64.so.2
7ffffffde000-7ffffffff000 rw-p 00000000 00:00 0              [stack]
ffffffffff600000-ffffffffff601000 --xp 00000000 00:00 0      [vsyscall]
```

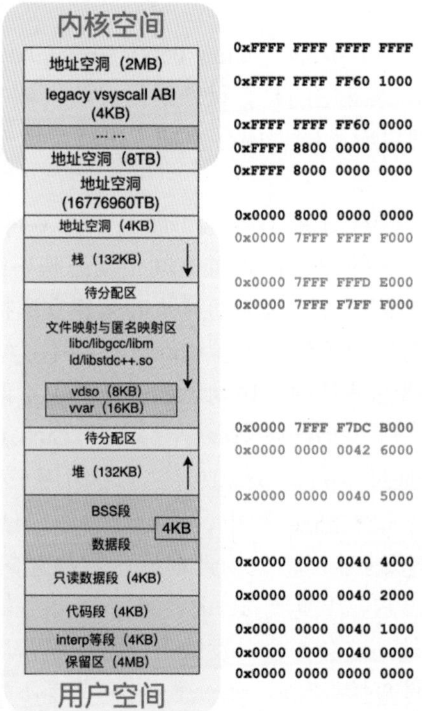

图 8-15

除了上面两种查看进程的虚拟内存空间布局的命令，还有可以查看更详细的布局信息的命令 `cat /proc/pid/smaps`，第一行同`/proc/pid/maps` 文件。

这里需要补充说明一下，上面的堆、栈和映射区等区域的大小是根据程序大小变化的，不是固定的值。

对于用户进程，它能看到的唯一的内核空间区域就是 vsyscall（Virtual System Call），它是一种用于加快系统调用的机制。实现方式是内核在用户空间映射了一个包含一些变量和系统调用实现的内存页，而不是通过传统的中断方式让用户态进入内核态来执行系统调用，这样可以减少用户态和内核态切换的开销。

2. 内核空间

每个用户进程在用户态看到的虚拟内存是相互独立的，但是进入内核态和内核进程看到的内核虚拟内存空间是同一个，使用的仍然是虚拟地址。

内核空间划分了很多区域，如图 8-13 上半部分所示。部分核心区域如下：

（1）**地址空洞**：从 0xFFFF 8000 0000 0000 到 0xFFFF 8800 0000 0000 的 8TB 地址空间是一个虚拟内存地址空洞，虚拟内核空间中有很多大大小小的地址空洞，后面不再赘述。

（2）**直接映射区**：从 0xFFFF 8880 0000 0000（PAGE_OFFSET）到 0xFFFF C880 0000 0000 的 64TB 地址空间是直接映射区，该区域内的虚拟内存地址减去 PAGE_OFFSET 就可以得到对应的物理内存地址，也就是虚拟内存地址与物理内存地址线性一一映射。

（3）**动态映射区**：从 VMALLOC_START（0xFFFF C900 0000 0000）到 VMALLOC_END（0xFFFF E8FF FFFF FFFF）的 32TB 地址空间是动态映射区，内核使用 vmalloc 函数在这个区域中动态申请内存。因为通过页表来建立虚拟内存地址到物理内存地址的映射关系，所以可以将连续的虚拟内存映射到不连续的物理内存。当内核发生缺页异常中断时，通常就是内核访问了该区域的虚拟地址。

（4）**虚拟映射区**：从 VMEMMAP_START（0xFFFF EA00 0000 0000）到 0xFFFF EB00 0000 0000 的 1TB 地址空间是虚拟映射区，专门用来存放 struct page 结构体，这是一个很大的 struct page 数组，下标是 PFN，alloc_page 函数返回的 struct page *其实是虚拟地址，不是物理地址，它描述的内容是物理页。在内核中经常会看到直接将 PFN 转换成 struct page*，随后就对其数据成员进行修改，但是读者有没有想过，这会不会触发缺页异常中断？当触发缺页异常中断后，伙伴系统分配内存时也是直接操作的 struct page*，是不是还会触发缺页异常中断？这样就先陷入了死循环。这个问题困扰了笔者很久，后来经过深入阅读内核源码，发现该区域的虚拟地址到物理地址的映射关系通常情况下在系统启动时就保存到了内核页表中，也就是该区域的虚拟地址可以放心使用，不会触发缺页异常中断，内核缺页异常中断的处理函数都没有处理该区域触发缺页异常中断的情况。需要注意的是，不是所有该区域的虚拟地址都已经映射到了物理地址，因为物理内存有限，所以页表内仅映射了与物理内存实际大小相关的虚拟地址。在内核启动初期，伙伴系统等内存分配器还没有准备好，因此为 struct page 分配的物理内存来自 memblock 内存分配器。当系统启动并且伙伴系统也准备好之后，再申请的 struct page 的物理内存就来自伙伴系统。

（5）**KASAN shadow**：从 0xFFFF EC00 0000 0000 到 0xFFFF FC00 0000 0000 的 16TB 地址空间是整个内核虚拟内存空间在 KASAN 子系统下的缩影，其中每个比特位对应内核空间中的一个字节，1 比 8 的关系。该区域中每个字节被称为一个颗粒（Granule），一个颗粒对应需要监测的 64 个字节的内存。可以通过 kasan_mem_to_shadow 函数将内核虚拟地址映射到 KASAN shadow 区域。

（6）**内核代码段**：从 0xFFFF FFFF 8000 0000（__START_KERNEL_map）到 0xFFFF FFFF A000 0000 的 512MB 地址空间用来存放内核的代码段、只读数据段、数据段和 BSS 段。与直接映射区类似，该区域中的虚拟内存地址减去 __START_KERNEL_map 就可以得到对应的物理内存地址。

需要注意的是，当内核编译时开启了 CONFIG_RANDOMIZE_BASE 选项，PAGE_OFFSET、VMALLOC_START、VMALLOC_END 和 VMEMMAP_START 的值会随着系统每次重启发生随机性变化。这就是内核空间地址的随机性（KASLR）。与 ASLR 一样，也是为了避免黑客利用溢出等攻击手段破坏系统。

修改前面我们编写的内核模块中的 kernel_module_init 函数：

```
static int __init kernel_module_init(void) {
    printk(KERN_INFO "__START_KERNEL_map: 0x%lX\n", __START_KERNEL_map);
    printk(KERN_INFO "VMEMMAP_START:      0x%lX\n", VMEMMAP_START);
    printk(KERN_INFO "VMALLOC_START:      0x%lX\n", VMALLOC_START);
    printk(KERN_INFO "VMALLOC_END:        0x%lX\n", VMALLOC_END);
    printk(KERN_INFO "__PAGE_OFFSET:      0x%lX\n", __PAGE_OFFSET);
    printk(KERN_INFO "TASK_SIZE_MAX:      0x%lX\n\n", TASK_SIZE_MAX);
    struct page * page = alloc_pages(GFP_KERNEL, 0); /* 分配一个物理页 */
    if(!page)
        return -ENOMEM;
    printk(KERN_INFO "struct page * page: 0x%lX\n", (long)page);
    unsigned long pfn = page_to_pfn(page); /* page 地址转换成 PFN */
    printk(KERN_INFO "page_to_pfn(page):  0x%lX\n", pfn);
    printk(KERN_INFO "PFN_PHYS(pfn):      0x%lX\n", (long)PFN_PHYS(pfn));
    printk(KERN_INFO "page_address(page): 0x%lX\n",
    (long)page_address(page));
    __free_pages(page, 0); /* 释放分配的物理页 */
    return 0;
}
```

上面的代码经过编译并挂载后，通过 dmesg -c 命令的输出结果如下：

```
root@anonymous:/# dmesg -c
[ 1252.707873] __START_KERNEL_map: 0xFFFFFFFF80000000
[ 1252.707877] VMEMMAP_START:      0xFFFFF88E00000000
[ 1252.707878] VMALLOC_START:      0xFFFFBD36C0000000
[ 1252.707878] VMALLOC_END:        0xFFFFDD36BFFFFFFF
[ 1252.707879] __PAGE_OFFSET:      0xFFFF9F3980000000
[ 1252.707879] TASK_SIZE_MAX:      0x7FFFFFFFF000

[ 1252.707880] struct page * page: 0xFFFFF88E0434D940
[ 1252.707881] page_to_pfn(page):  0x10D365
[ 1252.707881] PFN_PHYS(pfn):      0x10D365000
[ 1252.707882] page_address(page): 0xFFFF9F3A8D365000
```

该内核模块首先输出了上面提到的一些变量的具体值。然后调用 `alloc_pages` 函数申请了一个物理页。接着输出了该物理页的页框地址，即 struct page *。前面笔者提到过它不是物理地址，而是虚拟地址，从输出的值（0xFFFF F88E 0434 D940）就可以看出来，哪有那么大的内存。最后输出了该页框的 PFN 和 PFN 对应的物理地址，以及物理页对应的虚拟地址。页框的虚拟地址和物理地址，以及页框描述的物理页的虚拟地址和物理地址如图 8-16 所示。

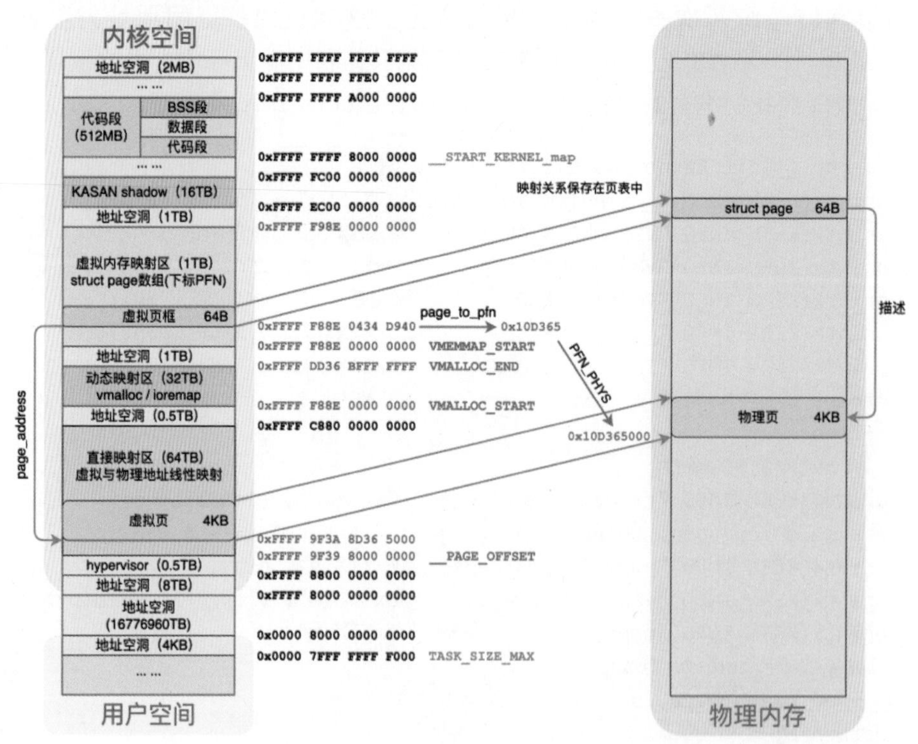

图 8-16

8.2.2　虚拟内存空间

1. 空间结构

在内核中，每个进程都由一个 task_struct 结构体来描述，也称 task_struct 为进程描述符，里面存储了所有关于该进程的信息，在进程描述符中有一个虚拟内存空间描述符 mm_struct 结构体的指针 mm，它包含了该进程的虚拟内存空间的全部信息。一个用户进程的虚拟内存空间如图 8-17 所示。下面是 task_struct 结构体的部分代码：

```
struct task_struct {
    struct mm_struct     *mm; /* 虚拟内存空间 */
    struct mm_struct     *active_mm;
    pid_t                pid; /* 进程 ID */
    pid_t                tgid;
    struct pid           *thread_pid;
    struct fs_struct     *fs;
    struct files_struct *files;
};
```

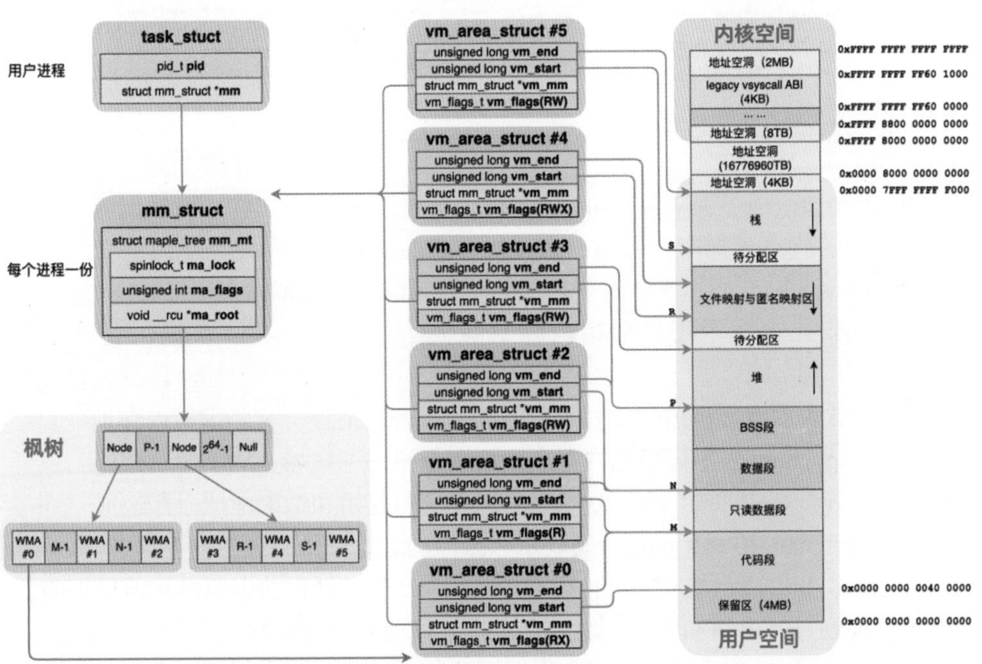

图 8-17

mm_struct 结构体的部分代码见代码清单 8-5。下面分别介绍 mm_struct 中几个关键字段，对应的图解如图 8-18 所示。

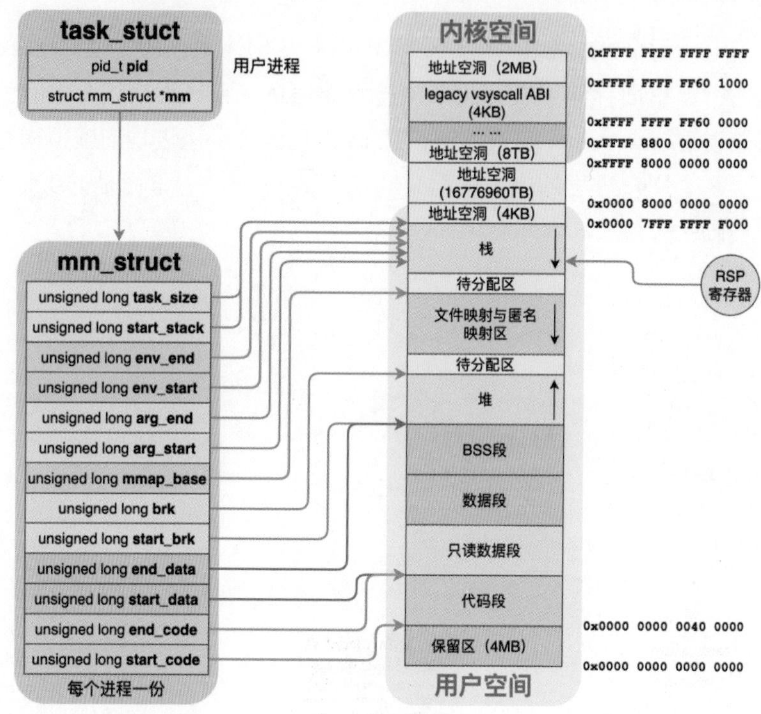

图 8-18

- mm_mt 是一棵枫树（struct maple_tree），用来组织管理该虚拟内存空间中的所有虚拟内存区域，它替代了之前采用的红黑树和双向链表的方式。
- mmap_base 表示文件映射与匿名映射区的起始虚拟内存地址。
- task_size 表示用户虚拟内存空间大小。对于 64 位系统，它的值为 128TB-4KB。
- pgd 表示该虚拟内存空间对应的顶级页表基地址，它是虚拟内存地址。
- map_count 表示该虚拟内存空间拥有虚拟内存区域（VMA）的数量。
- start_code 和 end_code 分别表示代码段的起始和结束虚拟内存地址。
- start_data 和 end_data 分别表示数据段的起始和结束虚拟内存地址。
- start_brk 表示堆底的虚拟内存地址，brk 表示堆顶的虚拟内存地址。前面提到过，申请和释放小块内存就是靠移动 brk 实现的。
- start_stack 表示栈底的虚拟内存地址，而栈顶的虚拟内存地址保存在寄存器 RSP 中。

- arg_start 和 arg_end 分别表示参数列表的起始和结束虚拟内存地址，main 函数的参数列表，位于栈底部分。
- env_start 和 env_end 分别表示环境变量的起始和结束虚拟内存地址，同样位于栈底部分。

内核进程对应的 task_struct 结构中的 struct mm_struct *mm 指向 NULL，统一使用系统启动时初始化好的 struct mm_struct init_mm，而用户进程的 struct mm_struct *mm 指向各自的虚拟内存空间，所以内核进程间上下文切换不涉及虚拟内存空间的切换。

struct vm_area_struct（下文简称为 WMA）描述了一个虚拟内存区域，虚拟内存区域可以是代码段、数据段、BSS 段、堆、栈和文件映射与匿名映射区，每个进程可不只有图 8-18 中这几个 WMA，因为映射区不一定是连续的，例如映射区中不同动态库映射到的不同的虚拟内存区域，所以就出现了多个不连续的虚拟内存区域。

2. 空间构建

下面介绍虚拟内存空间的创建和初始化过程。ELF 格式的程序文件内容布局和虚拟内存空间布局类似，每个单元也被称为段，但是这个段对应的英文名为 Section（不要与前面内存模型混淆），而虚拟内存空间的段是 Segment。

通过下面的命令查看 mem_layout 程序中所有 Section 的信息。详细输出结果见代码清单 8-6，部分输出结果如下：

```
$ readelf -S mem_layout
There are 38 section headers, starting at offset 0x3f68:
节头:
  [号] 名称              类型             地址              偏移量
       大小              全体大小          旗标   链接   信息   对齐
  [ 1] .interp           PROGBITS         0000000000400318  00000318
       000000000000001c  0000000000000000   A       0     0     1
  [12] .init             PROGBITS         0000000000401000  00001000
       000000000000001b  0000000000000000  AX       0     0     4
  [13] .plt              PROGBITS         0000000000401020  00001020
       0000000000000050  0000000000000010  AX       0     0     16
  [14] .text             PROGBITS         0000000000401070  00001070
       00000000000001a4  0000000000000000  AX       0     0     16
  [15] .fini             PROGBITS         0000000000401214  00001214
       000000000000000d  0000000000000000  AX       0     0     4
  [16] .rodata           PROGBITS         0000000000402000  00002000
       0000000000000028  0000000000000000   A       0     0     8
  [17] .eh_frame_hdr     PROGBITS         0000000000402028  00002028
       000000000000002c  0000000000000000   A       0     0     4
  [21] .dynamic          DYNAMIC          0000000000403e08  00002e08
       00000000000001d0  0000000000000010  WA       7     0     8
  [24] .data             PROGBITS         0000000000404020  00003020
       0000000000000008  0000000000000000  WA       0     0     4
  [25] .bss              NOBITS           0000000000404028  00003028
       0000000000000010  0000000000000000  WA       0     0     4
Key to Flags:
  W (write), A (alloc), X (execute), M (merge), S (strings), I (info)... ...
```

.interp 段保存一个字符串，这个字符串就是可执行文件所需要的动态链接器（dynamic linker）的路径。动态链接器是一个在程序运行时将动态链接的库（.so）与可执行文件链接在一起的程序。在 Linux 中，这个字符串通常是 /lib64/ld-linux-x86-64.so.2，包括结束字符，该字符串的长度正好是 0x1C（十进制值为 28）。

.init 段包含了程序初始化代码，通常是在 main 函数之前执行的代码，例如设置全局变量。当程序被加载并开始运行时，.init 段中的代码会被自动执行。

.plt（Procedure Linkage Table）段是过程链接表，或者被称为“延迟绑定”表，用于支持动态链接。当程序调用一个动态链接的库函数时，它不会直接跳转到该函数的地址，而是先跳转到.plt 中的一个条目。这个条目包含了解析并跳转到实际函数地址的代码。这意味着程序在运行时才能确定库函数的实际地址。.plt 段只会在动态链接的可执行文件或共享库中出现。

.text 段包含了程序的执行代码，即机器指令。当程序运行时，CPU 会从.text 段中读取指令并执行。.text 段中的代码通常包括程序的 main 和其他函数。

.fini 段包含了程序终止时执行的代码，例如清理资源等工作。然而，与.init 段不同，.fini 段中的代码通常不是自动执行的，而是需要程序显式调用 exit 函数执行。.fini 段在某些情况下可能不存在。

.rodata 段包含了程序中只读的变量，例如被 const 修饰的全局变量。

.data 段包含了程序中已经初始化（非 0）的静态变量和全局变量。

.bss 段在程序文件中只记录了未初始化的或初始化为 0 的静态变量和全局变量的大小，而不是真的存储那么多 0，目的是降低程序文件的大小。当.bss 映射到虚拟内存空间时，才真正为这些变量分配大小。

通过 `readelf -l mem_layout` 命令查看二进制文件（mem_layout）的程序头表信息，以及程序段到虚拟内存空间的映射关系。详细输出结果见代码清单 8-7，大部分输出结果如下：

```
root@localhost:/home/work/layout# readelf -l mem_layout

Elf 文件类型为 EXEC (可执行文件)
Entry point 0x401070
There are 13 program headers, starting at offset 64

程序头:
  Type           Offset             VirtAddr           PhysAddr
                 FileSiz            MemSiz              Flags  Align
  PHDR           0x0000000000000040 0x0000000000400040 0x0000000000400040
                 0x00000000000002d8 0x00000000000002d8  R      0x8
  INTERP         0x0000000000000318 0x0000000000400318 0x0000000000400318
                 0x000000000000001c 0x000000000000001c  R      0x1
      [Requesting program interpreter: /lib64/ld-linux-x86-64.so.2]
  LOAD           0x0000000000000000 0x0000000000400000 0x0000000000400000
                 0x00000000000005b8 0x00000000000005b8  R      0x1000
  LOAD           0x0000000000001000 0x0000000000401000 0x0000000000401000
                 0x0000000000000221 0x0000000000000221  R E    0x1000
  LOAD           0x0000000000002000 0x0000000000402000 0x0000000000402000
                 0x00000000000000e4 0x00000000000000e4  R      0x1000
  LOAD           0x0000000000002df8 0x0000000000403df8 0x0000000000403df8
                 0x0000000000000230 0x0000000000000240  RW     0x1000
  DYNAMIC        0x0000000000002e08 0x0000000000403e08 0x0000000000403e08
                 0x00000000000001d0 0x00000000000001d0  RW     0x8
  NOTE           0x0000000000000338 0x0000000000400338 0x0000000000400338
                 0x0000000000000040 0x0000000000000040  R      0x8
  NOTE           0x0000000000000378 0x0000000000400378 0x0000000000400378
                 0x0000000000000044 0x0000000000000044  R      0x4
  GNU_PROPERTY   0x0000000000000338 0x0000000000400338 0x0000000000400338
                 0x0000000000000040 0x0000000000000040  R      0x8
  GNU_EH_FRAME   0x0000000000002028 0x0000000000402028 0x0000000000402028
                 0x000000000000002c 0x000000000000002c  R      0x4
  GNU_STACK      0x0000000000000000 0x0000000000000000 0x0000000000000000
                 0x0000000000000000 0x0000000000000000  RW     0x10
  GNU_RELRO      0x0000000000002df8 0x0000000000403df8 0x0000000000403df8
                 0x0000000000000208 0x0000000000000208  R      0x1

 Section to Segment mapping:
  段节...
   00
   01     .interp
   02     .interp .note.gnu.property .note.gnu.build-id .note.ABI-tag .gnu.hash .dynsym .dynstr .gnu.versi
   03     .init .plt .text .fini
   04     .rodata .eh_frame_hdr .eh_frame
   05     .init_array .fini_array .dynamic .got .got.plt .data .bss
   06     .dynamic
   07     .note.gnu.property
   08     .note.gnu.build-id .note.ABI-tag
   09     .note.gnu.property
   10     .eh_frame_hdr
   11
   12     .init_array .fini_array .dynamic .got
```

结合上面两个输出结果发现，.init、.plt、.text 和.fini 被映射到虚拟内存空间中的代码段里，而.rodata、.data 和.bss 分别被映射到了虚拟内存空间中的只读数据段、数据段和 BSS 段。一些用于调试的信息，例如.symtab（Symbol Table，符号表），不需要映射到虚拟内存空间，这也是当我们使用 GDB 查看 Core 文件时需要加载程序文件的原因，否则只能看见 16 进制的函数地址，却看不到函数名称。

对于 ELF 格式的程序文件，`load_elf_binary` 函数完成一个程序文件到一个进程的虚拟内存空间的映射。图 8-19 大致描述了程序段到虚拟内存段的映射关系。load_elf_binary 函数的功能非常强大，它负责加载所有 ELF 格式的二进制文件，包括第一个用户进程 init。映射过程中也调用了后面将详细介绍的 vm_mmap_pgoff 函数。

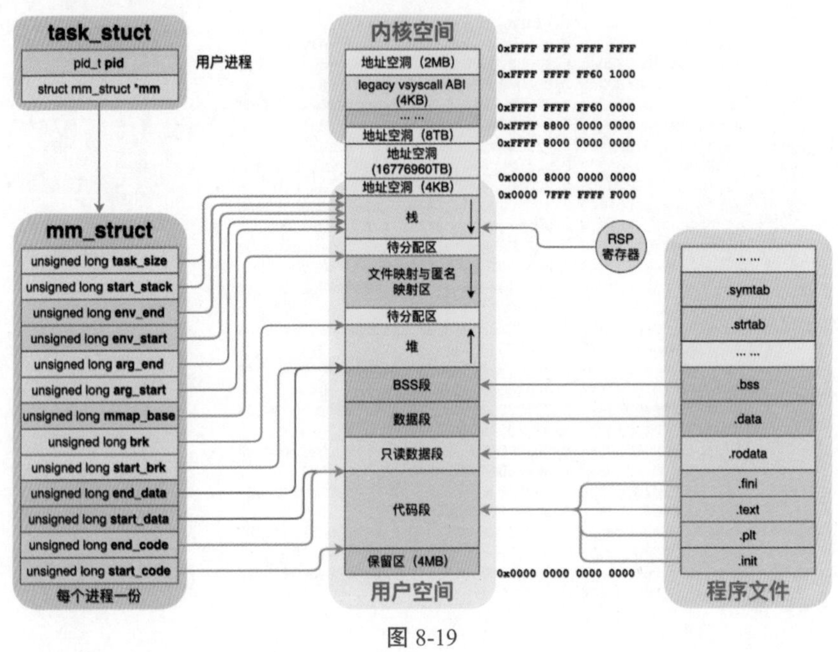

图 8-19

3. 空间拷贝

使用 fork 系统调用和 clone 系统调用创建的子进程会拷贝父进程的虚拟内存空间 mm_struct。而使用 vfork 系统调用创建的子进程与父进程共用一个虚拟内存空间 mm_struct。同样，使用 clone 系统调用创建的线程和主线程也共用一个虚拟内存空间 mm_struct。下面简述子进程/线程创建时涉及的虚拟内存空间拷贝的过程。整体函数调用链大致如图 8-20 所示。

fork 系统调用的定义如下：

```
#ifdef __ARCH_WANT_SYS_FORK
SYSCALL_DEFINE0(fork) {
    struct kernel_clone_args args = {
        .exit_signal = SIGCHLD,
    };
    return kernel_clone(&args);
}
#endif
```

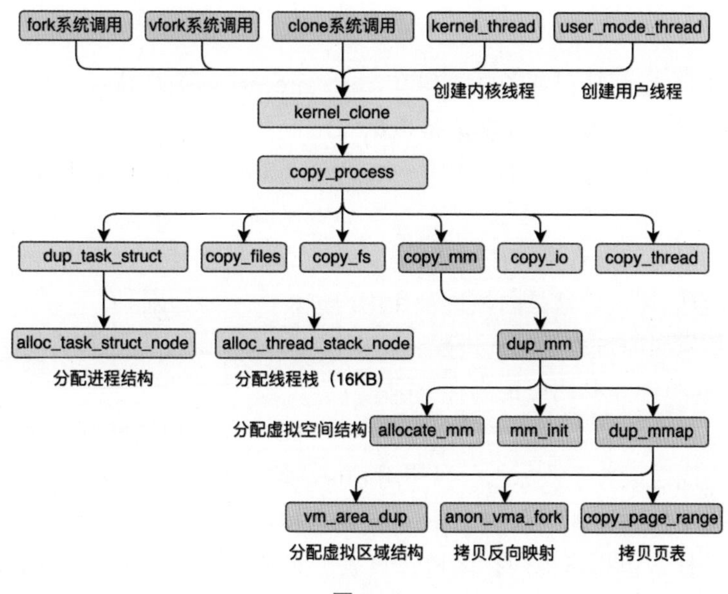

图 8-20

vfork 系统调用的定义如下：

```
#ifdef __ARCH_WANT_SYS_VFORK
SYSCALL_DEFINE0(vfork) {
    struct kernel_clone_args args = {
        .flags          = CLONE_VFORK | CLONE_VM,
        .exit_signal    = SIGCHLD,
    };
    return kernel_clone(&args);
}
#endif
```

clone 系统调用的定义见代码清单 8-8，参数非常丰富，可以通过参数来决定创建的子进程和父进程之间共享的资源。

通过上面三个系统调用的函数定义，可以看出它们最后都调用了 kernel_clone 函数，其部分代码如下：

```
pid_t kernel_clone(struct kernel_clone_args *args) {
    u64 clone_flags = args->flags;
    struct task_struct *p;
    int trace = 0;
    p = copy_process(NULL, trace, NUMA_NO_NODE, args); /* 拷贝进程 */
}
```

1）拷贝虚拟内存空间

与虚拟内存空间拷贝相关的逻辑在 copy_process 函数中执行，其部分代码见代码清单 8-9。该函数的主要功能是根据 clone_flags 选择性地拷贝父进程的信息，其中拷贝虚拟内存空间的函数是 copy_mm，其定义见代码清单 8-10。其主要逻辑如下：

（1）如果当前进程是内核进程，current->mm 是 NULL，则直接返回，不涉及虚拟内存空间拷贝。这是内核进程和用户进程的主要区别。

（2）如果当前进程是用户进程，则根据 clone_flags 是否包含 CLONE_VM 标志来判断是拷贝还是共用虚拟内存空间。

- 如果包含，那么增加当前进程的虚拟内存空间的引用计数。vfork 系统调用中固定设置了该标志。当使用 clone 系统调用创建线程时会设置该标志。
- 如果不包含，那么调用 dup_mm 函数拷贝原来进程的虚拟内存空间到新的进程，包括虚拟内存区域、页表（父进程页表和内核页表副本）等信息。fork 系统调用没有设置该标志。当使用 clone 系统调用创建进程时不设置该标志。

这里我们主要看一下 dup_mm 函数拷贝虚拟内存空间的过程，见代码清单 8-11。该函数的主要逻辑如下：

（1）调用 allocate_mm 函数从 slab 子系统分配一个 mm_struct 结构体对象。

（2）浅拷贝，将原始的 mm_struct 结构体拷贝到新创建的 mm_struct 中。

（3）调用 mm_init 函数初始化新的 mm_struct，其中调用 mm_alloc_pgd 函数首先申请 1 个物理页（在未开启页表隔离的情况下，如果开启了，就申请 2 个物理页，感兴趣的读者可以深入研究一下，这里就不展开了），用于存放用户和内核的顶级页目录项，如图 8-21 所示。然后将上面申请的页块的起始地址保存在进程顶级页表的基地址 mm_struct->pgd，注意该地址是虚拟地址。最后调用 pgd_ctor 函数将内核顶级页表中的页目录项拷贝到用户进程的顶级页表中。

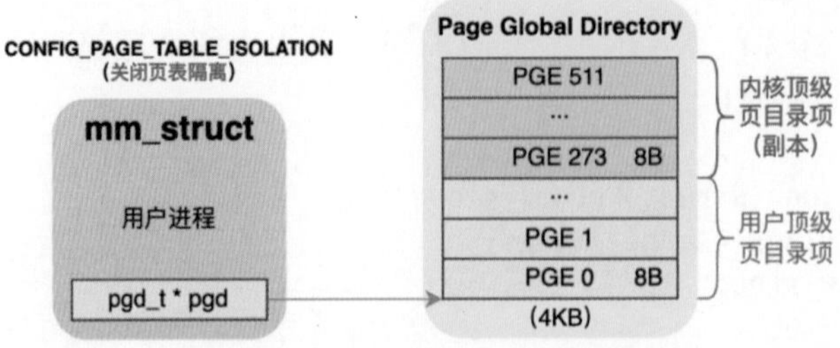

图 8-21

（4）深拷贝，调用 dup_mmap 函数将原始的 mm_struct 结构体深度拷贝到新创建的 mm_struct 中，其中就包括虚拟内存区域等。

2）拷贝虚拟内存区域

深度拷贝虚拟空间的过程非常复杂。dup_mmap 函数的定义见代码清单 8-12。该函数的主要逻辑如下：

（1）根据父进程的虚拟内存空间中的可执行文件指针、total_vm 和 data_vm 等字段初始化子进程的虚拟内存空间。

（2）遍历父进程虚拟内存空间中所有 VMA，将每个 VMA 根据具体情况拷贝到子进程虚拟内存空间中。下面是 dup_mmap 函数中每次循环（for 循环）主要的处理过程：

- 如果当前遍历的 VMA 设置了 `VM_DONTCOPY` 标志位，那么跳过拷贝这个 VMA 的过程，并减少新的虚拟内存空间中页的统计数量。
- 调用 vm_area_dup 函数从 Slab 子系统分配一个 VMA 对象，并初始化 VMA 和拷贝名称。
- 如果子进程 `vma->vm_flags` 设置了 `VM_WIPEONFORK` 标志位，那么不初始化 `anon_vma` 对象，而是推迟到后面触发缺页异常中断。
- 反之调用 `anon_vma_fork` 函数将子进程的 VMA 附加到其自身的 `anon_vma` 上，以及附加到父进程中相应 VMA 的 `anon_vma` 上，构建反向映射关系。
- 如果 VMA 映射的是一个文件，并且 `vma->vm_flags` 设置了 VM_SHARED 标志位，表示该 VMA 是共享文件映射，那么增加文件当前被共享的计数。
- 将新的 VMA 挂到虚拟内存空间的枫树上，增加虚拟内存空间中的 VMA 数量（map_count）。
- 如果子进程 `vma->vm_flags` 没有设置 `VM_WIPEONFORK` 标志位，那么调用 `copy_page_range` 函数为子进程拷贝父进程的页表，也就是拷贝正向映射，页表将在 8.3.1 节中介绍。

3）拷贝反向映射

内存映射通常是指虚拟内存到物理内存的映射，那么反向映射指的就是物理内存到虚拟内存的映射。

对于匿名页，调用 anon_vma_fork 函数拷贝反向映射，见代码清单 8-13。该函数的主要逻辑如下：

（1）`anon_vma_clone` 将新创建的 VMA 附加到父 VMA 中所有 `anon_vma` 上。

（2）调用 `anon_vma_alloc` 函数从 Slab 子系统分配一个 `anon_vma` 对象，以及

调用 anon_vma_chain_alloc 函数从 Slab 子系统分配一个 struct anon_vma_chain（下文简称为 AVC）对象。

（3）调用 anon_vma_chain_link 函数关联 VMA、AVC 和 anon_vma。

而对于文件页，首先获取对应文件的 address_space 结构体。然后判断新的 VMA 的 vm_flags 是否同时包含 VM_SHARED 和 VM_MAYWRITE 标志位，即共享可写权限。如果包含这两个标志位，那么增加文件中的 i_mmap_writable 字段的值，即增加被共享的计数。最后将新的 VMA 直接挂到 address_space 结构体中的一棵红黑树上。

4）拷贝正向映射

拷贝正向映射关系的 copy_page_range 函数会通过调用 copy_p4d_range、copy_pud_range、copy_pmd_range 和 copy_pte_range 函数逐层拷贝页表，当需要拷贝某个页目录项或者页表项指向的物理页时涉及从伙伴系统分配物理页。

当拷贝最后一级页表时，通常情况下不会直接申请物理页给子进程，而是采用 COW（写时复制）的策略，既不申请新的物理页，也不将虚拟地址到新物理地址的映射关系保存到子进程的页表内，而是将父进程中的映射关系保存到子进程的页表中，但是需要将父子进程的页表项增加写保护，即去掉写权限。当子进程实际访问该页表项时会触发缺页异常中断，然后内核在处理缺页异常中断的函数中实际申请物理页，接着将新的映射关系保存到子进程的页表中，最后去掉父子进程的页表项的写保护。在未触发缺页异常中断之前，COW 对应的物理页实际上被父子进程所引用，因此会增加该物理页的_mapcount（引用计数），当处理完 COW 后，会减少该物理页的引用计数。

如果不采用 COW 策略，那么就需要立刻为子进程分配新的物理页，然后将虚拟地址到新的物理地址的映射关系保存到子进程的页表中，最后为新的物理页建立反向映射关系。

8.2.3 虚拟内存区域

1. 区域结构

虚拟内存区域 WMA 的定义见代码清单 8-14。下面分别介绍 VMA 中几个逻辑相对简单的字段，后面再单独介绍相对复杂的字段。

- **vm_start** 和 **vm_end** 表示该虚拟内存区域的起始和结束虚拟内存地址。
- **vm_mm** 指向该虚拟内存区域所属的进程的虚拟内存空间。

__randomize_layout 是一个标识符，用于告知编译器在编译时，随机打乱结构体内部的数据成员的声明顺序，目的是增加攻击者利用内存漏洞的难度。

2. 区域组织

较新的 Linux 内核中采用枫树结构（struct maple_tree）来组织管理该虚拟内存空间中的所有虚拟内存区域，它替代了之前采用的红黑树和双向链表的方式。枫树支持范围查找，即根据虚拟地址可以快速查找对应的 VMA，并且它的遍历速度高于红黑树，也就不需要双向链表了。

```
struct mm_struct {
    struct {
        struct maple_tree mm_mt; /* VMA 枫树 */
    } __randomize_layout;
};
```

3. 区域标志

VMA 中的 `vm_flags` 字段表示 VMA 的访问权限，它可以包含的常用标志位如表 8-3 所示。

表 8-3

标志位	取值	说明
VM_NONE	0x00000000	无
VM_READ	0x00000001	可读
VM_WRITE	0x00000002	可写
VM_EXEC	0x00000004	可执行
VM_SHARED	0x00000008	可多进程之间共享，便于进程间通信（IPC）
VM_MAYREAD	0x00000010	可能读，VM_MAYREAD >> 4 == VM_READ
VM_MAYWRITE	0x00000020	可能写，VM_MAYWRITE >> 4 == VM_WRITE
VM_MAYEXEC	0x00000040	可能执行，VM_MAYEXEC >> 4 == VM_EXEC
VM_MAYSHARE	0x00000080	可能共享，VM_MAYSHARE >> 4 == VM_SHARED
VM_GROWSDOWN	0x00000100	内存地址由高到低向下增长
VM_LOCKED	0x00002000	内存区域不可以被换出
VM_DONTCOPY	0x00020000	在调用 fork 函数创建子进程时不复制这个 VMA
VM_WIPEONFORK	0x02000000	抹去子进程中 VMA 内容，不初始化 anon_vma，直到触发缺页异常中断

前面使用 `cat /proc/pid/maps` 查看一个进程的内存布局的输出结果中第二列就是某个区域的访问权限，其中的[heap]（堆）行的访问权限是 rw-p，表示可读可写但是不可以执行。

每个用户的虚拟内存区域的访问权限如下：

（1）**代码段**是可读可执行的（VM_READ&VM_EXEC），但是不可以写入，也就是不可以随便篡改编译好的程序。

（2）**只读数据段**是仅可读的（VM_READ），不可以写入和执行。

（3）**数据段**和 **BSS 段**是可读可写的（VM_READ&VM_WRITE）。

（4）**堆**和**栈**通常都是可读可写的（VM_READ&VM_WRITE），但不可以执行。

（5）**映射区**里面有很多种类型，也分了很多虚拟内存区域，每个区域各自控制访问权限，例如，动态库的代码段可读可执行，数据段和 BSS 段可读可写。

4. 区域操作

VMA 中的 vm_ops 字段封装了操作该区域的操作函数集合——类似面向对象编程语言里的多态，根据不同的区域类型调用不同的执行函数。例如，打开、关闭、缺页异常和获取区域名称等函数。下面是 vm_operations_struct 结构的部分代码：

```
struct vm_operations_struct {
    void (*open)(struct vm_area_struct * area);
    void (*close)(struct vm_area_struct * area);
    vm_fault_t (*fault)(struct vm_fault *vmf);
    int (*mprotect)(struct vm_area_struct *vma, unsigned long start,
                    unsigned long end, unsigned long newflags);
    unsigned long (*pagesize)(struct vm_area_struct * area);
    const char *(*name)(struct vm_area_struct *vma);
};
```

下面是对上面代码中每个函数指针的介绍：

（1）当一个 VMA 被添加到虚拟内存空间时，会调用 open 指向的具体函数。

（2）当一个 VMA 被从虚拟内存空间删除时，会调用 close 指向的具体函数。

（3）当进程访问虚拟内存地址时，如果在页表中没有找到映射的物理内存地址，则会触发缺页异常中断，在缺页异常中断的处理函数中会调用 fault 指向的具体函数。

（4）调用 mprotect 可以动态修改虚拟内存区域的访问权限。

（5）当获取一个 VMA 中的页面数量时，会调用 pagesize 指向的具体函数。

（6）当获取一个 VMA 的名称时，会调用 name 指向的具体函数，例如，/proc/pid/maps 文件中的最后一列就是 VMA 的名称。

8.2.4 虚拟内存申请

栈上申请虚拟内存是内核自动完成的，而在堆和映射区上申请的内存需要程序自己完成。通常使用 malloc 函数来手动申请内存，它是 C 标准库提供的申请内存的函数。

对于申请小于 128KB 的内存，malloc 函数使用 `brk` 系统调用在堆上申请内存，而对于申请大于 128KB 的内存，malloc 函数直接使用 `mmap` 系统调用在映射区申请内存。

上面以 128KB 作为分界是在通常的情况下，经过笔者测试，发现程序在首次调用 malloc 函数申请 131KB 内存时，系统是在堆上分配内存的，而不是在映射区，但如果申请的是 132KB 或以上的内存，就会在映射区域上分配内存。

不管 malloc 函数调用哪个函数申请的内存，其实申请的都是虚拟内存，并没有为其分配物理内存。只有当应用程序初次访问这些内存时，才会触发缺页异常中断，然后内核在缺页异常中断的处理函数中为其分配真正的物理内存。

1. 申请堆内存

malloc 函数调用 Linux 系统的`/usr/include/unistd.h` 头文件中定义的 sbrk 和 brk 函数实现堆内存的申请/释放。它们的函数声明如下：

```
#include <unistd.h>
int brk (void *__addr);
void *sbrk (intptr_t __delta);
```

它们不是内核代码中的函数，所以我们可以在用户程序中直接调用它们来申请或释放堆内存，sbrk 函数根据参数`__delta` 的正负来申请或释放堆内存，进而改变堆的大小，而 brk 函数可以直接将参数`__addr` 赋值给堆顶地址，这两个函数最终都是通过系统调用 brk 实现的。使用 sbrk 和 brk 函数的示例代码如下：

```
#include <stdio.h>
#include <unistd.h>
#include <stdlib.h>
int main(int argc, char *argv[]) {
    printf("%p\n", sbrk(0));  /* 首次调用 sbrk 函数返回堆的起始地址 */
    printf("%p\n", sbrk(0));  /* 获取当前 brk 的地址 */
    printf("%p\n", sbrk(1));  /* 获取当前 brk 的地址，并将其向高地址方向移动 1
    个地址 */
    printf("%p\n", sbrk(-2)); /* 获取当前 brk 的地址，并将其向低地址方向移动 2
    个地址 */
    printf("%p\n", sbrk(0));  /* 获取当前 brk 的地址 */
    printf("%p\n", sbrk(0));  /* 获取当前 brk 的地址 */
    printf("%d\n", brk((void *)0x420000)); /* 设置 brk 为 0x420000，返回 0 表
    示成功 */
```

```
    printf("%p\n", sbrk(0));  /* 获取当前 brk 的地址 */
    return 0;
}
```

将上面的代码保存到 brk.c 文件中，并使用下面的命令编译和运行，结果如下：

```
$ gcc brk.c -o brk -g -O0
$ ./brk
0x405000 # 堆的起始虚拟地址，这里我们提前关闭了 kernel.randomize_va_space。
0x426000
0x426001
0x425fff
0        # 0 表示 brk 修改成功，这里修改为 0x420000
0x420000
```

系统调用 brk 用于扩展或收缩进程的堆空间，它接收一个 unsigned long 类型的参数，表示新堆顶地址（新 brk），其部分代码见代码清单 8-15。该函数的主要逻辑如下：

（1）获取堆的最小边界 min_brk。如果设置 kernel.randomize_va_space 为 2，那么开启堆地址的随机化。否则，设置 min_brk 为数据段的末尾地址，即数据段（这里是广义的数据段，即包含只读数据段和 BSS 段的数据段）与堆相连。

（2）堆地址是由低向高增长的，如果新 brk 小于 min_brk，那么设置失败，返回旧（原始）brk。

（3）判断新的堆大小与数据段大小之和是否超出限制 rlimit(RLIMIT_DATA)，如果是，那么同样设置失败，返回旧 brk。

（4）将新旧 brk 以页对齐，如果对齐后的新旧 brk 相等，则说明用户申请/释放的堆内存不大，没有导致新旧 brk 跨页，也就不需要再分配物理页，直接更新 mm->brk 为新 brk 并返回新 brk。

（5）如果新 brk 小于旧 brk，那么调用 do_vma_munmap 函数收缩堆空间，即取消新旧 brk 之间的整个或者部分 VMA 的映射。

（6）如果新 brk 大于旧 brk，那么调用 vma_find 函数在枫树上从对齐后的旧 brk 到新 brk 再加上 257 个页面（其中 256 个页面是为了保护栈空间不被堆空间覆盖而使用的间隙）的范围内找到一个 VMA。如果找到了，那么判断新 brk 到刚找到的 VMA 的起始地址中间是否可以容纳一个页面和一个间隙，如果不能，则申请内存失败。如果可以或者根本没有找到 VMA，则调用 do_brk_flags 函数尝试扩展旧 brk 所在的 VMA。如果尝试失败（例如新旧 VMA 的标志位不匹配等原因），那么调用 `vm_area_alloc` 函数创建新的 VMA，并完成初始化，最后将新 VMA 挂到枫树上。

（7）如果上面申请/释放内存成功，则更新 mm->brk 为新 brk 并返回新 brk，反之返回旧 brk。

2. 申请映射区内存

mmap 函数声明在/usr/include/sys/mman.h 头文件中。它可以创建匿名和文件映射，不管什么映射都只是在映射区域分配 VMA，还没有完成页表的填充，对应的页表项 PTE 还是空的。mmap 函数主要由 prot、flags 和 fd 三个参数决定它的功能，该函数的定义如下：

```
#include <sys/mman.h>
void* mmap(void* addr, size_t len, int prot, int flags, int fd, off_t offset);
```

下面分别介绍每个参数的含义：

（1）参数 addr 表示建议内核返回的申请的 VMA 以 addr 为起始地址。

（2）参数 len 表示申请的 VMA 的大小。新 VMA 的 vm_start 字段依赖 addr，而 vm_end 字段等于 vm_start 加上 len。

（3）参数 prot 表示申请的 VMA 的访问权限，常见的标志位如表 8-4 所示。

表 8-4

标志位	取值	说明
PROT_READ	0x1	申请的 VMA 中的物理页可以读
PROT_WRITE	0x2	申请的 VMA 中的物理页可以写
PROT_EXEC	0x4	申请的 VMA 中的物理页可以执行

（4）参数 flags 表示申请的 VMA 的类型，常见的标志位如表 8-5 所示。

表 8-5

标志位	取值	说明
MAP_SHARED	0x01	共享映射，只有一份内存，修改对多个进程可见，可以用来进程间通信。修改后的文件内容会同步到硬盘文件中
MAP_PRIVATE	0x02	私有映射，多个进程可以私有映射同一份内存。对于文件映射，一开始内核只映射一份内存，一旦有进程修改了内存，内核会为其创建一个私有副本，修改对其他进程不可见，修改后的内容不会同步到硬盘中。对于匿名映射，修改既不会对其他进程可见，也不会同步到硬盘中

续表

标志位	取值	说明
MAP_FIXED	0x10	强制内核必须返回以参数 addr 为起始地址的 VMA，如果指定的内存区域和已有的 VMA 重叠，则先取消重叠区域的映射。当没有该标志位时，参数 addr 只是一个建议，内核可以根据实际情况选择适合的 VMA
MAP_ANONYMOUS	0x20	匿名映射，没有硬盘文件作为依托。参数 fd 将被忽视
MAP_FIXED_NOREPLACE	0x100000	当 flags 设置了该标志位和 MAP_FIXED 标志位时，不会取消重叠区域的映射

（5）参数 fd 表示文件描述符，用于文件映射。当执行文件映射时，参数 offset 就是要映射的内容在文件中的偏移量，必须以页对齐。

（6）根据 flags 的不同组合，可以分为以下 4 种映射类型，如表 8-6 所示。

表 8-6

类型	说明	标志组合
私有匿名映射	通常用于分配大于 128KB 的虚拟内存	MAP_PRIVATE MAP_ANONYMOUS
私有文件映射	通常用于加载动态库（.so），开始只有一份，通过 COW 才变成多份。私有文件修改不会写回硬盘	MAP_PRIVATE
共享匿名映射	通常用于父子进程间共享内存，需要打开特殊的匿名文件/dev/zero，这是一种特殊的共享文件映射	MAP_SHARED MAP_ANONYMOUS
共享文件映射	通常用于进程间共享内存，实现不限于父子进程间通信。共享文件修改会写回硬盘，注意平时用的共享内存实际上采用的是虚拟文件，不需要写回硬盘	MAP_SHARED

下面详细讲解 mmap 函数的调用过程，如图 8-22 所示。C 标准库中的 mmap 函数通过调用 mmap 系统调用进入内核态，其函数的定义如下：

```
SYSCALL_DEFINE6(mmap, unsigned long, addr, unsigned long, len,
    unsigned long, prot, unsigned long, flags,
    unsigned long, fd, unsigned long, off) {
   if (off & ~PAGE_MASK)
    return -EINVAL;
   return ksys_mmap_pgoff(addr, len, prot, flags, fd, off >> PAGE_SHIFT);
}
```

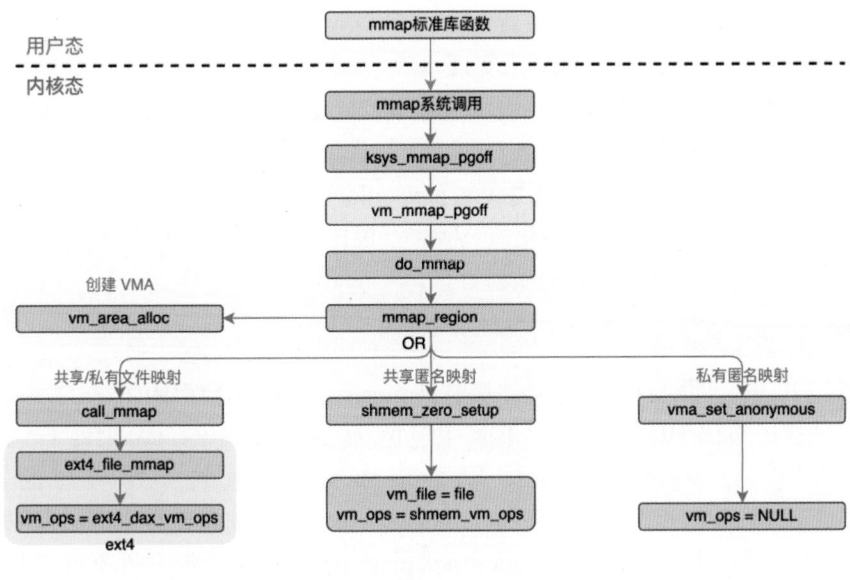

图 8-22

`mmap` 系统调用的主要逻辑被封装在 ksys_mmap_pgoff 函数中，此函数先判断本次操作是否为匿名映射，如果不是，则调用 `fget` 函数通过 `fd` 找到对应的 `file` 结构体，然后调用 vm_mmap_pgoff 继续处理，其主要逻辑被封装在 `do_mmap` 函数中，后者见代码清单 8-16，其主要逻辑如下：

（1）进行各种状态检查和添加标志位的操作，判断长度和偏移量的合法性，以及该进程的虚拟内存空间中 VMA 的总个数是否大于内核参数 vm.max_map_count，其默认值为 1048576。

（2）调用 `get_unmapped_area` 函数，如果 flags 设置了 MAP_FIXED 标志位，那么直接返回指定的 addr，否则根据指定的虚拟地址（addr）和长度（len）判断是否能从进程虚拟内存空间中找到一块合适的未映射的虚拟区域（VMA）。如果能找到则返回该区域的起始地址并赋值给 addr，否则返回内存不足（ENOMEM）等错误。

（3）如果 flags 设置了 MAP_FIXED_NOREPLACE 标志位，那么调用 find_vma_intersection 函数判断指定的 addr 和 len 是否与现有的 VMA 重叠，如果重叠，那么直接返回错误码 EEXIST，内存映射失败，反之继续执行。

（4）调用 mmap_region 函数根据 addr 和 len 等参数创建 VMA 结构并完成 VMA 的初始化或扩展现有 VMA。然后将新创建的 VMA 挂到进程的虚拟内存空间的枫树上。mmap_region 函数的代码见代码清单 8-17。其主要逻辑如下：

- 调用 do_vmi_munmap 函数取消重叠 VMA 的映射，然后找到将来的

VMA 节点在枫树上的位置。

- 尝试扩展现有的 VMA 来实现本次虚拟内存映射。如果扩展成功，则直接返回 addr 给调用者，表示内存申请成功，避免了创建 VMA 的过程，减少了性能开销。
- 如果不能扩展，那么调用 vm_area_alloc 函数从 Slab 子系统中分配一个 VMA 对象，然后初始化该 VMA。根据文件/匿名和共享/私有类型调用不同的函数进行不同的映射处理。

1）共享文件映射

对于共享文件映射和私有文件映射，mmap_region 函数都调用 `call_mmap` 函数完成映射，如果 VMA 的 vm_flags 中包含 `VM_SHARED` 和 `VM_MAYWRITE` 标志位，那么调用 `mapping_map_writable` 函数增加文件当前被共享可写的数量（i_mmap_writable）。如果文件的 i_mmap_writable 之前是负数，那么返回操作不被允许的错误码 `EPERM`（Operation not permitted），表示该文件不可以共享写入。

下面是一个多进程间使用共享文件映射（也被称为共享内存）通信的例子。

```
#include <sys/mman.h>
#include <sys/wait.h>
#include <unistd.h>
#include <stdio.h>
#include <fcntl.h>
#define FILE_NAME "/tmp/shared_memory_example" /* 文件路径 */
int main(int argc, char *argv[]) {
    void* addr = 0;
    int len = 1024;
    int prot = PROT_READ | PROT_WRITE; /* 可读写 */
    int flags = MAP_SHARED;
    int fd = open(FILE_NAME, O_CREAT | O_RDWR, 0); /* 创建一个临时文件 */
    ftruncate(fd, len); /* 调整文件大小 */
    /* 将文件映射到内存 */
    char *map = (char*)mmap(addr, len, prot, flags, fd, 0); /* 共享文件映射 */
    if (map == MAP_FAILED)
        perror("mmap");
    if (fork() == 0) { /* 子进程 */
        sleep(1); /* 等待父进程写入数据 */
        printf("Father => Child: %s\n", map);
        int fd2 = open(FILE_NAME, O_RDWR, 0);
        char *map2 = (char*)mmap(addr, len, prot, flags, fd2, 0); /* 共享文
   件映射 */
        snprintf(map2, len, "I'm your child.");
```

```
        munmap(map2, len); /* 解除映射 */
        close(fd2); /* 关闭文件 */
    } else { /* 父进程 */
        snprintf(map, len, "I'm your father.");
        wait(NULL); /* 等待子进程退出 */
        printf("Father <= Child: %s\n", map); /* 父进程读取数据 */
        munmap(map, len); /* 解除映射 */
        close(fd); /* 关闭文件 */
        unlink(FILE_NAME); /* 删除临时文件 */
    }
    return 0;
}
```

将该代码保存到 mmap_shared_file.c 文件中，编译和运行的结果如下：

```
$ gcc mmap_shared_file.c -o mmap_shared_file -g -O0
$ ./mmap_shared_file
Father => Child: I'm your father.# 子进程可以读到子父进程写入的数据
Father <= Child: I'm your child. # 父进程可以读到子进程写入的数据
```

下面介绍共享文件映射和私有文件映射共同的处理逻辑。

2）私有文件映射

call_mmap 函数的定义如下：

```
static inline int call_mmap(struct file *file, struct vm_area_struct *vma)
{
    return file->f_op->mmap(file, vma); /* f_op:类型为 struct file_operations
    指针 */
}
```

我们以 ext4 文件系统类型为例，这个类型的文件对应的 file->f_op 指向的是 ext4_file_operations 对象。其中的 mmap 函数指针指向的是 ext4_file_mmap，该函数在非 DAX 文件的情况下将 VMA 的 vm_ops 指针指向了 ext4_file_vm_ops 函数集合，方便后续缺页异常等处理。最终私有文件映射结果如图 8-23 所示。

私有文件映射是指每个进程都有一份独立的映射，但对映射的写入不会影响文件本身。修改上面共享文件映射中的示例，将参数 MAP_SHARED 修改为 MAP_PRIVATE 就是一个使用私有文件映射的简单例子，将修改后的文件保存到 mmap_private_file.c 文件中。使用下面的命令编译和运行，结果如下：

```
$ gcc mmap_private_file.c -o mmap_private_file -g -O0
$ ./mmap_private_file
```

```
Father => Child: # 子进程没有读到父进程写入的数据
Father <= Child: I'm your father. # 父进程没有读到子进程写入的数据，反而读到自
    己写入的数据
```

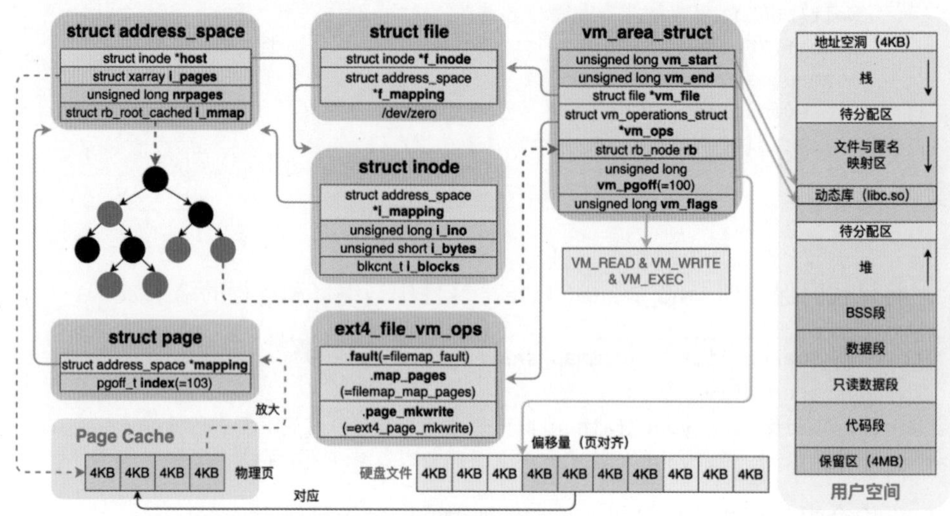

图 8-23

3）共享匿名映射

对于共享匿名映射，mmap_region 函数调用 shmem_zero_setup 函数完成映射。该函数调用 shmem_kernel_file_setup 函数在 tmpfs 虚拟文件系统（基于内存实现）下面创建了一个匿名文件 file，然后将 file 赋值给 VMA 的 vm_file 字段，最后将 shmem_vm_ops 函数集合赋值给 VMA 的 vm_ops 指针，方便后面缺页中断等事件的处理。

```
static const struct vm_operations_struct shmem_vm_ops = {
    .fault          = shmem_fault,      /* 页中断处理函数 */
    .map_pages      = filemap_map_pages,/* 映射处理函数 */
#ifdef CONFIG_NUMA
    .set_policy     = shmem_set_policy,
    .get_policy     = shmem_get_policy,
#endif
};
```

这里是匿名映射，没有文件作为依托，只有父子进程间可以共享匿名内存，多个非父子进程间无法共享匿名映射内存，原因是父进程在创建好 VMA 后，就已经在/dev/zero 虚拟文件系统下面创建了一个匿名文件，并且把 file 复制给了

VMA 的 vm_file。当创建子进程时，子进程会复制父进程的虚拟内存空间，其中就包括虚拟内存区域 VMA 的复制，自然子进程就可以看见父进程创建的虚拟文件，也就达到了父子进程间共享匿名映射内存的目的。这就是共享匿名文件只能在父子进程间共享的原因。最终共享匿名映射结果如图 8-24 所示。

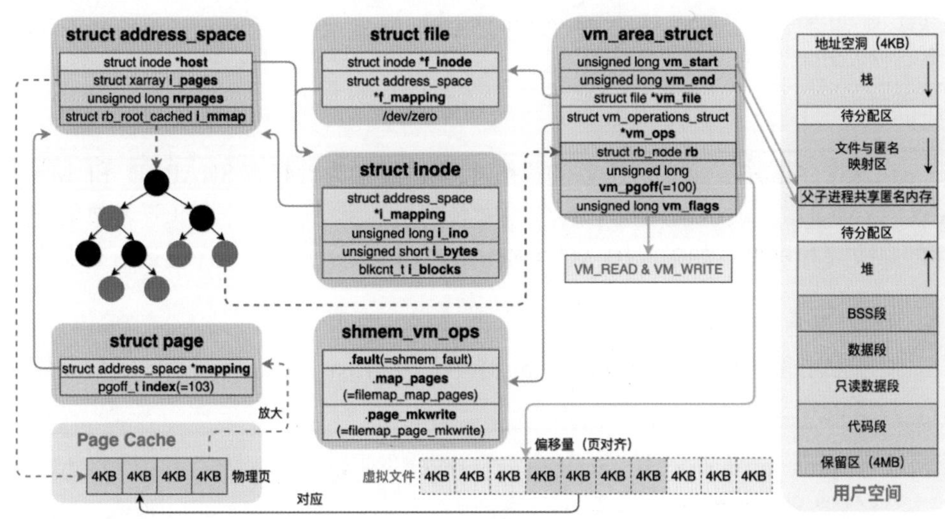

图 8-24

下面是一个父子进程使用共享匿名映射通信的例子。

```
#include <sys/mman.h>
#include <sys/wait.h>
#include <unistd.h>
#include <stdio.h>
int main(int argc, char *argv[]) {
    void* addr = 0;
    int len = 1024;
    int prot = PROT_READ | PROT_WRITE; /* 可读写 */
    int flags = MAP_SHARED | MAP_ANONYMOUS; /* 共享匿名映射 */
    char* map = (char*)mmap(addr, len, prot, flags, -1, 0);
    if (fork() == 0) { /* 子进程 */
        sleep(1); /* 等待父进程写入数据 */
        printf("Father => Child: %s\n", map);
        snprintf(map, len, "%s", "I'm your child.");
    } else { /* 父进程 */
        snprintf(map, len, "%s", "I'm your father.");
        wait(NULL); /* 等待子进程退出 */
        printf("Father <= Child: %s\n", map);
        munmap(map, len); /* 解除映射 */
```

```
    }
    return 0;
}
```

将该代码保存到 mmap_shared_anon.c 文件中，编译和运行的结果如下：

```
$ gcc mmap_shared_anon.c -o mmap_shared_anon -g -O0
$ ./mmap_shared_anon
Father => Child: I'm your father.# 子进程读到父进程写入的数据
Father <= Child: I'm your child. # 父进程读到子进程写入的数据
```

在这个例子中，mmap 函数的第五个参数设置为 MAP_SHARED 和 MAP_ANONYMOUS，表示创建一个共享的匿名映射。父子进程对共享匿名映射的内存的修改互相可见。如果去掉 MAP_SHARED 标志位，那么程序在运行时会崩溃。

4）私有匿名映射

对于私有匿名映射，mmap_region 函数调用 vma_set_anonymous 函数完成映射，后者的定义如下：

```
static inline void vma_set_anonymous(struct vm_area_struct *vma) {
    vma->vm_ops = NULL;
}
```

该函数只有一行，就是把 VMA 的 vm_ops 赋值为 NULL，这个是非常关键的属性，后续很多判断该 VMA 是不是文件映射都取决于它，vm_ops 为 NULL 表示匿名映射，不为 NULL 表示文件映射，最终映射结果如图 8-25 所示。

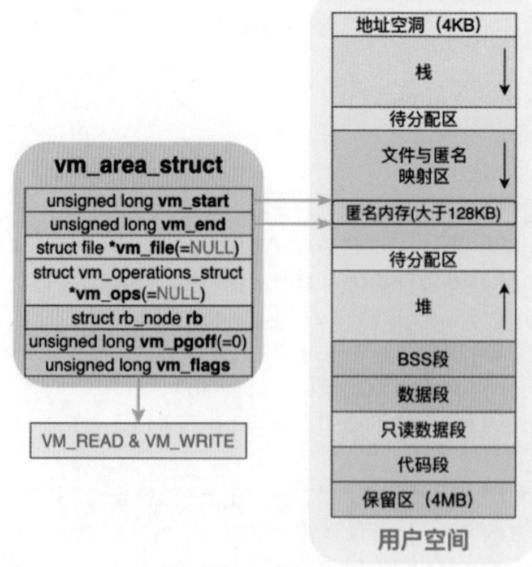

图 8-25

当使用私有匿名映射时，每个进程都有自己的映射副本，对映射的写入不会影响其他进程。修改上面共享文件映射中的示例，将参数 MAP_SHARED 修改为 MAP_PRIVATE 就是一个使用私有匿名映射的简单例子。将修改后的文件保存到 mmap_private_file.c 文件中。使用下面的命令编译和运行，结果如下：

```
$ gcc mmap_private_anon.c -o mmap_private_anon -g -O0
$ ./mmap_private_anon
Father => Child: # 子进程没有读到父进程写入的数据
Father <= Child: I'm your father. # 父进程没有读到子进程写入的数据，反而读到自
    己写入的数据
```

在这个例子中，mmap 的第五个参数设置为 MAP_PRIVATE 和 MAP_ANONYMOUS 标志位，表示创建一个私有匿名映射。在子进程中写入数据到自己映射的内存，由于内存是私有匿名的，所以对内存的修改不会影响父进程自己映射的内存。如果去掉 MAP_PRIVATE 标志位，那么程序在运行时会崩溃。

上面四种不同的映射类型都设置好了 vma->vm_ops。可以看出 mmap 仅创建了虚拟内存区域 VMA 和完成了初始化。当后续 CPU 访问这个 VMA 虚拟地址空间的某个地址时，就会触发缺页异常中断，然后内核在缺页异常中断的处理函数中调用 vm_ops 中相应的函数进行处理，比如 ext4 文件系统类型对应的 filemap_fault 函数。

8.3 内存映射

8.3.1 正向映射

内存的正向映射指的是虚拟地址到物理地址的映射，并且映射关系保存在进程的页表内。内核通过缺页异常来补全页表。

1. 页表结构

为了节省物理内存，在 64 位系统下，内核通常使用多级页表，例如四级或五级页表。由于篇幅有限，本节仅介绍四级页表，五级页表就是在四页表上增加了一级，寻址范围更大了。

每级页表中存放了很多条目，最后一级页表中的条目被称为页表项，而其他级页表中的条目被称为页目录项。因为页目录项和页表项的大小为 8 字节，使用一个物理页（4KB）保存一个页表目录，那么每个页表目录中有 512 个页目录项，使用 2 的 9 次幂可以标识每一项。

全局页目录 PGD（Page Global Directory）中保存 512 项 PGE（Page Global Entry），每个 PGE 指向一个 PUD（Page Upper Directory）。每个 PUD 中有 512 项 PUE（Page Upper Entry），每个 PUE 指向 PMD（Page Middle Directory）。每个 PMD 中有 512 项 PME（Page Middle Entry），每个 PME 指向一个 PT（Page Table）。每个 PT 中有 512 项 PTE（Page Table Entry），每个 PTE 指向一个物理页的起始地址。

上面一共描述了四级页表，每级页表占 9 位，物理页内的偏移占 12 位，那么四级页表使用的虚拟内存地址一共为 48 位（9+9+9+9+12）地址，而五级页表实际使用 57 位（9+9+9+9+9+12）地址。四级页表全景图如图 8-26 所示，读者可以有一个直观的认识。前面提到，进程的 mm_struct->pgd 保存了全局页目录 PGD 的虚拟内存地址。

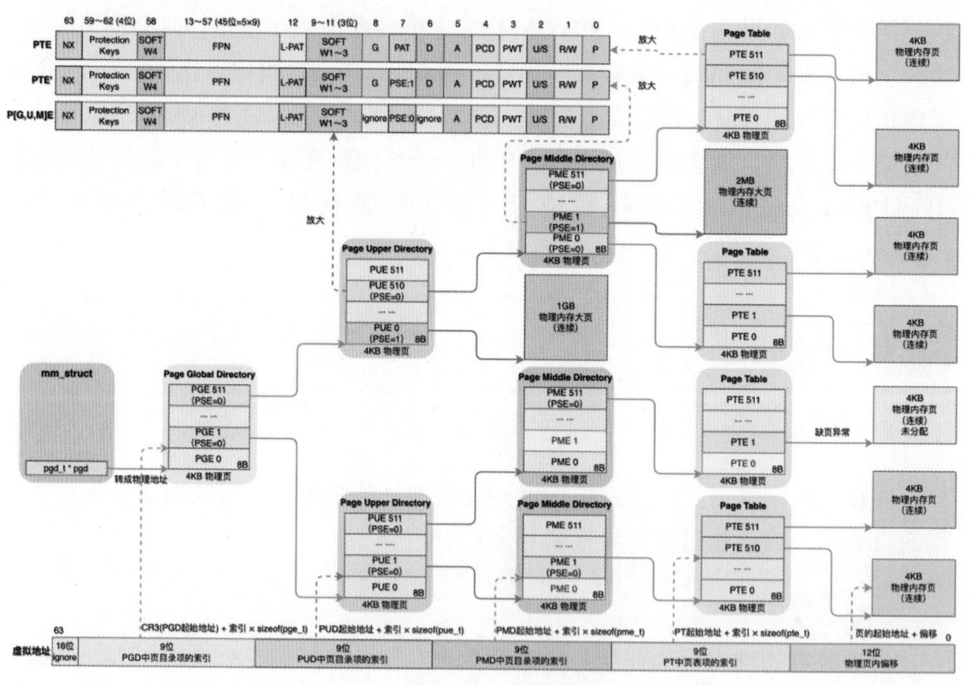

图 8-26

2. 页表内容

页表项和各级页目录项的定义如下：

```
typedef unsigned long   pteval_t; /* 页表项 */
typedef unsigned long   pmdval_t; /* 2级页目录项 */
```

```
typedef unsigned long   pudval_t; /* 3 级页目录项 */
typedef unsigned long   p4dval_t; /* 4 级页目录项（5 级页表使用） */
typedef unsigned long   pgdval_t; /* 顶级页目录项 */
```

页表项和页目录项的内部布局如图 8-27 所示。下面详细介绍页表项和页目录项中每个比特位的含义。

	63	59～62 (4位)	58	13～57 (45位=5×9)	12	9～11 (3位)	8	7	6	5	4	3	2	1	0
PTE	NX	Protection Keys	SOFT W4	FPN	L-PAT	SOFT W1～3	G	PAT	D	A	PCD	PWT	U/S	R/W	P
PTE'	NX	Protection Keys	SOFT W4	PFN	L-PAT	SOFT W1～3	G	PSE:1	D	A	PCD	PWT	U/S	R/W	P
P[G,U,M]E	NX	Protection Keys	SOFT W4	PFN	L-PAT	SOFT W1～3	ignore	PSE:0	ignore	A	PCD	PWT	U/S	R/W	P

图 8-27

P（Present）：表示页表项/页目录项指向的页面是否映射在物理内存中。1 表示页面映射在物理内存中；0 表示页面没有映射在物理内存中，可能已经换出（swap out）到硬盘，也可能从来没有映射过，这时进程访问页面会触发缺页异常（page fault）。

R/W（Read/Write）：表示页表项/页目录项指向的物理页是否可以读写。1 表示可以读写；0 表示仅可以读。

U/S（User/Supervisor）：即用户/监管者位，根据特权级别控制对页面的访问。1 表示所有进程都可以访问该物理页；0 表示仅监管者可以访问该物理页。

PWT（Page Write Through）：即高速缓存中的数据同步到内存的方式。1 表示缓存中的数据发生修改之后，采用 Write Through（写直达）的方式，立刻同步到内存；0 表示采用 Write Back（写回）的方式，不会立刻同步到内存，MESI 缓存一致性协议采用的就是这种方式。

PCD（Page Cache Disabled）：表示页表项/页目录项指向的物理页中的数据是否可以缓存到高速缓存。1 表示不可以缓存；0 表示可以缓存。

A（Accessed）：表示页表项或页目录项在虚拟地址转换成物理地址期间是否被读取过。1 表示被读取过；0 表示没有被读取过。

D（Dirty）：表示页表项指向的物理页或大页是否为脏页，即页面中的数据是否与硬盘中的数据一致。1 表示脏页；0 表示非脏页。对于页目录项，它指向的是页表目录，页表目录没有脏不脏的区别。

PSE（Page Size Extension）：即页面大小扩展，仅出现在页表目录中。它表示该页目录项指向的是否为大页，0 表示该页目录项指向的是下一级页表目录，页表目录也占用一个物理页；1 表示该页目录项变成了一个特殊的页表项 PTE'，它指向一个大物理内存页。当指向大页时，PME 对应 2MB，PUE 对应 1GB。

PAT（Page Attribute Table）：表示是否支持页面属性表，仅针对 4KB 物理页。如果支持 PAT，那么 PAT 为 1，并且将与 PCD 和 PWT 一起指示内存缓存类型，PAT 允许对内存区域的缓存方式进行精细控制；否则，它是保留的，并且必须设置为 0。

L-PAT（Large Page Attribute Table）：与 PAT 的含义相同，只不过针对的是 2MB 或 1GB 大物理页。L-PAT 在普通页表项中没有意义。

G（Global）：表示当前页表项是否为全局的，1 表示全局，0 表示非全局。如果页表项是全局的，那么当发生进程上下文切换时，执行 MOV 到 CR3 指令时不使与该页表项指向的页面相对应的 TLB（Translation Lookaside Buffer，转换后备缓存器，用于提升虚拟地址到物理地址的转换速度）条目失效。目的是避免非必要的 TLB 刷新，从而提升性能。例如，内核页表全局仅有一份，内核页表项在初始化时调用的 vmemmap_pte_populate 函数中设置了 PAGE_KERNEL 组合标志位。而 PAGE_KERNEL 中就包含了 **G** 标志位。需要注意的是，只有页表项可以包含该标志位，而页目录项不可以包含该标志位。因为 TLB 条目只与页表项有关，所以进程上下文切换是否刷新 TLB 与页目录项没有关系。

PFN：对于四级页表，页表项和页目录项中从低到高第 13 到 48 位表示对应物理页的 PFN。而对于五级页表，页表项和页目录项中从低到高第 13 到 57 位表示对应物理页的 PFN。因为物理页的起始地址是以 4KB 对齐的，所以 PFN 左移 12 位就可以得到该页表项或者页目录项指向的物理地址。

PK（Protection Keys）：即保护密钥，占 4 位，用于控制物理页的访问权限。

NX（No execute）：表示页表项指向的物理页中的数据是否可以执行。1 表示不可以执行；0 表示可以执行。

虽然直接查看一个进程的页表中的数据不太容易，但是内核为每个用户进程提供了一个`/proc/pid/pagemap`文件，该文件中每 64 比特位为一个元素，每个元素表示用户进程中一个虚拟页面的信息，每个元素与上面提到的页表项有些相似。如果该元素的 63 位为 1，那么表示该虚拟页面有实际映射的物理页，即页面在物理内存中，0 ~ 54 位表示物理页的 PFN；如果该元素的 62 位为 1，那么表示虚拟页面对应的内存已经被换出到硬盘了，0 ~ 4 位表示换出类型，5 ~ 54 位表示换出偏移量。该元素中的其他比特位的含义相同，如图 8-28 所示。该文件中元素的索引就是虚拟地址右移 12 位的值。

	63	62	61	58~60	57	56	55	0~54	
Present	Present 1	Swapped 0	文件/共享匿名页	000	写保护	独占映射	Soft Dirty	页面帧号 PFN	
								5~54	0~4
Swapped	Present 0	Swapped 1	文件/共享匿名页	000	写保护	独占映射	Soft Dirty	换出偏移量 Swap Offset	换出类型 Swap Type

图 8-28

内核除了提供/proc/pid/pagemap 文件，还提供了/proc/kpagecount 和/proc/kpageflags，它们也都以每 64 比特位为一个元素，这些元素是通过 PFN 来索引的。/proc/kpagecount 文件中的每个元素表示每个页面被映射的次数，而/proc/kpageflags 文件中的每个元素表示标志位集合（这些标志位定义在内核代码文件/include/uapi/linux/kernel-page-flags.h 中），其中就包括表示 FPN 对应的物理页是否在伙伴系统中的 KPF_BUDDY（10）标志位，以及表示 FPN 对应的物理页被用于页表的 KPF_PGTABLE（26）标志位。

下面是利用上面 3 个文件输出一个进程（pid）中指定虚拟地址范围的虚拟页信息的程序，注意这个程序已经过笔者的高度精简。

```
#include <stdint.h>
#include <stdio.h>
#include <stdlib.h>
#include <unistd.h>
#include <fcntl.h>
int kpage(uint64_t pfn, int is_flags) { /* 获取 FPN 对应的引用计数或标志位 */
    char filename[100] = "/proc/kpagecount";
    if (is_flags)
        snprintf(filename, sizeof(filename), "/proc/kpageflags");
    int fd = open(filename, O_RDONLY);
    uint64_t entry = 0;
    if(pread(fd, &entry, sizeof(entry), pfn * sizeof(entry)) !=
    sizeof(entry))
        return 0;
    close(fd);
    return entry;
}
int main(int argc, char *argv[]) {
    if(argc != 4)
        printf("Usage: %s pid start end\n", argv[0]);
    int pid = (int)strtol(argv[1], NULL, 0);
    char filename[100];
    snprintf(filename, sizeof(filename), "/proc/%d/pagemap", pid);
    int fd = open(filename, O_RDONLY);
```

```
    uint64_t start = strtoul(argv[2], NULL, 0);
    uint64_t end   = strtoul(argv[3], NULL, 0);
    uint64_t entry = 0;
    for (uint64_t i = start; i < end; i += 0x1000) {
        if(pread(fd, &entry, sizeof(entry), (i / 0x1000) *
    sizeof(entry)) != sizeof(entry))
            break;
        uint64_t pfn = entry & 0x7fffffffffffff;
        if ((entry >> 63) & 1) { /* 页面在物理内存中 */
            printf("VA:0x%lx => Present, PFN:0x%lx, count:%d, flags:0x%-
    6lx"
                ", 文件/共享匿名页:%d\n",
                i, pfn, kpage(pfn, 0), kpage(pfn, 1), (entry >> 61) & 1);
        } else if ((entry >> 62) & 1) /* 页面在硬盘中 */
            printf("VA:0x%lx => Swapped, 类型:%d, 偏移量:0x%lx, 文件/共享匿
    名页:%d\n",
                i, entry & 0x1f, pfn >> 5, (entry >> 61) & 1);
        else /* 页面没有被映射 */
            printf("VA:0x%lx => None\n", i);
    }
    close(fd);
    return 0;
}
```

我们先将上面的代码编译成程序（v2p），然后利用该程序查看 8.2.1 节中编写的程序 mem_layout（进程号为 1923）的虚拟页面（虚拟地址从 0x400000 到 0x405000 的范围内）的部分信息，输出结果如下：

```
root@localhost:/# ./v2p 1923 0x400000 0x405000
VA:0x400000 => Present, PFN:0x121183, count:1, flags:0x82c   , 文件/共享匿名页:1
VA:0x401000 => Present, PFN:0x10fe4f, count:1, flags:0x82c   , 文件/共享匿名页:1
VA:0x402000 => None
VA:0x403000 => Present, PFN:0x11fb82, count:1, flags:0x5828  , 文件/共享匿名页:0
VA:0x404000 => Present, PFN:0x11176d, count:1, flags:0x5828  , 文件/共享匿名页:0
```

虚拟地址为 0x401000 的虚拟页有实际的物理页，FPN 为 0x121183。通过标志位的定义，我们发现该物理页的标志位中包含的 KPF_MMAP（11），表示此页面已经被映射到页表中，并且它的引用计数是 1。而虚拟地址为 0x402000 的虚拟页没有实际的物理页。

2. 映射过程

MMU（内存管理单元）是 CPU 中关键的组件，负责将虚拟内存地址翻译成物理内存地址，并实现保护和共享内存等功能。MMU 将虚拟地址翻译成物理地址的过程如图 8-26 底部所示，详细过程描述如下：

（1）MMU 从 CR3 寄存器获取当前进程的顶级页表的物理内存起始地址。当进程切换时，内核调用 load_new_mm_cr3 函数首先将该进程的 mm_struct->pgd 全局页目录 PGD 的起始虚拟内存地址转换成物理内存地址，然后加载到 CR3 寄存器中，便于 MMU 直接读取。

（2）CR3 基地址加上页表内偏移得到虚拟地址映射的 PGE 的物理地址。这里的页表内偏移等于虚拟内存地址的 39 ~ 47（9 位）对应的数乘以 PGE 所占的字节数（8 字节）。读出 PGE 中的数据，获取 PGE 中下一级页表 PUD 的 PFN，也就可以获得 PUD 的起始物理地址。

（3）PUD 的起始物理地址加上页表内偏移得到虚拟地址映射的 PUE 的物理地址。偏移等于虚拟地址的 30 ~ 38（9 位）对应的数乘以 PUE 所占的字节数（8 字节）。读出 PUE 中的数据，获取 PUE 中下一级页表 PMD 的 PFN，也就可以获得 PMD 的起始物理地址。

（4）PMD 的起始物理地址加上页表内偏移得到虚拟地址映射的 PME 的物理地址。偏移等于虚拟地址的 21 ~ 29（9 位）对应的数乘以 PME 所占的字节数（8 字节）。读出 PME 中的数据，获取 PME 中下一级页表 PT 的 PFN，也就可以获得 PT 的起始物理地址。

（5）PT 的起始物理地址加上页表内偏移得到虚拟地址映射的 PTE 的物理地址。偏移等于虚拟地址的 12 ~ 20（9 位）对应的数乘以 PTE 所占的字节数（8 字节）。读出 PTE 中的数据，获取 PTE 指向的物理页的 PFN，也就可以获得该物理页的起始物理地址。

（6）该物理页的起始地址加上虚拟地址的低 12 位得到映射的物理地址。

至此完成了一个虚拟内存地址到物理内存地址的转换。如果在任何一级页表中找不到对应页表项或者页目录项，那么就会触发缺页异常中断，最后由内核在缺页异常中断处理函数中从伙伴系统申请物理页并补全页表。

8.3.2 反向映射

前面介绍了正向映射，那么反过来，物理内存地址到虚拟内存地址的映射就是反向映射，一个物理页可能被映射到多个进程的虚拟内存空间中的 VMA。有了反向映射关系，当物理页被回收或迁移时，内核可以直接找到该物理页映射到的所有进程虚拟内存空间中的 VMA，然后从这些进程的页表中取消映射关系（回收）或者映射新的物理页（迁移）。

1. 匿名反向映射

由于 VMA 在拆分和合并时会动态变化，因此匿名页的 `mapping` 字段不能直接指向 VMA，而是指向一个 anon_vma 结构体（见代码清单 8-18）。anon_vma 结构体有一棵 VMA 红黑树，它将所有通过 fork 函数或者拆分 VMA 等方式附加在其上的 VMA 保存在这棵树上，如图 8-29 所示。当取消匿名页映射时，在该 anon_vma 的红黑树上可以轻松取消链接相关 VMA。在解除红黑树上的最后一个相关 VMA 的链接后，我们必须回收 anon_vma 对象。COW 意味着一个 anon_vma 可以与多个进程关联。此外，每个子进程都将有自己的 anon_vma，用于为该进程关联新物理页。

实际上 VMA 红黑树的节点是 AVC（见代码清单 8-19），它是 anon_vma 和 VMA 之间的“链子”，它关联了 anon_vma 和 VMA。AVC 允许我们查找与 VMA 关联的 anon_vma，或者与 anon_vma 关联的 VMA。same_vma 列表包含链接到与此 VMA 关联的所有 anon_vma 的 AVC。AVC 中 rb 字段就是该 AVC 在 anon_vma 中的 VMA 红黑树上的挂点，可以通过这个挂点索引所有 AVC，这些 AVC 链接到与此 anon_vma 关联的所有 VMA，如图 8-29 所示。

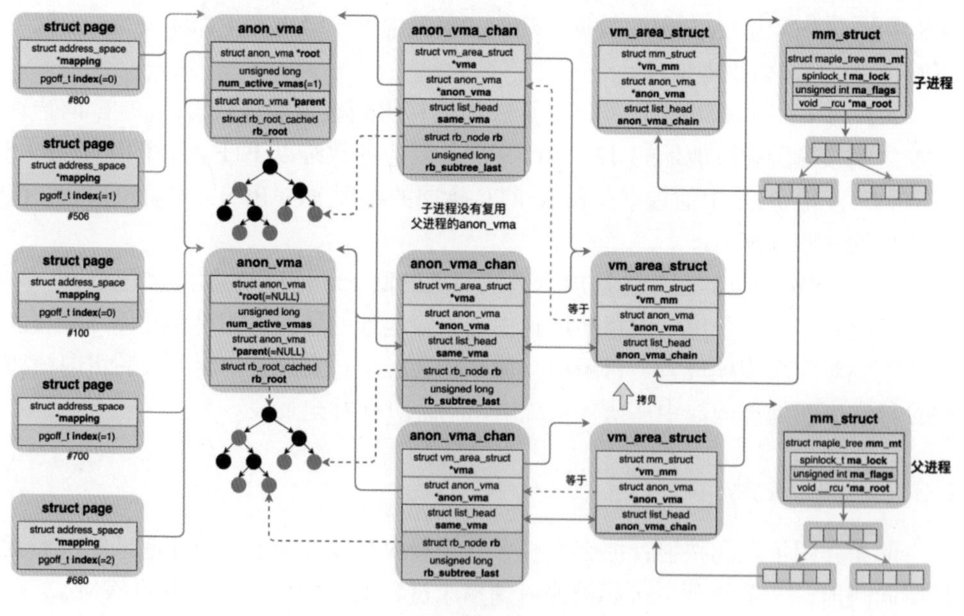

图 8-29

我们知道前面调用 malloc 函数申请的内存是虚拟内存，其实内核根本没有为其分配物理内存。当后面进程真正使用这块内存时会产生缺页异常中断，在缺页异常中断处理函数中才会分配真正的物理内存，并完成正向和反向映射，正向映射保存在页表中，反向映射保存在 struct page 的 mapping 中。struct page 的

_mapcount 字段表示该物理页映射到了多少个进程的虚拟内存空间中的 VMA。

2. 文件反向映射

实际上我们在介绍 mmap 函数时就已经把文件页的反向映射画出来了，如图 8-23 所示。文件页的 mapping 字段指向的才是与其定义的数据类型一致的 address_space 结构体。address_space 中也有一棵红黑树，用法与 anon_vma 中的红黑树类似，都用于通过物理内存地址找到反向映射的虚拟内存地址，只不过 address_space 中的红黑树的节点直接是 VMA。

这里提一点，文件页和匿名页中的 index 虽然都是页面的偏移量，但文件页的 index 是该物理页在整个文件中的偏移量，也就是它等于该物理页在 VMA 中的偏移量加上 VMA 在整个文件中的偏移量；而匿名页中的 index 仅仅是在该 VMA 中的偏移量。

第9章
CHAPTER 9

案例

9.1 伪内存泄漏排查

9.1.1 背景

笔者原来有一个使用 C++编写的业务服务，迟迟不敢上线，原因是内存泄漏问题一直解决不了。具体现象是，该服务上线后，内存每隔几秒上涨 4/8KB，该服务不停止运行，内存就一直上涨。

9.1.2 分析

1. 心路历程 1：工具分析

使用 Valgrind 工具多次运行该服务，在结果中没有发现内存泄漏，但是发现有很多没有被释放的内存和疑似内存泄漏。

2. 心路历程 2：逐个模块排查

既然使用工具分析失败，那么就逐个模块查看代码，并且编写 Demo 逐个验证该模块是否有内存泄漏（使用 Valgrind 工具检测内存泄漏），很遗憾，最后还是没有找到内存泄漏。

3. 心路历程 3：不抛弃不放弃

这个时候两周过去了，领导说："找不到内存泄漏那就先去做别的任务吧"，感觉到一丝凉意，笔者说："再给我点时间，快找到了"。这样顶着巨大压力加班加点，对比多次数据结果，第一次 Valgrind 运行 10 分钟，第二次 Valgrind 运行 20 分钟，查看有哪些差异或异常，寻找蛛丝马迹。遗憾的是，还是没有发现内存泄漏在哪里。

功夫不负有心人，查看了 *N* 份 Valgrind 的运行结果后，对一个队列产生了疑问，它为什么这么长？队列长度为 1000 万个元素，直觉告诉笔者，这里不正常。

在代码中查找这个队列，发现在初始化队列的时候将队列设置为 1000 万个元素，这个长度值太大了。

9.1.3　定位

元素进队列需要把虚拟地址映射到物理地址，这样物理内存就会增加，但是元素出队列物理内存不会立刻被回收，而是保留给程序一段时间（当系统内存紧张时会主动回收），目的是让程序更快地再次使用之前的虚拟地址，不需要再次申请物理内存，直接使用刚才要释放的物理内存即可。

当服务启动时，程序在这 1000 万个元素的队列上一直不停地进/出队列，有点像貔貅，只进不出，自然会导致物理内存一直上涨，直到貔貅跑到了队尾，物理内存才会达到顶峰，物理内存的增长和回收开始处在一个平衡点。

在图 9-1 中，红色部分代表程序占用的有对应物理内存的虚拟内存，绿色部分为没有对应物理内存的虚拟内存。

图 9-1

然而每次服务上线还没等到达物理内存增长和回收的平衡点就下线了，担心服务内存一直增加，为了避免出事故就停止运行服务了。解决办法就是把队列长度调小，最后队列长度调整为 2 万个元素，再上线，貔貅很快跑到了队尾，达到了平衡点，内存就不再增加了。

其实，本来就没有内存泄漏，这就是伪内存泄漏。

9.2 周期性事故处理

9.2.1 背景

笔者有一个业务，从 2019 年到 2020 年发生了四次大流量事故，发生事故时网络流量理论峰值为 3000Gbps（经过模糊处理），导致网络运营商封禁入口 IP 地址，每次事故造成几百万元的经济损失。

这四次事故均没有找到具体原因，一开始怀疑是服务器受到网络攻击，后来随着事故发生次数的增加，发现事故的发生时间具有一定的规律，越发感觉不像是被攻击，而是业务服务本身的流量瞬间增多导致的。服务指标都是事故造成的结果，很难倒推出事故原因。

9.2.2 猜想（大胆假设）

1. 发现事故大概每 50 天发生一次

记得 2020 年 7 月 15 日那天巡检服务时，笔者把 snmp.xxx.InErrors 指标拉到一年的跨度，如图 9-2 所示（经过模糊处理）。多个尖刺的间距似乎相等，然后笔者就记录了各个尖刺时间点，计算出各个尖刺间的间隔并记录在表 9-1 中。着实吓了一跳，大概是每 50 天发生一次事故，并且笔者预测 8 月 18 日可能还会发生一次事故。

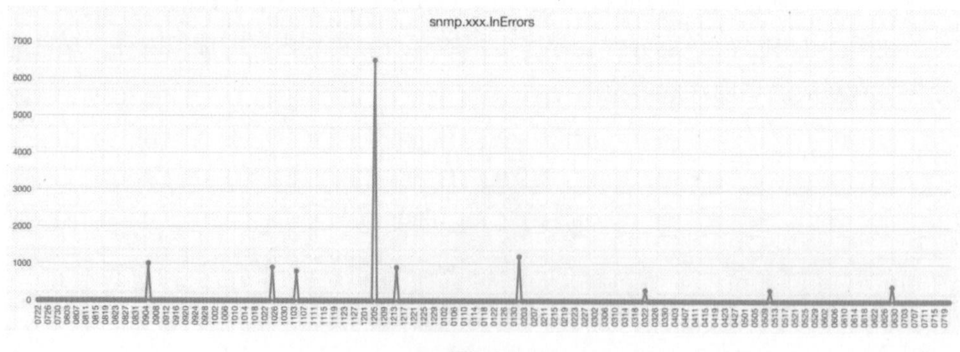

图 9-2

表 9-1

事故时间	相隔天数
2019.09.05	—
2019.10.25	50 天
2019.12.14	50 天

续表

事故时间	相隔天数
2020.02.01	49 天
2020.03.22	50 天
2020.05.11	50 天
2020.06.29	49 天
2020.08.18	预计

2. 联想 50 天与 uint 溢出有关

7 月 15 日下班的路上，笔者脑海里在想：3600（一个小时的秒数），86400（一天的秒数），50 天，5×8 等于 40，感觉和 42 亿有关系，那就是 uint（2^{32}），怎么才能等于 42 亿呢？86400×50×1000 是 40 多亿，这不巧了嘛！笔者计算了三个数：

```
2^32 = 4294967296
3600 × 24 × 49 × 1000 = 4233600000
3600 × 24 × 50 × 1000 = 4320000000
```

2^{32} 在后面的两个结果之间，4294967296 毫秒就是 49 天 16 小时多一些，验证了大概每 50 天发生一次事故的猜想，如图 9-3 所示。

图 9-3

9.2.3　定位（小心求证）

1. 查看代码中与时间相关的函数

下面的代码在 64 位系统上没有问题，但是在 32 位系统上会发生溢出截断，导致返回的时间是跳变的，不连续。

```
uint64_t now_ms() {
    struct timeval t;
    gettimeofday(&t, NULL);
```

```
    return t.tv_sec * 1000  +  t.tv_usec / 1000;
}
```

图 9-4 是该函数随时间输出的折线图，理想情况下是一条向上的蓝色直线，但是在 32 位系统上，结果却是跳变的红线。

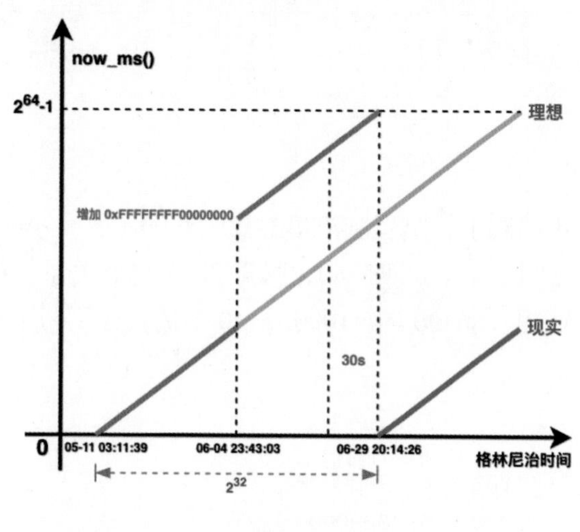

图 9-4

这里解释一下，问题出在了 t.tv_sec*1000 上，在 32 位系统上会发生溢出，高于 32 位的部分被截断，数据丢失。不幸的是，笔者的客户端有一部分是 32 位系统的。

2. 找到出问题的逻辑

继续追踪使用上面函数的逻辑，发现一处问题，客户端和服务端的长连接需要发送 Ping 保活，下一次发送 Ping 的时间等于上一次发送 Ping 的时间加上 30 秒，代码简写如下：

```
next_ping = now_ms() + 30000;
```

客户端主循环会不断判断当前时间是否大于 next_ping，当当前时间大于 next_ping 时发送 Ping 保活，代码简写如下：

```
if (now_ms() > next_ping) {
    send_ping();
    next_ping = now_ms() + 30000;
}
```

那么怎么就出现大量流量到达服务端呢？举个例子，如图 9-4 所示，假如当前时间是 6 月 29 日 20:14:00（20:14:26，now_ms 函数返回 0），now_ms 函数的返回值超级大。

那么 next_ping 等于 now_ms 函数的返回值加上 30000（30s），结果会发生 uint64 溢出，反而变得很小，这就导致在接下来的 26 秒内，now_ms 函数的返回值一直大于 next_ping，客户端就会不停发送 Ping 包，产生了大量流量并到达服务端。

3. 客户端实际验证

找到一个有问题的客户端设备，把它本地时间改为 6 月 29 日 20:13:00，让其自然跨过 20:14:26，发现客户端本地 log 中有大量发送 Ping 包的日志，10 秒内发送了 2 万多个包。证实事故原因就是这个函数造成的。解决办法是对 now_ms 函数做如下修改：

```
uint64_t now_ms() {
    struct timeval t;
    gettimeofday(&t, NULL);
    return (uint64_t)t.tv_sec * 1000  +  t.tv_usec / 1000;
}
```

4. 精准预测后面事故的时间点

因为客户端升级周期比较长，需要做好下次事故预案，及时处理事故，所以预测了后面多次事故。表 9-2 的最后三行是当时预测事故时间点，并且随着时间的推移都逐一得到了证实。

表 9-2

时间戳（ms）	十六进制	北京时间	备注
1571958030336	0x16E00000000	2019/10/25 07:00:30	历史事故时间
1576252997632	0x16F00000000	2019/12/14 00:03:17	不确定
1580547964928	0x17000000000	2020/02/01 17:06:04	不确定
1584842932224	0x17100000000	2020/03/22 10:08:52	历史事故时间
1589137899520	0x17200000000	2020/05/11 03:11:39	历史事故时间
1593432866816	0x17300000000	2020/06/29 20:14:26	历史事故时间
1597727834112	0x17400000000	2020/08/18 13:17:14	精准预测事故发生
1602022801408	0x17500000000	2020/10/07 06:20:01	精准预测事故发生
1606317768704	0x17600000000	2020/11/25 23:22:48	精准预测事故发生

9.2.4 总结

解决该事故的难点在于大部分服务端的指标都是事故导致的结果，并且大量流量还没有到达业务服务就被网络运营商封禁了 IP 地址；并且事故周期跨度大，50 天发生一次，难以发现规律。

发现规律是第一步，重点是能把 50 天和 uint32 的最大值联系起来，这一步是解决该问题的关键。

- **大胆假设**：客户端和服务端的代码中与时间相关的函数有问题。
- **小心求证**：找到有问题的函数，编写代码进行验证，最后通过复现来定位问题。

经过不懈努力，从没有头绪到逐渐缩小排查范围，最后定位和解决问题。